54

新知
文库

XINZHI

Our Inner Ape:
A Leading Primatologist
Explains Why We Are
Who We Are

Photographs courtesy of Frans de Waal

猿形毕露

从猩猩看人类的权力、暴力、爱与性

[美] 弗朗斯·德瓦尔 著
陈信宏 译

生活·讀書·新知 三联书店

图书在版编目（CIP）数据

猿形毕露：从猩猩看人类的权力、暴力、爱与性 /（美）德瓦尔著；陈信宏译. —北京：生活 · 读书 · 新知三联书店，2015.4 （2018.12 重印）
ISBN 978－7－108－05158－5

Ⅰ. ①猿…　Ⅱ. ①德…　②陈…　Ⅲ. ①人类生物学－研究
Ⅳ. ① Q98

中国版本图书馆 CIP 数据核字（2014）第 246535 号

责任编辑　曹明明
装帧设计　康　健
责任印制　徐　方
出版发行　生活 · 讀書 · 新知　三联书店
（北京市东城区美术馆东街 22 号　100010）
网　　址　www.sdxjpc.com
图　　字　01－2015－1479
经　　销　新华书店
印　　刷　河北鹏润印刷有限公司
版　　次　2015 年 4 月北京第 1 版
2018 年 12 月北京第 6 次印刷
开　　本　635 毫米 × 965 毫米　1/16　印张 17.5
字　　数　194 千字
印　　数　23,001－27,000 册
定　　价　36.00 元
（印装查询：01064002715；邮购查询：01084010542）

凯文，一只年轻的成年公猿（巴诺布猿，圣迭戈动物园）

一只直立的母猿（左）和一只公猿，它们腿部细长，身体比例有如人类（巴诺布猿，圣迭戈动物园）

狡猾的“老狐狸”叶伦（黑猩猩，阿纳姆动物园）

嬷嬷和它的女儿莫妮叶（黑猩猩，阿纳姆动物园）

尼奇（左）在虚张声势，路维特（右）以喘息低呼表示屈服（黑猩猩，阿纳姆动物园）

尼奇（中）帮叶伦（左）梳理毛发，叶伦帮它夺取了路维特（右）的领袖地位（黑猩猩，阿纳姆动物园）

梳理毛发是灵长类动物共有的社会黏着剂，图中是母女之间的梳毛行为（黑猩猩，耶基斯研究中心）

一个食物分享群，围绕着它们喜欢的枝叶（黑猩猩，耶基斯研究中心）

卢西耶是瑰芙用奶瓶养大的（黑猩猩，阿纳姆动物园）

两只摩擦生殖器的母猿（巴诺布猿，圣迭戈动物园）

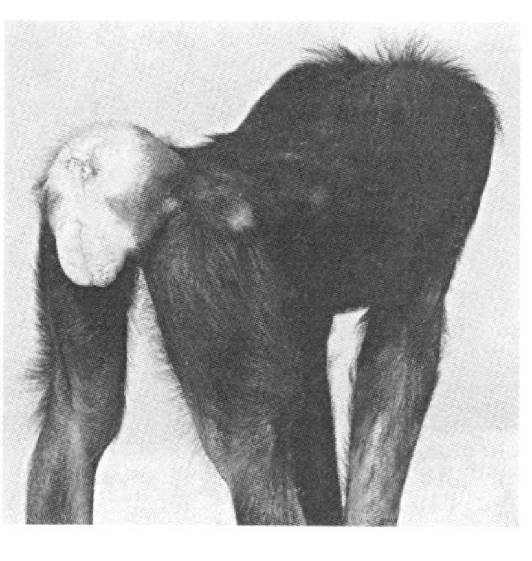

成年公猿的睾丸大小令人叹为观止，母猿也有庞大的生殖器肿胀现象（巴诺布猿，圣迭戈动物园）

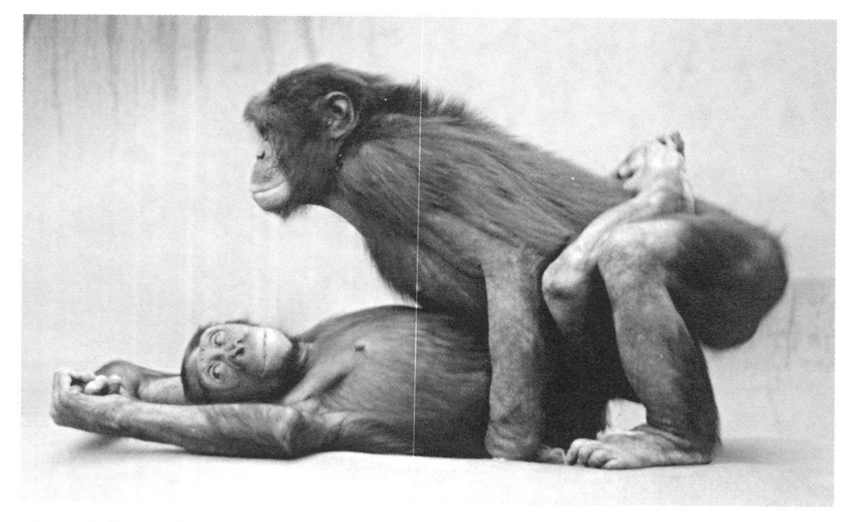

采取“传教士”体位的异性交配行为（巴诺布猿，圣迭戈动物园）

新知文库

出版说明

在今天三联书店的前身——生活书店、读书出版社和新知书店的出版史上，介绍新知识和新观念的图书曾占有很大比重。熟悉三联的读者也都会记得，20 世纪 80 年代后期，我们曾以“新知文库”的名义，出版过一批译介西方现代人文社会科学知识的图书。今年是生活·读书·新知三联书店恢复独立建制 20 周年，我们再次推出“新知文库”，正是为了接续这一传统。

近半个世纪以来，无论在自然科学方面，还是在人文社会科学方面，知识都在以前所未有的速度更新。涉及自然环境、社会文化等领域的新发现、新探索和新成果层出不穷，并以同样前所未有的深度和广度影响人类的社会和生活。了解这种知识成果的内容，思考其与我们生活的关系，固然是明了社会变迁趋势的必需，但更为重要的，乃是通过知识演进的背景和过程，领悟和体会隐藏其中的理性精神和科学规律。

“新知文库”拟选编一些介绍人文社会科学和自然科学新知识及其如何被发现和传播的图书，陆续出版。希望读者能在愉悦的阅读中获取新知，开阔视野，启迪思维，激发好奇心和想象力。

生活·讀書·新知三联书店

2006 年 3 月

致凯蒂，我的挚爱

目　录

第一章

人猿一家

我们可以把猩猩带离野生丛林，却无法消除猩猩的野性。

这种说法同样适用于我们——这种两足行走的猿类。自从人类的祖先开始在树上悬荡以来，小群体的生活就一直是我们着迷的对象。政治人物在电视上擂胸作势，肥皂剧里的明星在众多情人之间来回摆荡，真人实景节目的参赛者为了避免遭到淘汰而争得你死我活——对于这类情景，人类总是百看不厌。我们原本大可嘲笑这种灵长类行为，偏偏其他灵长类动物追求性与权力的态度也和我们一样严肃。

不过，我们和它们相同的地方不只在性与权力，感同身受的同理心也一样重要，却很少有人把这类特质视为人类从灵长类祖先传承而来的一部分。我们总是迫不及待将自己的缺陷怪罪在自然头上，至于自然赋予我们优点的功劳，则常常略过不提。凯瑟琳·赫本在《非洲女王号》（*The African Queen*）这部电影中曾经说过一句名言："阿尔纳特先生，我们生在世界上就是为了摆脱自然本性。"

这种观念至今仍然没变。自古以来探讨人类自然本性的著作，以过去三十年间的作品最为阴郁悲观——但也以这些作品错得最为离谱。这些作品告诉我们，人类带有自私的基因，人类的善性只是表面上的伪装，而且我们从事合乎道德的行为，只是为了博取他人的好感。不过，如果人类真的只关心自己的利益，出生一天的婴儿为什么会听到其他婴儿哭就跟着哭？这就是同理心的起源。这么说也许不够细致，但我们可以确定，新生儿不会刻意讨好别人。我们天生的本能就会让我们受到别人的吸引，日后又会使我们对别人产生关怀。

这种本能有多么源远流长，从我们灵长类亲戚的行为即可看得出来。最值得注意的是巴诺布猿[①]，这种少有人知的猿类，在基因上和人类的相似度与黑猩猩一样高。英国的特怀克罗斯动物园（Twycross Zoo）里，有一只名叫库妮的巴诺布猿看到一只椋鸟撞上了它圈养区内的玻璃，随即上前抚慰这只鸟儿。它把这只撞晕的鸟儿捡起来，让它两脚立在地上。看到鸟儿没动，便推了它一下，可是鸟儿只是慌乱地拍动翅膀而已。于是，库妮把它抓在手中，爬上最高的树顶，双腿钩住树干，用两手捧着鸟儿。它小心翼翼地拉开鸟儿的翅膀，两手手指各夹住一边的翅膀，然后把它像玩具飞机一样抛向圈养区外面。不过，这只鸟飞不到外头，只能落在壕沟边上。库妮爬下树木，站在一旁看顾这只椋鸟，阻止一只充满好奇心的小猿骚扰它。到了晚上，鸟儿终于恢复体力，平安飞了出去。

库妮帮助这只鸟儿的方式，绝对不同于它帮助其他同类的方式。它不是单纯遵循某种先天预设的行为模式，而是根据一只和它自己完全不同的动物所遭遇的特定状况，选择适合对方的协助方法。它一定是凭借以前看过鸟儿飞翔的经验，设想出该给予这只鸟

---

① 巴诺布猿，又称倭黑猩猩。——编者注

儿什么样的帮助。我们以前从不知道动物也具有这种同理心，因为要做到这一点，首先必须有能力想象其他个体的处境。两百多年前，经济学先驱亚当·斯密（Adam Smith）把同理心定义为“设身处地想象受苦者的情境”，当时他想到的一定是像库妮这样的行为（只是他不可能认为这种现象会出现在猿类身上）。

同理心有可能是我们从灵长类祖先身上传承下来的特质，这点应该让人高兴，但我们却不习惯接纳自己的本性。如果有人犯下种族灭绝的恶行，我们就斥之为“禽兽”；如果有人施舍穷人，我们就赞扬他具有“人性关怀”。我们喜欢把后面这种行为视为人类独有的特质，直到一只猿搭救了一条人命，大众才觉悟非人的动物也可能有人性的一面。1996 年 8 月 16 日，在芝加哥的布鲁克菲尔德动物园（Brookfield Zoo）里，一名三岁男童跌入五米高的灵长类动物展示区。展示区里一只八岁的雌性大猩猩宾提，看到男童跌下，随即扑上前把他接在手中，再把他带到安全的地方。宾提在溪流里的一根木头上坐下来，把男童抱在怀里，轻拍背部安抚他的情绪，然后把他交给等在一旁的动物园人员。这个简单的同情动作被摄影机拍摄下来传遍全球，感动了许多人，宾提也因此成为众人心中的英雄。这是美国史上首次有猿类受到政治领袖的赞扬，奉之为人性关怀的模范。

人类的双面性格

宾提的行为引起那么多人的惊讶意外，可见平常动物在媒体上的形象多么负面。它的行为其实没什么奇特之处，至少猿类对幼小的同类原本就会有这种关怀的举动。虽然近来的自然纪录片都聚焦于猛兽身上（或者打倒这类猛兽的英勇男人），但我认为有必要传达出人类与自然的关系有多么广博深刻。本书要探究的，即是灵长类动物行为与人类行为之间让人着迷却又令人骇异的相似之处，不论善恶美丑都一视同仁地呈现出来。

值得庆幸的是，我们有两种与人类关系极为亲近的灵长类动物可供研究，而且这两种动物彼此又差异极大。其中一种外形粗暴又充满野心，常常控制不住自己的脾气；另一种则奉行众生平等而且自由自在的生活方式。所有人都听说过黑猩猩，这种动物自从17世纪就已被科学界所知。由于黑猩猩社群内存在阶级体系，而且行为残暴，因此在一般人心中形成“杀人猿”的印象。有些科学家认为，人类的生物构造注定了人类一定会打倒别人以夺取权力，而且永远争斗不休。我在黑猩猩身上已经目睹了许多流血现象，不得不同意它们确实具有暴力倾向。不过，我们也不该忽略人类的另一个近亲，也就是20世纪才发现的巴诺布猿。巴诺布猿是一种随遇而安的动物，性方面也相当健康。它们天生爱好和平，足以为人类天性嗜血的说法提出反证。

巴诺布猿具有同理心，所以能了解彼此的需求和欲望，并且为其他同类提供帮助。一只名为琳达的巴诺布猿育有一个两岁大的女儿，每当幼猿嘟起嘴唇向母亲呜呜做声，就表示它想要吃奶。不过，这只幼猿自出生以来就一直待在圣迭戈动物园（San Diego Zoo）的育婴室，等它回到社群中，琳达早已不再分泌乳汁。不过，琳达还是懂得女儿的要求，会到水池含住一口水，然后坐在女儿面前，噘起双唇供它啜饮。琳达在女儿和水池之间来来回回了三趟，女儿才终于喝足了水。

我们总是被这种行为感动不已，这种感动本身就是一种同理心。不过，这种能力虽然可以让我们了解别人，却也可以让我们刻意伤害别人。不论是感同身受的同理心还是残酷的行为，基本要素都是，行为者必须能够想象自己的举动对别人的影响。鲨鱼这种头脑不大的动物虽然也能够伤害其他动物，却完全不知对方有什么感受。另一方面，猿类的头脑约有人类的三分之一大，因此已有能力遂行残酷行为。就像小男孩拿石头砸池塘里的鸭子，猿类有时也会为了好玩而伤害别人。曾有一个实验，让一群年幼的黑猩猩一同玩耍，用面包屑把鸡引诱到篱笆后面；呆头呆脑的鸡每次走到篱笆旁，那群黑猩猩就会用树枝打它们，或是拿铁丝刺它们。这群黑猩猩玩着这个游戏，用看得到却吃不到的面包屑把鸡骗得团团转（但那些鸡绝对不知道这是一场游戏），目的只是排遣无聊。它们甚至还发展出专业分工，由一只黑猩猩负责引诱鸡，另一只负责偷袭。

猿类与人类极为相似，因此赢得“类人猿”的称号。看到两种亲属关系非常接近的动物却有鲜明的社会形态差异，可以让人获得深刻的启发。贪求权力又残暴凶猛的黑猩猩，与爱好和平又注重情欲的巴诺布猿，恰好形成强烈的对比——有如《化身博士》（*Dr. Jekyll and Mr. Hyde*）故事主角的双重性格——人类本性也同样结合了这两者。我们的黑暗面鲜明可见：统计显示，仅在20世纪，就有一亿六千万人死于战争、种族灭绝和政治迫害，全都肇因于人类的残暴。除了这个难以想象的数字之外，更令人胆寒的则是个人层面的残酷行为，例如1998年发生在得州一座小镇上的骇人事件。在这起事件中，三名白人佯装好意载送一名黑人回家，却把他载到荒郊野外毒打一顿，然后绑在卡车后面，在柏油路上拖行了好几英里远，导致他的头部和右臂都因此断裂。

尽管我们有能力想象别人的感受——或者正因如此——却还是有可能做出如此野蛮的行为。另一方面，感同身受的能力一旦结合正面的态度，就会促使我们分送食物给灾民，英勇救援自己完全不认识的陌生人（例如在地震或火灾中），听别人讲述悲伤的故事而一掬同情之泪，或者得知邻人的子女失踪而随即加入搜救行列。我们同时具备残酷与慈悲的面向，就像罗马神话里的双面神，两个脸庞各自朝着相反方向。我们可能对自己这种双重性格感到困惑不解，以致对自己的本性产生过度简化的认知：要不就是自吹自捧为“万物之灵”，要不就是把自己贬抑成唯一真正邪恶的物种。

为何不接受两者皆是的事实呢？人类的善恶两面和灵长类近亲完全相符。黑猩猩充分呈现出人类的残暴面，以至于科学家几乎从不探讨黑猩猩的其他面向。不过，我们也是高度社会性的动物，不但互相依赖，也需要和别人互动，才能过着心理健全的快乐生活；对人类而言，单独监禁可说是除了死亡之外最严酷的惩罚。我们的身心天生就不适合孤独的生活，如果没有别人陪伴，就会陷入低落的情绪中，身体健康也不免衰退。近来一项医学研究发现，原本健康的实验志愿者，一旦暴露在寒冷与流感病毒的威胁之下，身边朋友与家人较少的人比较容易病倒。

女性天生就懂得这种人类交流的需求。在哺乳类动物中，父母对子女的照顾必然涵盖了哺乳行为。在一千八百万年的哺乳类动物演化过程里，重视子女需求的雌性动物，一向能比漠视子女感受的母亲生养更多后代。于是，我们历代的祖先也就都是对子女呵护备至的母亲，对自己的后代善加哺乳喂养、清洗拥抱、抚慰保护。因此，我们也就不需要对人类同理心的性别差异感到意外，这种差异早在人类开始社会化之前就已经存在：同理心的最初迹象——听到其他婴儿哭就跟着哭——在女婴身上出现的比例就已高于男婴。儿童长大之后，同理心在女性身上的发展程度还是高过男性。这不是说男人缺乏同理心，也不是说男人不需要与其他人交流，而是说他们比较会从女性身上寻求这种慰藉，却比较不仰赖其他男性。和女性建立长期关系，例如婚姻，是男人延长寿命最有效的方法。这种特质的反面则是自闭症——一种同理心异常的症状，导致患者无法和其他人产生交流——而且，这种病症在男性身上的发生比例是女性的四倍。

深具同理心的巴诺布猿经常会设身处地为别人着想。在亚特兰大的佐治亚州立大学语言研究中心，有一只名叫坎奇的巴诺布猿在研究人员的训练下懂得和人类沟通。他现在已经是巴诺布猿当中的明星，因为听得懂英语而远近驰名。坎奇发现，自己的同类不曾受过这样的训练，于是偶尔会担任起老师的角色。它有个很少接触人类口语的妹妹，名叫塔穆莉。有一次，一名研究人员尝试要让塔穆莉对简单的口语要求做出回应，但是不曾受过训练的塔穆莉一直毫无反应。这时候，坐在塔穆莉身旁的坎奇便开始指手画脚，用肢体语言翻译研究人员的话语。研究人员要求塔穆莉帮坎奇梳理毛发，坎奇就抓起它的手，放在自己的下巴下面，夹在下巴与胸部之间。坎奇一面做出这样的动作，一面注视着塔穆莉的双眼，带着看起来像是询问的神情。后来坎奇又重复一次这个动作，结果塔穆莉把手指靠在它的胸前，似乎纳闷着自己该做什么。

坎奇完全明白研究人员的指令是针对自己还是别的对象，它不是代为执行研究人员下达给塔穆莉的指令，而是试图帮助它了解研究人员的意思。坎奇体谅妹妹缺乏知识而加以教导的善意，呈现了一种高度的同理心；就我们目前所知，这种特质只存在于人类与猿类身上。

名字里的名堂

1978 年，我在荷兰一座动物园首次近距离看到巴诺布猿。笼子上的解说牌称它们为“倭黑猩猩”，意指这种猿类只是体形较娇小的黑猩猩近亲；不过，实际上却绝非如此。

巴诺布猿在生理结构上和黑猩猩不同，就像协和客机与波音747一样天差地别。即便是黑猩猩也不得不承认，巴诺布猿比较迷人。巴诺布猿的身躯优美高雅，双手像钢琴家一样修长，头部不大，而且脸部比黑猩猩扁平开阔，额头也较高。巴诺布猿的脸庞为黑色，嘴唇为粉红色，耳朵娇小，鼻孔宽大。雌性巴诺布猿有乳房，虽然不像人类女性那么突出，但是和其他平胸的猿类比较起来，绝对有A罩杯的水准。最后的画龙点睛之处，则是巴诺布猿的招牌发型：一头整齐中分而且又黑又长的秀发。

巴诺布猿与黑猩猩的体型差异，主要在于比例。黑猩猩的头颅较大，脖子较粗，肩膀较宽，看起来像是每天健身的成果。巴诺布猿的外形比较具有知性美，上身苗条，肩膀较窄，颈项细长。巴诺布猿的体重有一大部分来自于双腿，它们的腿部比黑猩猩长。于是，以四肢行走的时候，黑猩猩的背部便从厚实的肩膀往下倾斜，巴诺布猿却因臀部抬高而呈现出背部水平的姿态。双脚站立的时候，巴诺布猿较能挺直背部，显得和人类颇为相似。因此，也就有人把巴诺布猿比拟为“露西”，亦即我们的南方古猿祖先。

巴诺布猿是科学界非常晚近才发现的大型哺乳类动物。这项发现发生于1929年，不是在林木茂密的非洲栖息地，而是在比利时殖民地的一座博物馆内。当时德国解剖学家恩斯特·施瓦茨（Ernst Schwarz）在这里研究一颗娇小的猿类头骨，原本以为是黑猩猩幼儿的头骨；然而，在发育未成熟的动物身上，头骨上的接缝处应该有缝隙，但是这颗头骨上的接缝却已经愈合了。于是，施瓦茨推断这颗头骨必然属于一只头部特别小的黑猩猩所有，从而宣称自己意外发现了一个新的亚种。不久之后，他认为这种猿类的解剖结构与黑猩猩差异过大，因此将巴诺布猿的地位提升为一种全新的物种，学名为*Pan paniscus*。

一名曾在柏林师事施瓦茨的生物学家向我透露，当时施瓦茨经常遭到同侪嘲笑，他不但声称黑猩猩有两个种，也认为大象有三个种。当时所有人都知道，前者只有一个种，后者只有两个种。他们经常用来讥讽“伟大的施瓦茨”的一句话，就是说他不但懂得“一切，甚至还多过一切”。不过，结果证明施瓦茨是对的。非洲林象近来已被确认为是独立的物种，而施瓦茨也已成为巴诺布猿的正式发现者——这是科学家求之不得的至高荣耀。

巴诺布猿的属名 *Pan*[①] 取得恰如其分，源自于希腊神话里森林牧神的名字，其躯干为人形，却有羊的双腿、耳朵和犄角。半人半羊的牧神潘淘气好色，最爱一面和仙女嬉闹，一面吹奏排箫。黑猩猩与巴诺布猿属于同一属：巴诺布猿的种名 *paniscus* 意指“娇小”，黑猩猩的种名 *troglodytes* 则意为“洞穴居住者”。将巴诺布猿称为小羊神、黑猩猩称为洞穴羊神，这样的名称确实极为奇特。

“巴诺布”（bonobo）一词也许是笔误，源自于船运木箱上“博洛博”（Bolobo）这个刚果河畔小镇的名称（不过，也有人说 bonobo 在一种失传的班图语中意指“祖先”）。无论如何，“巴诺布”这个名称听起来有种活泼快乐的感觉，正好合乎这种动物的本性。灵长类动物学家经常开玩笑，把这个名称当成动词使用，例如：“我们今晚要来巴诺布一番。”待会儿读者即可了解这句话的意思。法国人把巴诺布猿称为“左岸黑猩猩”——这个名称让人联想到一种另类的生活形态——因为它们栖息在河水西流的刚果河南岸。这条大河最宽处可达 16 公里，因而将巴诺布猿和北岸的黑猩猩及大猩猩永远区隔开来。虽然巴诺布猿一度被人称为“倭黑猩猩”，但它们的体形其实没有比黑猩猩小多少。雄性巴诺布猿成年

① 中文称之为“黑猩猩属”。——译者注

后的体重平均为43公斤，雌性平均为36公斤。

第一次看见巴诺布猿的时候，最吸引我注意的是它们敏感细腻的模样，而我也在它们身上发现了若干令我深感惊讶的习惯。我目睹一只公猿和一只母猿为了一个纸箱拌嘴。它们先是跑来跑去，互相捶打，但突然间吵完了架，反倒享受起鱼水之欢来了！我研究过黑猩猩，从来不曾看过它们这么轻易就从争吵转为性爱。当时我认为这两只巴诺布猿的行为应是特例，不然就是我没注意到促使它们突然改变主意的原因。结果，当时我看到的这种行为，对于这些爱欲至上的灵长类动物却是完全正常的现象。

许久以后，我才了解到这一点，那是我到圣迭戈动物园研究巴诺布猿之后的事情。在这些年间，有关野生巴诺布猿的信息从非洲点点滴滴地传了出来，逐步扩展我们对这种神秘近亲的理解。土生土长的巴诺布猿只分布在刚果民主共和国（古名扎伊尔）一个面积相当于英格兰的区域里，生活在浓密潮湿的沼泽林中。每当它们前往林间空地捡拾野外研究人员留下的甘蔗时，公猿总是先到，赶在母猿抵达之前捡好自己需要的分量。母猿抵达之后，所有成员都会先交媾一番，然后再由年长母猿取走最佳的食物。我在动物园里研究的巴诺布猿也是如此，都由年龄较大的母猿领导。这点颇为令人惊讶，因为巴诺布猿两性体形大小的差异与人类相当，母猿体重平均只有公猿的85%。此外，公猿还有锐利的犬齿，母猿没有。

那么，雌性巴诺布猿怎么维持控制权呢？答案是团结力量大。以圣迭戈动物园里的雄性巴诺布猿维农为例，它曾经领导一个小群体，其中包括一只母猿洛蕾塔，是它的伴侣和朋友。这是我唯一见过的由公猿领导的巴诺布猿族群，但那时还以为这是正常现象：毕竟，雄性支配是大多数哺乳类动物族群的典型现象。不过，洛蕾塔年龄还小，而且是唯一的母猿；等到第二只母猿加入这个群体之后，权力平衡随即改变了。

洛蕾塔和这第二只母猿一见面的第一件事就是性交。专家把这种性交方式称为生殖器摩擦，但我听过有人用比较传神的说法，称之为“呼嘎呼嘎”。一只母猿用双臂和双腿缠住另一只母猿，就像幼猿趴在母亲的腹部那样紧抱住对方。两只母猿面对面将彼此的阴门与阴蒂贴在一起，侧向快速摩擦。它们都咧嘴微笑，并且大声尖叫，让人对于猿类是否懂得性快感的问题不再有所质疑。

洛蕾塔与这位雌性朋友的性交频率愈来愈高，进而导致维农失势。过了几个月，喂食时间出现的典型景象，就是两只母猿先性交一番，然后再一同霸占所有的食物。维农想要获得食物的唯一方法就是伸手乞求，这也是野生巴诺布猿的典型现象，由母猿掌控所有的食物。

相较于以雄性为主的黑猩猩，巴诺布猿以雌性为主，注重情欲又爱好和平，因此为人类提供了一种思考祖先的全新角度。一般人总认为，我们的祖先是满嘴胡须的野蛮人，对待女人的方式，就是抓着她们的头发拖在身后；不过，巴诺布猿的行为却完全不符合这样的印象。这不表示实情就一定正好相反，但能够厘清我们知道与不知道的事情毕竟是好事。行为不会凝结成化石，所以，有关人类史前状态的推测，经常必须以我们对其他灵长类动物的观察为基础，由它们的行为可知我们祖先的行为可能涵盖多大范围；而我们对巴诺布猿所知愈多，这个范围就愈趋扩大。

离不开母亲的孩子

不久之前，我在圣迭戈动物园和两位老朋友度过了寻常的一天，这两位老友盖尔·福兰德（Gale Foland）与迈克·哈蒙德

（Mike Hammond）都是资深的猿类管理员。这不是一份任何人都做得来的工作，要处理猿类的需求和反应，必须采用相同于我们对待其他人的情感模式。不认真看待猿类的管理员，绝不可能和它们打成一片；但如果太认真看待它们，却可能抵挡不了猿类社群里常见的阴谋诡计、挑衅行为与情绪勒索。

在一个游客不得进入的地方，我们三人倚在栏杆上，俯瞰着一片宽广开阔、长满青草的圈养区，空气中飘荡着大猩猩特有的刺鼻气味。那天稍早，盖尔把他亲手养大的阿吉吉——一只五岁的雌性大猩猩——送进了这片圈养区，于是阿吉吉也就加入了由一只陌生雄性大猩猩领导的群体中。这只雄性大猩猩名叫保罗，体形庞大，倚靠在墙边；它偶尔会在圈养区周围奔跑一圈，并敲击胸膛，以博取手下那群母猿的敬畏。不过，所谓在它手下，可能只是它自己一厢情愿的想法，那群母猿——尤其是其中年龄较大的成员——并不承认它的领导地位。它们有时会集结起来追赶它，用盖尔的话说，"教它懂得规矩"。但是，这个时候保罗颇为平静，只见阿吉吉拖着脚步缓缓向它靠近。这只公猿假装没有看到对方，刻意翻看自己的脚趾，完全不直视紧张胆怯的阿吉吉。阿吉吉每向它接近了一点，就会抬眼看看盖尔，因为盖尔是它的养父。每当他们目光相接，盖尔就会点点头，说些鼓励的话，例如："继续走，别怕。"这句话说来简单，但是保罗的体重约有阿吉吉的五倍，而且全身都是肌肉；不过，阿吉吉还是无法抗拒它的吸引力。

大猩猩以其智力著称。它们原本不会使用工具——野生大猩猩从不使用工具——但是动物园里有三只大猩猩却想出摘取无花果叶的方法。它们无法穿越通电的铁丝网爬到树上，却懂得捡起地上的树枝，用两脚站立，再把树枝抛向树上；树枝掉下来之后，通常会扯下不少叶片。还有人观察到，一只雌性大猩猩把一根长树枝折断成两截，然后使用长度较刚好的那一截——这是非常重要的一步，显示大猩猩有能力修改自己的工具。

这一天，又发生了一起和这面铁丝网有关的事件，这起事件正是最能引起我注意的那种情况。一只年龄较大的雌性大猩猩为了吃长在铁丝网后面的杂草，已经学会伸手穿越铁丝网底下而不被电到。它身旁坐着另一只新来的母猿，盖尔说这只母猿最近才第一次被铁丝网电到。触电的感觉令它惊恐不已，当时只见它一面尖叫，一面狂甩着手。这只新来的母猿和吃杂草的那只母猿成了朋友，现在坐在一旁，看着对方从事当初让它疼痛不堪的举动。它一看到朋友伸手到铁丝网底下，就立刻跳到它身后拉着它。它用双臂环抱着朋友的腰，努力要拉它远离铁丝网，但是这只年龄较大的母猿却稳坐在当地，持续向前伸手。经过一阵子之后，新来的母猿便坐了下来，仔细观看朋友的行为，同时双臂紧紧环抱着自己，似乎为了对方即将遭受的电击预做承担的准备。“设身处地想象受苦者的情境”，确实没错。

大猩猩和黑猩猩及巴诺布猿一样，都属于大猿。大猿共有四种，除了前述这三种以外，还有红毛猩猩。猿类是体形硕大且没有尾巴的灵长类动物，这两项特征是人类与猿类——同属猿超科——不同于猴类之处。因此，猿类绝不可和猴子混为一谈（对一名猿类专家说你喜欢他的猴子，堪称是最大的侮辱）。“灵长类”的包含范围则较广，连人类也涵盖在内。猿类当中和人类关系最接近的是黑猩猩与巴诺布猿，两者与人类亲近的程度旗鼓相当；不过，灵长类动物学家还是不断为了“何者较合乎人类祖先的形象”而争论不休。我们都来自于同一个祖先，某一个物种可能保留了这个祖先较多的特征，因而比较有助于理解人类演化；不过，目前还没有办法断定是哪一个物种。不出所料的是，黑猩猩专家总认为这个物种就是黑猩猩，巴诺布猿专家则认为是巴诺布猿。

由于大猩猩在演化历程上比黑猩猩及巴诺布猿更早与人类分家，因此也有人认为，只要是和大猩猩较近似的猿类，就一定较近似人类的原始祖先。不过，谁说大猩猩就一定近似我们的最后共同祖先？大猩猩也经过漫长的演化改变，长达七百多万年。我们要找的对象，其实是演变程度最小的猿类。野生巴诺布猿的首席专家加纳隆至（Takayoshi Kano）指出，由于巴诺布猿从来不曾离开潮湿的丛林——黑猩猩已不是完全生活在这种丛林里，人类的祖先更是彻底脱离了这种栖息地——因此，巴诺布猿很可能最没有遭遇到需要改变的压力，也就可能最近似我们共同的森林猿类祖先。美国解剖学家哈罗德·库利奇（Harold Coolidge）曾经提出一项著名的推测，认为巴诺布猿“可能比当今所有黑猩猩都更近似黑猩猩与人类的共同祖先”。

巴诺布猿使用身体的方式和人类非常不同，由此即可明确看出它们对树上生活的适应。它们的双脚可以当手用，包括用脚抓取东西，在沟通时用脚比画，还有拍击脚掌吸引对方注意。有人把猿类称为“四足动物”，但巴诺布猿也许应该被称为“四手动物”。巴诺布猿的运动细胞比其他猿类更发达，能在树上以不可思议的敏捷动作跳跃、吊荡、翻筋斗。它们可以用双脚走在悬空的绳子上，如履平地一样稳。由于巴诺布猿从来不曾被迫迁离森林，也不需为自己栖息树上的生活形态做出妥协，因此这种特技天赋对它们而言非常实用。巴诺布猿比黑猩猩更适应树上生活，这点从这两种野生猿类首度遇到科学家的反应即可看出：黑猩猩直接从树上跳下来，在地面上奔跑逃逸；巴诺布猿则是在树顶上跳跃逃离，远离危险之后才爬下地面。

关于哪一种猿类较近似最后共同祖先，这样的争论大概还会持

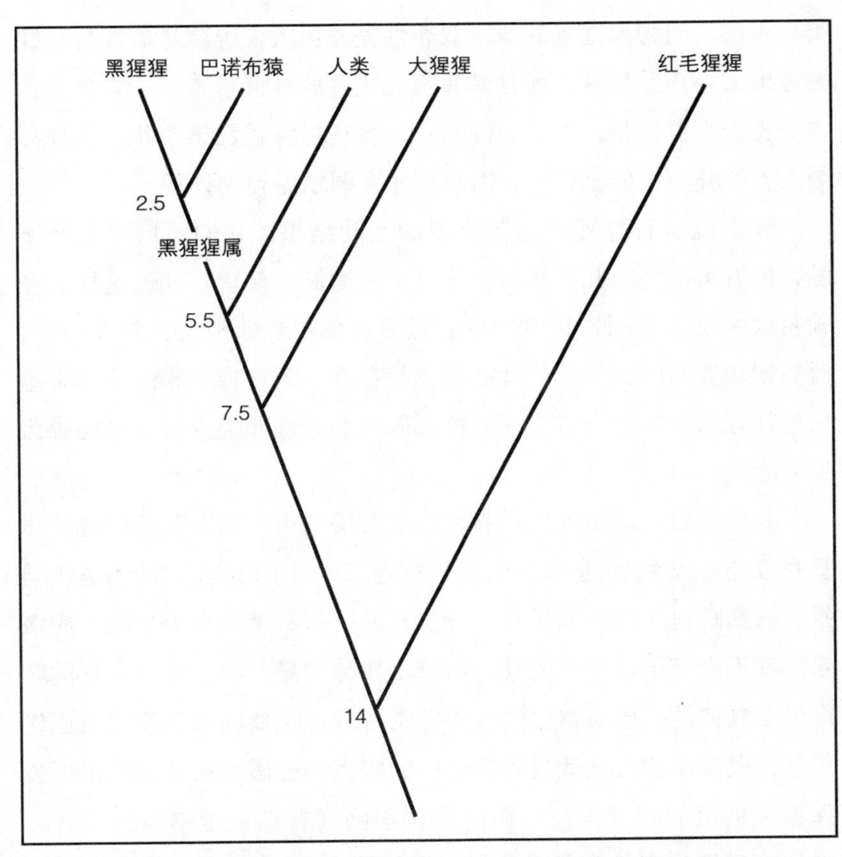

根据 DNA 比对所画出的人类及四种大猿的起源树状图。图中数字单位为百万年，代表每个物种在距今多久以前的时间走上了演化的不同路径。黑猩猩与巴诺布猿同归黑猩猩属，人类则在 550 万年前与黑猩猩属的祖先分家。有些科学家认为人类、黑猩猩、巴诺布猿三者极为近似，足以共同构成人属。由于巴诺布猿与黑猩猩是在和人类分家之后，才于 250 万年前再次分家，因此它们和我们的亲近程度相同。大猩猩和我们分家的时间较早，因此和我们的亲属关系较远。红毛猩猩这种唯一的亚洲大猿也是如此。

续一段时间。但是就目前而言，我们姑且说，黑猩猩与巴诺布猿对于理解人类演化都具有同样的重要性。大猩猩则明显不同于两种猿类与人类，因为大猩猩的雌雄双态性差异极大，也就是雄性与雌性的体形大小落差悬殊，而且具有与此相应的社会形态：一只公猿独占并支配一群母猿。为了单纯起见，我往后探讨巴诺布猿、黑猩猩与人类的异同之处，只有在需要时才会偶尔提到大猩猩。

我们没有看完阿吉吉与保罗的互动结果，它们最后一定会接触，但有可能耗上几个小时甚至几天的时间。管理员知道这样的经验将会彻底改变阿吉吉的态度：过去盖尔用奶瓶喂食、背在肩上、对他依赖撒娇的那只幼猿从此将不复存在。阿吉吉未来的命运将是生活在这个群体中，待在这只体形硕大的雄性同类身旁，可能也会生养后代。

我们走过巴诺布猿的圈养区，洛蕾塔尖声呼叫向我打招呼。尽管我在这座动物园进行研究已是将近二十年前的事，它还是认得我：认知是恒久的。如果我在一段时间内和某个人每天见面，应该永远都不会忘记这个人的脸，洛蕾塔自然也是一样。此外，它的呼声也是独特的。巴诺布猿的呼声非常特殊：想要区分黑猩猩与巴诺布猿，最简单的方法就是聆听它们的叫声。巴诺布猿不会发出黑猩猩那种低沉的呼呼声，它们的音调很高（有点像是嘻嘻的声音），以致慕尼黑的海拉布伦动物园（Hellabrunn Zoo）首次收到巴诺布猿时，馆长差点把货箱退了回去。他当时刚收到这个来自博洛博的木箱，还没掀开上面的布幔，光听叫声，他根本不相信木箱里的动物会是猿类。

洛蕾塔展示着肿胀的生殖器，从双腿之间颠倒着看我，向我挥舞着一只手臂。我一面挥手回应，一面向迈克询问其中一只没有露面的公猿。迈克带我到巴诺布猿晚上睡觉的地方，只见这只公猿坐在室内，身边有一只年轻的母猿陪伴它。迈克每次转头对我说话，那只母猿就露出不悦的表情。这个陌生人在这里干什么，迈克又为什么没有把全部的注意力放在它身上？它从栏舍里伸出手，试图要抓住我。公猿保持距离，但是把身体靠向迈克，希望迈克抚摸它。它先是拱起背部，接着袒露腹部，同时展示出硬挺勃起的阳具——在这种情况下，所有雄性巴诺布猿都会有同样的表现。不论雄性或雌性的巴诺布猿，性与情感在它们眼中毫无差别。

这只公猿之所以不能生活在巴诺布猿的群体当中，原因是地位太低。虽然它已经成年，却还是无力抵挡整群母猿的攻击。雌性对雄性的敌意，在动物园圈养的巴诺布猿当中是个日趋严重的问题，各地的动物园在过去都犯了迁移雄性巴诺布猿的基本错误。以前，如果动物园必须把某种动物送到别的动物园繁殖，固定都会选择雄性。这种做法虽然适合大多数动物，但对雄性巴诺布猿却是一大灾难。在自然界里，雌性巴诺布猿才会四处迁徙，一到发育期就离开自己原本生长的群体。公猿则会待在原本的群体里，享受母亲的陪伴与保护；母亲如果具有影响力，公猿的地位就随之提高，可以接近食物。经过惨痛的教训之后，动物园才发现必须遵循这样的规矩；不幸的是，动物园里的雄性巴诺布猿都是外来者。由于雄性巴诺布猿都是如假包换的离不开母亲的孩子，因此只有在自己诞生的群体里，才能真正过得好。

所以，巴诺布猿绝对还是有充满攻击性的一面。雌性巴诺布猿的攻击行为非常凶猛，在一团尖叫踢打的手脚当中，最后负伤的一定都是公猿。虽然巴诺布猿通常善于调解，但它们之所以具有调解能力，也正是因为它们还是不免争吵。由巴诺布猿身上，我们可以看到，社会就是因为潜藏着紧张关系，所以才必须致力维系和谐。这种矛盾关系同样存在于人类社会中。正如船只必须承受得起暴风雨的考验，情感关系也必须禁得住偶尔的冲突，才能获得我们的全心信赖。

迈克后来又观察过几次巴诺布猿的性交行为，不禁提起近来当地一位科学家说，动物园里的巴诺布猿极少性交，一年也许只有两三次。这是否表示巴诺布猿性欲旺盛的名声只是浪得虚名？我们离开工作区域，站在游客之间，一面打趣说道，既然今天在短短两小时内就看到了六次性行为，因此今天的观察就已抵得上两年的分量。我一时之间忘了迈克与盖尔都还穿着制服，也就是说，周围的人都竖耳倾听着我们的谈话。我忘形地夸耀着自己先前的研究："我在这里的时候，一个冬天就曾经看过七百次性交行为。"话才说完，身边一个男人随即抓住女儿的手臂快步离去。

巴诺布猿的性行为有时颇为细腻，不易察觉。一次，一只年轻的母猿在树枝上行走，另一只更年轻的公猿却挡在它面前。这只公猿没有移到一旁——也许是害怕跌落——于是母猿就咬它抓住树枝的手，导致情况变得更糟。不过，它没有使用暴力，反而是转过身来，以阴蒂摩擦对方的手臂。这两只巴诺布猿都还未成年，但这就是巴诺布猿化解冲突的方式，它们从小就懂得运用这种策略。经过这样的接触之后，母猿便平静地爬过公猿身上，持续朝它的目的地前进。

我从圣迭戈回家之后，即对巴诺布猿与黑猩猩的对比深感惊讶。耶基斯国家灵长类动物研究中心在亚特兰大附近有一座观测站，我就在这里研究约四十只豢养在户外的黑猩猩。我认识这些黑猩猩已经有很长一段时间，在我眼中，每一只都是独特的个体。它们对我也一样熟悉，因而以所有研究者都梦寐以求的方式对待我，也就是完全不理我。我走到栅栏旁向塔拉打招呼，它是一只三岁的母猿，母亲为丽塔，这时正高高坐在一座供它们攀爬的建造物上。

丽塔瞥了我们一眼，就继续梳理它母亲——也就是塔拉的祖母——的毛发；如果经过栅栏旁边的是陌生人，防卫心极强的丽塔一定会立即跳下来把女儿抱走。它懒得理我的神情使我备感荣幸。

我注意到群体中地位排行第二的公猿萨可上唇有一道颇深的新伤，能够伤害它的只有另一只公猿，也就是雄性领袖毕扬。毕扬的体形比萨可小，但是非常聪明机警，而且下手绝对不留情面。它以卑鄙的打架手法维系自己的优越地位，这是我们多年来得出的结论：通过观察毕扬的打斗手法，以及它在对手身上各个不寻常部位留下的伤痕，例如腹部或阴囊。萨可这只高大笨拙的“菜鸟”竞争不过，只好活在这个小暴君的阴影下。幸运的是，萨可和即将成年的弟弟感情很好，不久之后，这一定会成为毕扬必须面对的问题。

在耶基斯，我们面对的是黑猩猩社会中永无止境的雄性权力政治。雄性黑猩猩的争斗最终也是为了抢夺母猿，也就是说，人类这两个最近亲的基本差异，只不过是一者以权力处理性的问题，另一者则以性处理权力的问题。

文明的薄膜

在从芝加哥搭机飞往南卡罗来纳州查尔斯顿的途中，我翻开报纸，第一眼注意到的新闻标题是“莉莉恐将袭击查尔斯顿”。这则新闻令我深感不安，因为“莉莉”是强烈飓风，而前一年的“雨果”飓风所造成的灾害，大家都还记忆犹新。不过，“莉莉”后来倒是没有侵袭查尔斯顿，而我唯一碰到的风暴也只是学术上的风暴。

当时我出席了一场探讨世界和平与祥和人类关系的研讨会，是为了报告我对灵长类动物冲突解决手段的研究成果。猜测有些人为什么会被特定领域所吸引，总是颇为有趣，而和平研究领域也同样吸引了不少性格暴躁的人。在研讨会上，两位著名的和平倡议者互相叫嚷起来，原因是一人提到了学者研究爱斯基摩人的发现，另一人则指控他具有种族歧视或殖民心态，因为爱斯基摩人（Eskimo）的正确名称应该是因纽特人（Inuit）。根据《心平气和》（*Never in Anger*）这本书的说法，因纽特人极力避免任何可能带有敌意的话语；只要有人胆敢提高音量，就可能会遭到放逐，这在他们的环境里是一种足以致命的惩罚。

那场研讨会上卷入纷争的人士若是因纽特人，绝对会被赶到冰原上自生自灭；不过，身为西方人的我们，字典中可没有“避免冲突”这四个字。我可以想象报纸上的标题写着：“和平研讨会以斗殴收场。”那是我参加过的研讨会中、唯一一次看到成年人走出会场时像小孩一样甩门泄愤。看到这样的情景，有些人不禁皱起眉头，以学者的姿态沉思人类与猿类的行为是否真能相提并论。

另一方面，我也出席过“攻击性社团”的许多会议——这是荷兰一群学者所组成的团体——会议气氛总是文明而平静。当时我虽然只是个研究生，却得以和精神医师、犯罪学家、心理学家以及动物行为学家共聚一堂，定期集会讨论攻击性与暴力的问题。那时候，演化观点总是围绕着攻击性的特质，似乎人类完全没有其他值得一提的行为倾向，就像我们谈到斗牛犬，总是着重于它们的危险性。不过，人类毕竟与斗牛犬不同，因为人类没有经过特殊育种以强化攻击性。我们的颚骨咬合力量不仅微弱，而且如果只要求杀害别人，就不需要有这么大的大脑；不过，在那个战后年代，人类攻击性却是所有讨论的中心主题。

毒气室、大屠杀、恣意毁灭——第二次世界大战反映了人类行为最丑陋的一面。此外，西方世界在事后回顾事件过程，也无法忽略欧洲中心那群看似文明的人所犯下的残暴恶行，把人比拟为动物的说法到处可见。这种论点指出，动物缺乏自制力，也缺乏文化，因此，一定是我们遗传构造中的某种兽性突破了文明的薄膜，把人类的道德礼教全部推到一旁。

我称这种论点为“薄膜理论”，而这项理论正是战后年代的主流观点。人类在内心深处是凶恶且毫无道德的动物，许多畅销书纷纷探究这个议题，指称我们具有一种无可遏制的攻击冲动，必须寻求各种宣泄渠道，包括战争与暴力，甚至运动。另一种理论则认为，我们的攻击性是新近发展出来的产物，我们是唯一会自相残杀的灵长类动物。由于人类还没有机会发展出适当的自制力，因此也就无法像野狼或狮子这种“专业掠食动物”那么善于控制自己的争斗本能。我们有暴烈的脾气，却缺乏掌控的能力。

从这项论点，即可看出对于人类暴力以及犹太大屠杀提出合理化解释的倾向。而且，当时这种理论的主要倡议者也是德语人士。康拉德·洛伦茨（Konrad Lorenz）这位以研究鱼和鹅闻名全世界的奥地利专家，就大力倡议人类的攻击性存在于基因当中。杀戮于是成为人类的“该隐的印记”[①]。

在大西洋的另一端，美国记者罗伯特·阿德里（Robert Ardrey）也提倡类似的看法。他受到一种推测的观点启发，认为南方古猿是肉食动物，会活活宰食自己的猎物，把猎物的肢体一根根撕扯下来，畅饮温热的鲜血。这个说法仅是从少数几颗头骨的研究发现归纳而来的结果，充满了想象成分，但是，阿德里却把自己的杀人猿神话，奠基于这个说法之上。在《非洲创世记》（*African Genesis*）一书里，他把人类祖先描绘成一种心神错乱的掠食者，破坏了自然

---

① 《圣经·创世记》里记载的故事，该隐嫉妒弟弟亚伯得到上帝的偏爱，因而下手杀害他，于是被上帝诅咒，并且在他身上立下印记。——译者注

界微妙的平衡。阿德里以富有煽动性的语言指出："我们是直立人猿的后代，不是繁衍自堕落的天使，而且，这些人猿还是武装杀手。所以，我们有什么好惊讶的呢？人类的谋杀、屠戮、飞弹、争战不休的军队，都只是人性的自然结果而已。"

虽然令人难以置信，但是接下来又一波的大众生物学，竟然把这种结论更向前推进了一步。就在里根与撒切尔夫人倡议贪婪有益社会、有益经济、有益于值得人类贪婪的一切事物时，生物学家也纷纷出版著作，支持这类观点。理查德·道金斯（Richard Dawkins）在《自私的基因》（*The Selfish Gene*）中指出，天助自助者，应把自私视为变革的驱动力量，而非拖累我们的缺陷。我们也许是龌龊的猿类，但我们会成为这个模样，其实有充分的理由，而且世界也因此更为美好。

其中一个小问题——虽然有些吹毛求疵人士指出这一点，却只是徒劳——就是，这类书籍使用的语言不免有误导之嫌。产生成功特质的基因会广泛散播于动物族群中，从而确保自身的存续，把这种现象称为"自私"只是一种比喻式说法。雪球从山坡上滚下，会不断沾黏更多的雪，同样也是一种确保自身存续的现象，但不会有人因此称之为自私的雪球。推到极致而言，万物皆自私的观点，将会导致一种噩梦般的世界。这些作者深谙耸动之道，把我们带入自私自利的霍布斯式世界，指称一般人展现出慷慨的行为，只是为了欺骗别人。在这种世界里，没有人知道什么叫做爱，而同情心根本不存在，善良更只是幻象。生物学家迈克尔·吉塞林（Michael Ghiselin）在那段期间最常被人引用的一句名言，就充分反映了那个时代的观点："抓破利他主义者的皮，流出的必然是伪君子的血。"

值得庆幸的是，这种黑暗可怕的世界只存在于想象当中，完全不同于我们在其中欢笑、哭泣、做爱、生育的真实世界。鼓吹这种幻象的作者同样了解这一点，偶尔也坦承人类境况确实没有他们声称的那么糟糕。《自私的基因》就是典型的例子：道金斯先是论证我们的基因知道怎么样对我们最好，而且详尽规划了人类生存机器中的每个小齿轮。然后在全书的最后一句话，才向读者提出安慰，指称我们其实可以把这些基因全部抛在一旁："地球上，唯有人类能反抗自私复制者的独裁专制。"

于是，20世纪末的观点也就特别强调我们必须超越自然。这种观点称为达尔文主义，但达尔文其实与此无关。达尔文认为，人性奠基于我们和其他动物共有的社会本能，我也这么认为；比起道金斯声称"地球上唯有"人类能够克服自身本能的说法，这种观点显然乐观得多。在道金斯的论点中，人类礼教只是一层薄薄的外皮——是我们自己发明的，不是传承而来的东西。每当我们做出不名誉的行为，薄膜理论家就会提醒我们，人类的内在核心有多么腐败："你看，这就是人性！"

我们的魔鬼面貌

在库布里克的《2001：太空漫游》（*2001: A Space Odyssey*）这部电影里，开幕场景就以迷人的影像呈现出赞许暴力的概念。一群原人爆发了一场打斗，其中一人用斑马的大腿骨痛打对方一番，获胜之后志得意满地把这根武器抛上天空。然后，这根骨头就幻化为数千年后一艘环绕地球运行的太空船。

攻击性等同于进步的观点是"非洲起源"假说背后的基本概念，这种假说认为，人类通过种族灭绝达到今天的成就。一群智人从非洲迁徙到欧亚大陆，途中一路屠杀他们遇到的其他两足猿类，包括和他们最相似的尼安德特人。在《狩猎之人》（*Man the Hunter*）、

《雄性暴力》(*Demonic Males*)、《至尊动物》(*The Imperial Animal*)以及《人类的黑暗面》(*The Dark Side of Man*)这类著作中，人类的嗜血性是作者探讨的中心主题，通常以黑猩猩为我们祖先的样本——而且是雄性黑猩猩。就像早期007系列电影里的邦德女郎，雌性只是雄性争夺的对象；除了身为雄性的伴侣和母亲之外，通常没有机会扮演重要角色。所有的决定和打斗都落在雄性身上——意思就是说，演化进程也是由雄性推动的。

不过，现在黑猩猩虽已成为我们黑暗面的代表，这种现象却不是自古即有。就在洛伦茨与阿德里忙着突显人类“该隐的印记”的同时，野生黑猩猩却似乎什么都不做，只是懒洋洋地摘取树上的水果。反对杀人猿观点的人士——而且这类人士还为数不少——就以这样的观察资料佐证自己的立场，他们大量引用珍妮·古道尔(Jane Goodall)的研究结果。珍妮·古道尔在1960年开始在坦桑尼亚的贡贝河(Gombe Stream)从事观察工作，那时她笔下描绘的黑猩猩，仍像是法国哲学家卢梭所谓的高尚的野蛮人：自给自足的独居动物，不需互相交流，也不需互相竞争。丛林里的黑猩猩总是独自迁移，或是集结为成员不断变化的“小队”。唯一长久的关系，是母亲与依赖母亲的子女，难怪有人会认为黑猩猩就像是活在伊甸园当中。

20世纪70年代在贡贝以南的马哈勒山脉(Mahale Mountains)观察黑猩猩的日本科学家，首次对这种印象提出修正。他们对美国与欧洲研究者的“个人化”偏见深感怀疑：和我们如此近似的动物怎么可能没有社会结构？他们发现，虽然黑猩猩每天和不一样的同伴出游，但这些黑猩猩其实都是属于同一个社群的成员，和其他社群区隔开来。

另一项被修正的观点，则是指称野生黑猩猩爱好和平——有些人类学家就是利用这种论点，反驳人性天生具有攻击性的说法。两项事实浮现了出来：首先，我们听说黑猩猩会猎食猴子，敲碎猴子的头盖骨，然后活生生地吃，由此可见黑猩猩是肉食动物。接着，印刷精美的《国家地理杂志》（*National Geographic*）在1979年报道黑猩猩也会自相残杀，有时甚至会吃掉自己杀害的对象。于是，它们又同时具备了谋杀与同类相食的倾向。这篇报道以素描画出雄性黑猩猩在自己地盘的边界跟踪不知情的敌人，然后将对方团团围住，再残暴地殴打对方致死。一开始，这种消息只是像涓滴细流般出现于少数来源，但不久之后便汇集成奔流不停的河水，让人再也无法漠视。

于是，这幅图像和杀人猿的形象难以区分。我们现在知道黑猩猩会猎杀其他动物，生活在社群里，而且不同社群也会互相争斗。在后来的一本著作中，珍妮·古道尔谈到自己向一群学者透露这项事实的经过。在这群学者当中，有部分人士希望通过教育以及改善电视节目，消除人类的攻击性。珍妮·古道尔指出人类不是唯一具有攻击性的灵长类动物之后，这个观点随即遭到在场人士的抗拒：深感震惊的学术界同僚恳求她淡化这项证据的重要性，甚至根本不要发表。另外有些人则认为，因为贡贝营区的观察人员发香蕉给黑猩猩吃——对它们而言，香蕉是不自然且具备高度营养的食物——所以导致它们产生病态的攻击性格。营区附近的黑猩猩竞争行为确实留下了详尽记录，但是最严重的打斗却出现在距离营区很远的地方。珍妮·古道尔不向批评者屈服：“我强烈认为，与其逃避否认，还不如面对事实，不论事实有多么令人难以接受。”

指控香蕉的论点不久之后就遭到推翻：在没有向黑猩猩提供额外食物的其他非洲研究地点，一样观察到黑猩猩争斗的情形。直截了当的真相就是，残酷的暴力是黑猩猩天性的一部分，它们没有展现这种特质的“必要”——有些黑猩猩社群看起来的确非常祥和——但它们确实具备而且经常展现出这样的特质。这种现象虽可用于佐证杀人猿理论，却也能用以削弱这种论点。洛伦茨与阿德里声称，只有人类会使用致命的武力，但是科学家对于黑猩猩的观察，乃至对鬣狗、狮子、叶猴以及其他许多种动物的观察，已明确指出同类相残的行为虽不常见，但是普遍存在。社会生物学家埃德·威尔逊（Ed Wilson）推断指出，科学家只要观察特定动物达一千个小时以上，必然能够看到你死我活的打斗行为。他是以蚂蚁专家的身份提出这项观点，蚂蚁这种昆虫经常以非常庞大的规模劫掠屠杀。威尔逊写道：“刺杀行为、小型战斗、大型战役，对蚂蚁来说都是家常便饭。和它们比较起来，人类实在是温文儒雅的和平主义者。”

发现黑猩猩的黑暗面堪称为“失乐园”，于是卢梭只好退位，改由霍布斯掌权。由猿类的暴力行为可见我们天生就具有残暴无情的倾向，再加上演化生物学家声称我们带有自私的基因，一切也就言之成理，这是一种前后一贯且无可辩驳的人性观。这种论点指出，只要看看黑猩猩，即可了解人类实际上是什么样的野兽。

因此，黑猩猩强化了龌龊人性的概念；不过，其实也可以拿它们轻易反驳这种概念，毕竟黑猩猩的暴力行为绝非日常现象，科学家花了好几十年的时间才发现这种现象。珍妮·古道尔对于自己的发现只造成单面影响颇感不满，于是又努力揭示黑猩猩温柔的一面，甚至包括它们富有同情心的一面，但是效果不大。科学界的心意已定：一日为杀手，永远都是杀手。

黑猩猩虽然凶暴，它们的社群却也具有强大的节制力量，这是我有一天在荷兰阿纳姆动物园（Arnhem Zoo）观察到的事实。当时我们正站在树木浓密的黑猩猩圈养岛屿的壕沟边，为一只刚出生的黑猩猩婴儿焦急不已，这只黑猩猩婴儿名叫卢西耶，荷兰语意“小玫瑰”。卢西耶由瑰芙收养，但由于瑰芙本身没有泌乳，因此园方训练瑰芙用奶瓶喂养卢西耶。这项计划超乎我们想象，进行得极为顺利；猿类的一小步却是我们成功的一大步，至少这是我们的感觉。不过，我们现在要让这对母女重新回到全球动物园里规模最大的黑猩猩社群，其中包括四只危险的成年公猿。为了吓唬对手，这些公猿经常竖起全身的毛发横冲直撞，好让自己看起来体形庞大且深具威胁性。不幸的是，社群里胆大无惧的领袖尼奇正处于这样的状态下。

雄性黑猩猩脾气暴烈，可以轻易打倒人类；一旦发起脾气，根本不受人类的控制。于是，卢西耶的命运完全掌握在这群黑猩猩手中。那天早上，我们把瑰芙带到所有的夜间笼舍前面，测试这群黑猩猩的反应。它们都认识瑰芙，但卢西耶却是新加入的成员。瑰芙一走到雄性黑猩猩的笼舍前，就发生了一段插曲：尼奇伸手穿越栏杆往瑰芙身体底下抓去，瑰芙尖叫了一声随即跳开，它的目标似乎是攀附在瑰芙腹部上的卢西耶。由于只有尼奇出现这种反应，于是我决定分阶段放出这群黑猩猩，把尼奇排在最后一位。最主要就是必须避免瑰芙和尼奇单独相处，我必须仰赖社群里的其他成员保护它。

在荒野中，黑猩猩偶尔会杀害同类的幼子。有些生物学家认为，这种杀婴行为是公猿争夺母猿生育权的做法。这种理论能够解释雄性黑猩猩为何总是不断争取地位，也能够解释它们为何杀害不是自己所生的幼子。尼奇可能认为，卢西耶是外来的幼猿，不可能是他自己的后代。这点实在让人难以安心，因为如此一来，我们就可能目睹野外研究人员描述的那种血腥画面：卢西耶有可能被撕成碎片。由于我曾经和它相处了好几周，帮助瑰芙抱它喂它，因此也就难以维持中立观察者的角色了。

一旦到了圈养区的岛屿上，社群成员纷纷借助拥抱和瑰芙打招呼，同时偷偷瞥看它怀中的婴儿。大家似乎都紧张地看着尼奇的笼舍门口，有些年轻黑猩猩在它的笼舍附近徘徊，不时踢它的门，等着看结果会怎样。与此同时，两只年龄最长的公猿则待在瑰芙身旁，对它极为友善。

大约一个小时之后，我们才把尼奇放出来。那两只成年公猿离开瑰芙身旁，挡在它和尼奇之间，手臂互相搭在彼此的肩上。这一幕实在令人叹为观止，因为这两只公猿多年来一向是死对头，现在却并肩面对它们年轻的领袖，似乎和我们担忧同样的事情。尼奇全身毛发竖起，以凶猛的架势逐步走近；不过，它一看到这两只公猿毫无退让的意图，也就不禁气馁了。瑰芙的这两位防卫者展现出莫大的决心，坚定瞪视着它们的领袖，以致尼奇落荒而逃。我看不到这两只公猿的脸，可是猿类和我们一样，能够从彼此的眼神看出对方的心思。尼奇后来在两只公猿的注视下接近了瑰芙，表现出一派温柔的姿态。我们永远也不可能理解它的意图，但总算松了一口气，于是我忘情拥抱当初和我一同训练瑰芙的管理员。

黑猩猩总是生活在暴力的阴影下，而且杀婴行为也是动物园与野外的黑猩猩的一大主要死因。不过，要探讨人类的攻击性，黑猩猩的行为毕竟只是整个谜团中的一小块拼图，知道我们直接祖先的行为，才能更有助于了解自己。可惜我们对自己的直接祖先所知不多，对于超过一万年前的祖先更是如此。没有确切的证据能够证明，我们自古以来就是像过去数千年间那么残暴；就演化观点来说，区区几千年其实微不足道。

几百万年前，我们的祖先有可能过着轻松自在的生活，以小群体的形态从事狩猎采集，因为人口稀少，不需斗争抢夺；不过，这样的性情无碍于他们征服世界。许多人经常认为，适者生存就代表消灭不适者；然而，生物物种也有可能凭借优越的免疫系统，或者杰出的觅食能力，在演化竞争中胜出。物种的兴衰更替很少是直接对抗的结果。因此，我们很可能不是消灭了尼安德特人，而只是纯粹较耐得住寒冷，或是较善于狩猎而已。

成功存活下来的原人，绝对有可能通过杂交“吸收”了其他物种，因此，我们体内是否带有尼安德特人的基因，就是一个没有确切答案的问题。如果有人开玩笑指称另一个人长得像尼安德特人，说这种话时最好先省思一下。在莫斯科一间实验室里，我曾经看过一具根据尼安德特人头骨建构而成的脸部模型。那里的科学家坦承，他们一直不敢公开这具半身像，因为其面容形似他们国家的一位政治领袖，而那位领袖很可能会对这样的联想感到不悦。

潜藏的猿性

如果抓破一只巴诺布猿的皮肤，会看到里面藏匿着一个伪君子吗?

我们可以相当确定，薄膜理论只适用于人类。没有人会认为动物可能互相欺骗，这就是为什么猿类对于人类境况的辩论如此重要。如果它们也有野蛮以外的面向——就算只是偶尔展现——认为善良仁爱是人类独有的观念就会因此动摇。道德的真正柱石，例如同情以及刻意做出的利他行为，如果也存在于其他动物身上，我们就不得不彻底放弃薄膜理论。达尔文当初指出：“许多动物对于彼此的悲痛或危险确实能够感同身受。”他其实也明白这句话可能带有的含义。

动物当然具有感同身受的能力。关怀受伤的同伴是猿类常见的行为，猿类可能放慢脚步互相等待，可能清理彼此的伤口，也可能帮无力攀爬的年长成员摘取树上的水果。一份野外研究报告曾经描述一只成年雄性黑猩猩收养孤儿的现象，虽然它们没有血缘关系，这只成年公猿却还是带着生病的幼猿一同迁移，帮它抵挡危险，挽救它的性命。20 世纪 20 年代，美国猿类专家罗伯特·耶基斯（Robert Yerkes）观察到，一只名叫奇姆王子的年轻黑猩猩对于罹患重病的同伴潘吉关怀备至，结果不得不坦承："如果讲述它对潘吉充满无私与同情的行为，一定有人会怀疑我是在美化猿类的形象。"耶基斯恐怕是灵长类动物学上最了解猿类性格的专家，而他会对奇姆王子展现出的敏感体贴深觉感动，自然也深具启发性。他特别在一部名为《近乎于人》（*Almost Human*）的著作里向这只充满爱心的小猿致意，并且提到他怀疑奇姆王子可能不是寻常的黑猩猩。奇姆王子死后，验尸结果证明它确实不是黑猩猩，而是巴诺布猿。耶基斯并不知道这一点，因为巴诺布猿在多年后才被确认为独立物种。

比较巴诺布猿与黑猩猩行为的研究，最早出现于 20 世纪 30 年代，研究地点在海拉布伦动物园。爱德华·特拉茨（Eduard Tratz）与海因茨·黑克（Heinz Heck）在 1954 年发表了他们的研究结果。"二战"期间，该动物园所在地慕尼黑有一天晚上遭到轰炸，导致园内三只巴诺布猿惊吓过度而心脏衰竭死亡。动物园里的巴诺布猿全都惊吓而死，却没有一只黑猩猩遭遇同样的命运，由此可见巴诺布猿有多么敏感。特拉茨与黑克列出一长串巴诺布猿与黑猩猩的不同之处，其中包括巴诺布猿相对的温顺平和，还有它们的性行为以及重视情欲。巴诺布猿当然还是具有攻击性的，可是黑猩猩偶尔用来互相伤害的张嘴狠咬与全力殴击，在巴诺布猿身上却极为罕见。雄性黑猩猩只要稍微遭到挑衅，身上的毛发就会竖立起来，而且会捡起树枝向它眼中的弱者挑战。黑猩猩非常重视阶级地位，若以巴诺布猿的标准衡量，黑猩猩绝对是野蛮凶暴的猛兽。按照特拉茨与黑克的说法："巴诺布猿是极度敏感又温柔的动物，完全没有成年黑猩猩那种凶暴的原始力量。"

如果科学家早在1954年就知道这一点，关于人类攻击性的辩论为何从来不曾提及巴诺布猿？巴诺布猿这种特质又为何没有广为人知？原因是这份报告以德文发表，而英语世界的科学家早在许久以前就已不再阅读其他语言的文献。此外，这份研究的对象只是少数几只圈养的年轻猿类，就科学上而言，这样的样本数实在太少，所以说服力可能也就不太够。巴诺布猿的实地研究到了颇为晚近才告展开，相较于其他大猿的研究，落后数十年之久。另一个原因则是文化上的问题：巴诺布猿旺盛的性欲是大多数作者不愿碰触的议题，至今仍然如此。20世纪90年代，英国一支摄影队前往非洲偏远的丛林拍摄巴诺布猿，可是每次镜头上一出现"令人尴尬"的画面，他们就必须暂停拍摄。一名协助拍摄的日本科学家问他们为什么不记录性交的现象，摄影队的回答是："我们的观众对这种画面不会感兴趣。"

然而，最重要的是，巴诺布猿并不符合我们对人性的既定概念。相信我，如果研究发现巴诺布猿会屠杀同类，它们的名声一定马上传遍全球。巴诺布猿的和平天性才是真正的问题所在。有时我不禁想象，如果当初我们先发现巴诺布猿，黑猩猩则是后来才发现或是根本不曾发现，结果将会如何？关于人类演化的讨论，也许就不会以暴力、战争与雄性支配现象为主，而是围绕着性生活、同理心、关怀与合作等议题。人类的知识学术将会呈现出多么不同的样貌！

随着我们另一种近亲的出现，杀人猿理论的势力才终于逐渐衰退。由巴诺布猿的行为来看，它们显然不曾听过这种论点。巴诺布猿当中没有致命的战争，很少出现狩猎行为，没有雄性支配的现象，却有大量的性行为。如果黑猩猩代表我们的魔鬼面貌，巴诺布猿必然是我们天使般的那一面。巴诺布猿做爱不作战，它们是灵长类动物界的嬉皮；科学界面对它们，就像20世纪60年代的家庭遇到蓄长发、抽大麻的浪子想要搬回家中一样。不过，科学界又比那个家庭更加手足无措，于是，只好关掉电灯，躲到桌子底下，一心盼望这位不速之客自行离去。

巴诺布猿显然是属于当前这个时代的猿类。自从撒切尔夫人提出她强烈的个人主义主张以来，世人的态度已经改变了不少。她当初宣称："根本没有社会这种东西，只有个别的男男女女，还有家庭。"这种观点也许衍生自当时的演化观点，也可能反倒催生了当时的演化观点。无论如何，二十年之后，随着庞大的企业丑闻压垮过度膨胀的股市，纯粹的个人主义也就不再那么热门。"安然事件"发生之后，大众再次如梦初醒，理解到毫无限制的资本主义通常不会引出人类最好的一面。里根与撒切尔夫人的"贪婪福音"已然变了调，即便是联邦储备委员会主席格林斯潘这位资本主义先知，也提议社会在这方面踩刹车。他在2002年向美国参议院委员会指出："问题不是现在的人比过去更贪婪，而是表达贪婪的渠道扩增的幅度太大。"

注意演化生物学发展的人，一定也会发现同样的态度转变。突然间，市面上书籍的标题都变成了：《己所欲，施于人》（*Unto Others*）、《道德的演化起源》（*Evolutionary Origins of Morality*）、《照护本能》（*The Tending Instinct*）、《合作的基因》（*The Cooperative Gene*），还有我自己的《优良本性》（*Good Natured*）。学者不再谈论攻击性与竞争，而是开始探讨人际关系、社会凝聚力、关怀与责任感的起源，强调一种开明的自利心态，从大我的角度看待个人。一旦出现利益冲突，竞争就会遭到公益约束。

连同当代的其他经济大师，世界经济论坛创办人克劳斯·施瓦布（Klaus Schwab）也宣称，企业已经“不能再只是受到律法规范，而是必须受到价值引导”。与此同时，演化生物学家也开始说：“有时候，理性追求自利是一种拙劣的策略。”这样的发展趋势，也许是源自于大众态度的转变。这个工业化的世界重建了遭到战争摧毁的经济，达到不久之前无法想象的繁荣程度之后，终于准备把注意力放在社会领域上。我们必须决定，自己究竟是像孤岛上的鲁滨逊——撒切尔夫人似乎就是抱持这样的想法——还是置身于复杂交织的社会里，必须互相关怀，并且从彼此的关怀中找到存在的意义。

达尔文较同意第二种可能性，他认为人类天生就要往道德迈进，而且动物行为也可用于佐证这个概念。他提到自己知道的一条狗交了一只猫朋友，这只猫生病之后，狗儿每次经过它的篮子，就一定会用舌头舔它几下。达尔文指出，这个举动即可证明狗儿具有仁爱的情感。此外，达尔文也讲述了一名动物园管理员的故事，这名管理员为一只凶猛的狒狒清洗笼舍时，不慎遭到对方抓伤后颈。这只狒狒和一只体形娇小的南美猴住在一起，这只小猴平时非常害怕自己的同伴，但是与管理员非常友好，于是在狒狒攻击管理员的时候，以啮咬尖叫转移狒狒的注意力，因此救了管理员一命。这只小猴为了朋友甘冒生命危险，可见友谊能够产生利他行为。达尔文认为人类也是如此。

达尔文当初提出这种说法时，人类还不知道有巴诺布猿的存在，也还没有神经科学上的发现。现在的专家利用脑部扫描仪，发现人在思考道德难题的时候，会触发脑内深处的远古情感中心。因此，道德决定不只是形成于大脑表面的新皮质，显然必须诉诸几百万年来的社会演化。

这点看起来也许显而易见，但是和一般人认为道德规范是文化或宗教形成的薄膜这种看法却背道而驰。我经常纳闷，一个如此明显错误的立场，为什么会在多年来一再被提倡。利他主义者为什么会被视为伪君子，科学家的辩论为什么会把情感排除在外，一本大胆取名为《道德动物》[①] 的著作，又为什么坚称道德观不可能是与生俱来的特质？答案是，这些演化作者都犯了“贝多芬谬误”——意思是说，他们都误以为过程与结果必须彼此相似。

聆听贝多芬结构完美的音乐，你绝对想象不到他寒冷破旧的公寓是什么模样。去过贝多芬家中的人，都说他的住处脏臭无比，杂乱的情形难以想象，到处都是发臭的食物、没有清理的夜壶、穿过的脏衣服，两架钢琴也掩埋在灰尘和纸张之下。贝多芬本身更是一身邋遢，甚至曾经被误以为流浪汉而遭到逮捕。没有人会质疑，贝多芬怎么可能在这样的猪窝里写出精美的奏鸣曲与雄伟的钢琴协奏曲。我们都知道可怕的环境也有可能产生美妙的事物，也知道过程和结果是两回事，这就是菜色美味的餐厅的厨房总是惨不忍睹的原因。

然而，有些人却把过程和结果混为一谈，因而认为，既然自然汰择的过程残酷无情，产生出来的必然也是残酷无情的动物。按照这种想法，卑劣的过程必然会产生卑劣的行为。不过，自然的压力锅不但创造了鱼这种会咬食一切移动物体的动物（它们咬食的对象包括自己产下的小鱼），也创造了巨头鲸这种高度互相依存的动物：只要有一头巨头鲸迷路，整群巨头鲸就会一同搁浅。自然汰择作用偏好能够生存繁衍的生物，这点毫无疑义；至于怎么达到这样的结果，则完全交由生物自由发挥。生物的攻击性、团结度、关怀能力不论是提升或下降，只要在生存繁衍方面胜过其他竞争者，就

① 原书名为 *The Moral Animal*，中译本书名为《性 · 演化 · 达尔文》。——译者注

能广泛散播自己的基因。自然汰择作用没有指定什么样的道路才能通往成功，就像维也纳的脏乱公寓也不会告诉我们，屋里的主人会写出什么样的音乐。

解析猿类

在阿纳姆动物园里，我和管理员每天傍晚都会把瑰芙从猿群里唤出来，以便用奶瓶喂食卢西耶；不过，每次它带着自己收养的女儿出来之前，都会先进行一项奇特的仪式。

我们对猿类彼此打招呼的举动早已习以为常，只要在长久的分离之后再次相见，它们就会亲吻拥抱（黑猩猩），或是抚摩性器官（巴诺布猿）。瑰芙是我见过的第一只会做再见的猿类（人类叫做“说再见”，但猿类显然只能“做再见”），它要进入建筑物之前，都会先到嬷嬷身边——嬷嬷是这个社群的雌性领袖，也是瑰芙最好的朋友——吻它一下；然后，又会向年龄最长的公猿叶伦做出同样的举动。就算叶伦当时在小岛的另一边酣睡，或是正与好友忙着梳理毛发，瑰芙还是会特地前去亲吻它。我不禁联想到，我们要离开宴会之前，也必须先向主人道别。

打招呼很简单，只要看到熟悉的面孔而感到欣喜，自然就会出现打招呼的行为，许多社会性动物都有这种反应。道别就比较复杂，因为道别必须有展望未来的能力，也就是认识到自己会有一段时间看不到对方。我还有一次注意到猿类的这种能力，是有一只雌性黑猩猩把夜间笼舍里的稻草全部捡起来，把满怀的稻草带到小岛上。从来没有黑猩猩会抱着稻草走，这个举动也就引起了我们的注意。当时是 11 月，天气已经逐渐转凉，这只母猿显然打算在室外也要保持温暖。它捡拾稻草时并不会冷，因为这时它身在有暖气的建筑物里，所以它一定是以前一天的经验推论今天的状况。后来它整天都窝在稻草堆里，而且不得不如此，因为其他黑猩猩都等着要偷拿它的稻草。

这种智力的表现就是吸引许多人研究猿类的原因。不只是它们的攻击性或性行为，因为它们在这些方面的表现和其他动物其实相差不大，而是它们的一举一动总是展现出令人惊讶的深思熟虑。由于这种智力很难确认，所以观察圈养猿类是不可或缺的做法；就像我们不会只借助观察儿童在校园里跑跑跳跳就断定他们的智商，研究猿类认知能力也必须通过实际的互动。研究者必须向猿类提出问题，才能观察它们解决问题的方式。圈养在开放环境下的猿类（即圈养在宽阔的户外区域，而且群体规模也合乎自然现象）还有另一个优点，就是研究者能够详细观察它们的行为，否则野外的猿类常常会在关键时刻躲入树丛里。

我最喜欢的办公室（我有好几个办公室）在耶基斯观测站，那儿有一扇大窗户可以俯瞰外面的黑猩猩，可让人清楚掌握它们的行为。它们逃不出我的视线（但我也一样逃不出它们的视线，每次我想偷偷吃个午餐就会明显觉察到这一点）。由于观察便利，因此权力政治、斗殴之后的和解以及使用工具的行为，都是先在圈养猿类身上发现，后来才在野外获得进一步证实的。我们的典型做法是用望远镜眺望，然后把观察到的所有社会事件输入电脑中。我们有一长串代码，各自代表玩耍、性交、攻击、梳理、哺育等行为，以及各类行为中的细微差异；至于输入代码的方法，则是以“谁对谁做了什么”的形式连续输入。事件一旦演变得过于复杂，例如爆发大规模斗殴现象，我们就会采取拍摄的方式，或是像体育播报员般对着录音机讲述事件发生过程。如此一来，搜集到的观察资料即可多达成百上千条，然后再利用电脑程序整理这些资料。虽然我们热爱这项工作，但是灵长类动物研究仍然有其烦琐的一面。

若要提出问题让猿类处理，就会把选定的对象从群体中叫出来，带到一座小建筑物里。我们不能强迫它们参与，只能尽力争取它们自愿合作。所有的猿类不但知道自己的名字，还知道彼此的名字，因此研究人员能够要求A猩猩去找B猩猩。当然，诀窍是必须让它们在实验过程中感到愉快，配备摇杆的电脑对它们非常具有吸引力。我的助手只要推出装有实验器材的推车，马上就有一群志愿者排队等着参加。猿类就像小孩子，看到电脑的立即回应就会深感兴奋。

在一项实验里，莉萨·帕尔（Lisa Parr）让耶基斯的黑猩猩观赏我在阿纳姆动物园拍摄的好几百张照片。这两群黑猩猩各自生活在大西洋两端，因此我们可以确认，它们以前绝对不曾见过对方。电脑屏幕上首先出现一只黑猩猩的面部照片，接着又出现两张面部照片，其中一张和先前那张照片属于同一只黑猩猩。实验对象的黑猩猩只要把游标移动到这张照片上，就能啜饮一口果汁。面部辨识能力的实验早就有人做过，可是猿类的表现不太理想；不过，先前的实验是使用人脸，其中的假设是人脸很容易辨识。对黑猩猩而言却不是如此，它们辨识其他黑猩猩脸部的表现明显优秀许多。莉萨证明，黑猩猩不但能在同一张脸庞的不同照片里看出相似性，也能看出母亲与子女的相似性。我们翻看别人的家族相簿，大概能够分辨出哪些人是他们的血亲，哪些人是他们的姻亲。黑猩猩也一样能够认出亲属之间的相似性，它们对同类的脸部就像我们对人的脸部一样敏感。

另外一项研究则是要探知，黑猩猩能否刻意向别人指出某件东西。先前提过的坎奇与塔穆莉的故事，就已显示它们做得到这一点，但是这个说法仍然具有争议性。有些科学家把重点放在手或食指的动作上，也就是人类指出事物的方式；不过，我认为我们没有理由采取这么狭隘的观点。尼奇曾以一种较细腻的方式和我沟通，它早已习惯我从壕沟边扔掷野浆果给它的举动。有一天，我在记录资料时，完全忘了浆果这回事，而这些浆果就长在我身后的一排树上。尼奇没有忘记这件事，于是在我面前坐下来，以它红褐色的眼珠直视着我。一发现我注意到它之后，它随即把头扭到一旁，眼睛转而注视我左肩后方的某个点，然后又转回来看我，接着再次重复那个动作。我大概比黑猩猩笨了一点，不过，第二次就懂得跟随它的目光，看到身后的浆果。尼奇没有出声也没有动手，就指出它想要的东西。这样的“指示”要具有意义，一定是指示者知道，对方没有看到他所看到的东西；也就是说，指示者必须理解，不是所有人都拥有同样的信息。

查理·门泽尔（Charles Menzel）曾在豢养坎奇的那座语言研究中心进行了一项深具启发性的猿类指示实验。他让一只名叫潘吉的雌性黑猩猩看着他把食物藏在笼子附近的树林里。潘吉在笼子里看着查理藏匿食物的行为，却无法离开笼子前往食物的藏匿处，因此需要有人帮它把食物拿过来。查理会把一包巧克力藏在地上的小洞里，或是藏在树丛中。有时他会等到所有人都下班后才这么做，于是潘吉就必须等到第二天才能向别人指出它所知道的秘密。清洁人员在第二天早晨前来清扫时，并不知道有这么一项实验。因此，潘吉必须先吸引他们的注意，然后向一无所知的对方提供信息。它呼唤的人一开始常常完全搞不懂它究竟在“说”些什么。

有一次，查理向我实地展示潘吉的指示技巧。在实验过程中，他悄悄告诉我，清洁人员对猿类的心理能力通常抱持比较肯定的态度；至于撰写文章探讨这项主题的哲学家与心理学家，虽然很少有和这种动物接触的经验，却抱着先入为主的观念而瞧不起它们。他指出，这项实验有个关键，就是和潘吉互动的人，必须能够认真看待它的沟通举动。被潘吉呼唤的人都说，一开始对它的行为深感惊讶，可是，很快就了解它想要他们做什么。根据潘吉的指示、招引、喘息及呼唤，他们都不难找出藏匿在树林里的物品；要是没有它的指引，他们根本不可能知道去哪里找。潘吉从来不曾指错方向，也不会指向先前使用过的藏匿地点。实验结果显示，这只黑猩猩确实能把自己记忆里的事件传达给别人，而且这些人对这起事件一无所知，不可能提前给它任何暗示。

我举出这些例子的目的是，如果要探讨猿类对过去和未来的认知和它们的面部辨识能力，以及一般性的社会行为，其实有非常可靠的研究结果可供参考。虽然我在本书中偏好采用比较有趣的例子，以便让读者得知我们对人类的近亲已有什么样的了解，可是，我大部分的论点其实都有学术文献的基础。必须特别提醒的是，不是所有的论点都有学术文献可资证明，这也就是为什么目前仍有各种分歧存在，以及这项研究工作为什么到现在还看不到尽头。一场以大猿为主题的研讨会也许能吸引一两百位专家参加，可是这种规模和心理学或社会学的研讨会比起来实在微不足道，因为那类会议轻易即可达到上万人的规模。因此，我们对猿类的理解，其实和理想中的程度还是差了很长一段距离。

我大多数的同事都是实地观察者。观察圈养猿类不论有多少优点，毕竟还是不可能取代对自然行为的观察。每当我们在实验室里发现一项值得注意的能力，就想要知道这项能力对野生黑猩猩及巴诺布猿有什么用处，以及它们能够从这项能力中得到什么益处。这样的探究关乎演化上的重要问题：这项能力当初为什么会出现？面部辨识能力的益处显而易见，可是，认知未来的能力有什么用处？实地研究人员发现，如果黑猩猩要前往能够诱捕蚂蚁或白蚁的地方，有时会在抵达目的地的前几个小时就开始捡拾草茎与细枝；它们需要什么工具，就会在这种工具数量较多的地方事先捡拾备妥。猿类绝对有可能在迁移之前就先按照这样的需求规划路径。

这项研究最重要的意义，也许不在于猿类揭示了我们的哪些本能。猿类的发育速度颇为缓慢（大约16岁才成年），而且又有丰富的学习机会，因此其实不比人类更依赖本能反应。它们一生中必须做出许多决定，例如面对一只幼猿，必须决定究竟该伤害它还是保护它的安全；又如面对受伤的鸟儿，也必须决定究竟该挽救它的性命，还是趁机加以虐待。因此，我们比较的是人与猿处理问题的方式，而且这种作为是结合了自然倾向、智力与经验的结果，不可能从中判别哪些是先天或后天的元素。

经过这样的比较，我们在镜中就会看见自己平时不常见到的自我，光是这一点就足以引人深思。把自己的手放在巴诺布猿的手上，会发现你的拇指比它的长；如果握住它的上臂，会发现它的肌肉硬得出奇；要是拉它的嘴唇，就会发现它的嘴唇比你的有弹性得多；如果注视它的眼睛，也会发现它的眼神和你一样充满好奇。这一切都非常发人深省，我的目标就是要针对社会生活做出同样的比较，进而证明我们所有的倾向其实都与它们相同，尽管我们平常总是喜欢嘲笑这些毛茸茸的人类近亲。

一般人会嘲笑动物园里的灵长类动物，我认为其实是因为他们在猿猴身上看见了自己的影子而深感不安，否则，像长颈鹿与袋鼠这类模样古怪的动物，为何不会引发同样的讪笑？灵长类动物会让我们坐立不安，原因是它们呈现出我们原本的真实面貌。德斯蒙德·莫里斯（Desmond Morris）说得好，灵长类动物使我们意识到自己只是“裸猿”。我们寻求的就是这种真实面貌，也应该寻求这种真实面貌。美妙的是，我们现在对巴诺布猿有了更多了解，因此得以看见，人类的形象反映在两面互补的镜子中。

第二章

权力：我们血液中的马基雅维利

我主张人类有一种普遍的倾向，对权力的渴求永不停歇，至死方休。

——托马斯·霍布斯（Thomas Hobbes）

平等主义不只是没有领导人，而是积极坚持所有人的基本平等，并且拒绝屈服于他人的权威。

——理查德·李（Richard Lee）

我一面骑着自行车爬上故乡荷兰少见的山坡，一面为了在阿纳姆动物园可能目睹的血腥景象预做心理准备。那天早上接到一通电话，得知我最喜欢的雄性黑猩猩路维特已经遭到同类残杀。猿类能够依靠强而有力的犬齿造成严重的伤害。大多数时候，它们只是以所谓虚张声势的姿态企图吓退对方，但是这种虚张声势有时也会引起真正的武力相向。我前一天离开动物园的时候虽然对路维特的状况感到担心，但结果却完全超乎我的想象。

路维特平常总是姿态高傲，对人不是特别热情，但是它现在却渴望抚触。它坐在一摊鲜血当中，头倚着夜间笼舍的栏杆。我轻轻抚摸它的时候，它发出了一声深深的叹息。我们终于情意相通，但这却是我踏入灵长类动物学研究以来最哀伤的一刻。路维特显然已经命在旦夕，虽然还能动，但已失血过多，身上到处都有极深的伤口，而且多根手指与脚趾都已经断裂。不久之后，我们发现它甚至还有其他更重要的部位已不见踪影。

后来，我把路维特向我寻求慰藉的这一刻视为现代人类的寓言：我们就像凶猛的猿类，一面全身沾满了自己的鲜血，一面渴求心灵上的平静。虽然我们有残害杀戮的倾向，却希望别人告诉我们，一切都将安然无恙。不过，那时我全心只想着怎么救回路维特的性命。兽医一到达现场，我们就立即为路维特打了麻醉，把它送进手术室，缝了好几百针。就是在这场急迫的手术中，我们发现路维特的睾丸已不见踪影。它的阴囊里空无一物，但皮肤上的孔洞看起来却比睾丸小，后来管理员在笼舍地板上的稻草堆里找到了这两颗睾丸。

“是被挤出来的。”兽医轻描淡写地说。

以二敌一

在那次麻醉之后，路维特就再也没有醒过来。它因为勇敢对抗两只公猿，地位迅速蹿升，结果付出了惨重的代价。这两只公猿早就一直图谋要从它手上夺回大权，它们的残暴手段让我大开眼界，终于见识到黑猩猩是多么认真地看待政治斗争。

黑猩猩的权力斗争之所以多彩多姿却又极度危险，原因就是它们会采取二对一的运作方式。政治结盟是关键所在，没有一只雄性黑猩猩能够单凭一己之力支配群体；就算做得到，时间也不会太长，因为只要社群团结起来，就可以推翻任何一位领导者。黑猩猩非常善于拉帮结派，因此领导者必须拥有盟友，才能巩固自己的地位，并且获取社群的认同。要保有领导地位，一方面必须强力展现自己的权威，另一方面却也必须讨好支持者，同时避免大规模叛乱。这种现象听起来颇为熟悉，因为人类的政治运作也正是如此。

在路维特丧生之前，阿纳姆动物园里的黑猩猩社群原本由两只公猿共同领导，一只是年轻的新秀尼奇，另一只则是年老力衰却工于心计的叶伦。17岁的尼奇才刚成年，体格壮硕，神情呆笨；它虽然坚毅果决，但不够聪明。支持它的叶伦则是在体力上已无法胜任领袖，却握有庞大的幕后影响力。叶伦习于隔山观斗，在大家情绪激昂的时候，才平静表示自己对其中一方的支持，从而强迫所有成员聆听它的决定。叶伦就是采用这种狡猾的方式，在年轻力壮的公猿互相争斗时从中渔利。

暂且不谈这个社群过去的复杂历史，明显可见的是，叶伦非常痛恨路维特，因为路维特在多年前夺走了它的权势。在当年的一个炎炎夏日里，经过一场范围扩及全体社群、而且时间长达三个月的每日斗争之后，路维特终于打败了叶伦。次年，叶伦帮助尼奇推翻路维特，就此报了一箭之仇。自此之后，尼奇就一直是群体中的雄性领袖，叶伦则是它最倚重的得力助手，这两只公猿就此结为紧密的盟友。若是单独对决，路维特完全不怕它们。在夜间笼舍里一对一的状况下，社群中没有一只公猿敌得过路维特；不是食物被它抢走，就是被它追着到处逃跑。社群中任何一只公猿都不可能压得住它。

这表示叶伦与尼奇是联手领导，而且只有联手才能保住领导地位。它们稳居这个地位长达四年，但是这个联盟最后也不免出现裂痕。而且，就像人一样，造成它们不和的原因就是性。造王有功的叶伦享有相当大的性特权，尼奇绝不让其他公猿接近最迷人的母猿，但总是特别优待叶伦。这就是它们的交易条件：尼奇掌握大权，叶伦得以分享性的甜头。不过，这个皆大欢喜的安排却因尼奇想要修改条件而告终。在身为领导者的四年间，尼奇的自信心与日俱增，它忘记当初是靠谁的帮忙才登上王位的吗？这位年轻的领导者开始作威作福，不但干预其他公猿的性活动，也干预到叶伦。于是，两位盟友逐渐凶恶相向。

领导同盟的内斗持续了好几个月。有一天，叶伦与尼奇终于在一场争吵之后正式决裂。尼奇虽然照例跟在叶伦身后嚎叫乞求它的拥抱，这个老狐狸却头也不回地走开，它已经受够了。一夕之间，路维特随即填补了权力真空，它是我见过最雄伟慑人的雄性黑猩猩，不论体形还是精神都是如此。于是，它的地位也就立即提升，成为社群里的雄性领袖。路维特深受母猿喜爱，善于仲裁纷争，总是保护弱者，也精通于离间对手，各个击破。只要看到其他公猿聚在一起，路维特不是加入它们，就是冲过去强迫它们分开。

尼奇与叶伦对自己突然丧失地位的现象都显得非常沮丧，连体形都似乎缩小了一号。不过，有时候它们又似乎决意恢复以往的结盟关系。至于这个现象终于发生在夜间笼舍里，也就是路维特无处可逃的时候，大概不是意外的结果。管理员次日清晨发现的骇人景象，显示尼奇与叶伦不但重修旧好，而且还以精确搭配的方式采取行动，它们几乎没有受伤。尼奇虽然有几道仅伤及皮肤表面的抓痕和咬痕，叶伦却毫发无损，可见它一定是压住路维特，让尼奇尽情动手。

我们永远也不可能知道事件的具体经过，可惜当时也没有母猿在场阻止这场打斗。母猿经常会集体介入失控的雄性斗争，但是那一天晚上，母猿却分别关在同一栋建筑的其他笼舍里。它们一定目睹或耳闻了整个打斗经过，却完全无法插手干预。

那天早上，路维特坐在自己的鲜血中，整个猿群则是安静得令人发毛，这是阿纳姆动物园史上第一次所有黑猩猩都没吃早餐。等到兽医把路维特带走，将其他黑猩猩放出笼外——放到面积八千多平方米大、长满草木的岛屿上——接着发生的第一件事，就是一只名叫佩丝特的母猿对尼奇发动了异常猛烈的攻击。它极为凶猛，以致这只平常总是傲气十足的年轻公猿也不禁逃到树上。佩丝特独自守在树下，每当尼奇想要下来就叫嚣冲撞，把它困在树上至少十分钟之久。佩丝特在母猿当中向来是路维特的头号盟友，它在自己的夜间笼舍中可以看见公猿的笼舍，因此显然是在对那场致命的攻击表达它的意见。

于是，我们的黑猩猩也就展现了二对一政治运作的所有元素，包括结盟的必要性，以及领导者过于自傲所遭到的下场。权力是雄性黑猩猩的主要动力，也是它们最着迷的对象。一旦获取权力，即可为它们带来庞大的利益；一旦丧失，也会对它们造成沉重的打击。

地位崇高的雄性

人类也不乏政治谋杀的行为：肯尼迪、马丁·路德·金、萨尔瓦多·阿连德、伊扎克·拉宾、甘地，类似的例子不胜枚举。即便是荷兰这个在政治上向来平静的国家（荷兰人自称为“文明”），也在几年前因候选人皮姆·佛图恩（Pim Fortuyn）遇刺而震惊全国。更久以前，我的国家还曾经发生过一场史上最血腥的政治谋杀事件：一群民众受到约翰·德维特（Johan de Witt）的政治对手极力煽动，把德维特和他的哥哥科尔内留斯抓了起来，枪剑并用杀害了这对兄弟，并且把尸体倒吊起来，像屠宰场杀猪一样剖开他们的身躯。狂欢作乐的暴民取出他们的心脏和内脏，烤熟之后互相分食！

这场骇人的事件发生于1672年，当时荷兰因为输掉一连串的战争，累积了深厚的挫折感。艺术家以诗词和画来记录这场谋杀案，海牙历史博物馆至今还展示着其中一名受害者的一根脚趾，以及遭暴民扯断的舌头。

人和野兽都一样，爬到顶端所付出的终极代价就是死亡。坦桑尼亚的贡贝国家公园有一只名叫精灵的黑猩猩，在社群里当了多年的老大之后，终于遭到一大群愤怒的黑猩猩攻击。首先，有个挑战者在其他四只年轻黑猩猩的撑腰下打败了它。野生黑猩猩的打斗通常难以看见，因为总是发生在浓密的树丛中。不过，精灵在斗殴之后尖叫着逃出树丛，手腕、双脚和双手都有伤口，另一个最严重的伤口则是在阴囊上，它的伤和路维特非常相似。精灵因为阴囊感染肿大而差点丧生，并且开始发烧。几天后，它的动作变得非常缓慢，不得不时常停下来休息，而且食量变得很小。后来一名兽医先以麻醉镖将它麻醉，然后为它注射抗生素。精灵远离自己的社群，休养了一段时间之后，打算卷土重来，于是对新任的雄性领袖发起猛烈攻击；然而，它严重误判了形势，结果引来社群里其他公猿的追打。它再次深受重伤，也再次获得野外兽医的医治。最后，精灵终于再度被社群接纳，但是从此地位变得非常低微。

领导者可能遭遇的命运，是权力冲突当中不可避免的一部分。除了受伤或丧生的风险之外，握有权力也必须承担沉重的压力，这点可由测量血液里的皮质醇（cortisol）这种压力荷尔蒙获得证实。抽取野生动物的血液非常困难，但是罗伯特·萨波尔斯基（Robert Sapolsky）在非洲平原上以麻醉枪射击雄狒狒已有多年经验。在这种高度竞争的灵长类动物身上，皮质醇浓度取决于狒狒处理社会紧张关系的能力。一如人类，它们这方面的能力高低也和个性有关。有些地位优越的雄狒狒承受着极大压力，原因是它们无法判别其他雄狒狒的行为究竟是严重的挑战，或者只是无须担忧的中性行为。这类雄狒狒总是非常神经质，也非常敏感多疑：哪怕有一个对手从身边经过，也许它只是要前往某个地点，而不是刻意要纠缠挑衅。阶级体系一旦处于浮动状态，各种误解就会不断累积，对居于优势地位的雄性形成庞大压力。由于压力会损及免疫系统，因此地位较高的灵长类动物也就经常像企业执行长一样，罹患溃疡和心脏病等病症。

崇高地位一定能够带来相当大的优势，否则演化作用绝不可能为生物注入这种莽撞的野心。追求崇高地位的野心在动物界无所不在，从青蛙和老鼠乃至鸡和大象都不例外。崇高地位通常能为雌性动物带来食物，为雄性动物带来伴侣。我说“通常”，是因为雄性也会争夺食物，雌性也会争夺伴侣；不过，雌性动物争夺伴侣的现象，大多只出现在雄性会帮助养育幼子的物种当中，例如人类。演化过程里的一切现象，终究都是为了达到生殖繁衍的目的，因此雄性与雌性的行为表现不同，也就有其充分的理由了。雄性动物如果能与许多雌性交配，阻拦对手的竞争，即可增加自己的后代。不过，这样的策略对雌性却毫无意义：和许多雄性交配对雌性动物通常没有任何好处。

雌性动物追求的是质，而不是量。大多数雌性动物都不和伴侣一同生活，因此它们唯一需要做的，就是挑选最有活力而且最健康的性伴侣。如此一来，即可让后代具有品质优良的基因。不过，对于雄性会留在雌性身边的物种而言，这种雌性动物就会选择温和顾家且善于觅食的雄性。雌性动物还会借助选择食物而提升生殖能力，在怀孕或泌乳期间更是如此，因为这时的热量摄取量会增加五倍。居于优势地位的雌性动物能够获得品质最佳的食物，因此能生养出最健康的子女。有些物种——例如猕猴——的阶级制度更是严格。如果雌性领袖看见地位较低的成员颊囊肿大，就会把它拦下来。颊囊可让猴子携带食物前往安全处所。雌性领袖会抓住这个成员的头，打开它的嘴巴，从它的颊囊里挑拣食物。这样的举动完全不会遭到反抗，因为对方要是不合作，就会被痛咬一番。

崇高地位带来的效益是否足以解释支配冲动？看着雄狒狒超乎比例的大犬齿，或是雄性大猩猩的体形与肌肉，我们看到的就是一具战斗机器，目的是击败对手，追求自然汰择作用认可的唯一价值：繁衍后代。对于雄性而言，这是一场赢者全拿的游戏。阶级高的个体可以到处播种，阶级低的个体则完全没有播种的机会。因此，雄性动物先天即是为打斗而生，善于探寻对手的弱点，并且经常对危险视而不见。冒险是雄性的特色，隐藏弱点也是，雄性灵长类动物绝对不能示弱。所以，难怪现代社会里的男人看医生的频率通常比女人低，他们也比较难以表达情感，就算有支持团体的成员在旁鼓舞也是一样。一般看法总认为，男人是在社会化的过程中培养出隐藏情绪的倾向，但实际上看来，这种态度显然比较可能是自然界的产物，因为雄性动物周遭总是围绕着一群虎视眈眈的竞争者。我们的祖先必然能立即察觉到别人轻微的跛足或疲惫现象。地位崇高的雄性绝对必须掩饰自己的缺陷，而这样的倾向也可能早已根深蒂固。在黑猩猩社群里，雄性领袖若是受伤，通常反倒会加倍展示冲撞的狠劲，以此制造出身体健康无恙的假象。

什么样的遗传特质有助于雄性争取雌性，它就会传承下去。动物不会从繁衍的角度思考，但它们的行为确实有助于散播自己的基因。人类男性也承继了相同的倾向。人类社会里的许多事件，都足以提醒我们权力与性之间的关联。这种事件有时会被刻意炒作，并且引来许多假惺惺的道德谴责，例如克林顿与莱温斯基的丑闻就是如此；不过，大多数人对于领袖的性魅力仍然抱持实际的态度，不会特别注意他们处处留情的行为。值得一提的是，这种特质只适用于男性领袖。由于男人不喜欢权高势大的伴侣，因此，崇高地位在性方面对女性通常没有帮助。一位著名的法国政治人物曾经把权力比喻为糕饼——虽然乐此不疲，却知道这东西对她没有好处。

性别之间的这类差异很早就开始出现。加拿大一项研究找来许多9～10岁的儿童，让他们玩一种游戏，以便测量竞争性的强弱。女童通常不愿抢夺别人的玩具，除非这是求胜的唯一方法；男童则不管对游戏的输赢有没有帮助，都一样会抢夺别人的玩具。女童只有在必要时才会互相竞争，男童则似乎是为了竞争而竞争。

同理，男人首次见面时，总会先从对方身上挑出能够争执的东西——任何东西——并且经常因此为自己平常根本不在乎的议题争得面红耳赤。他们会摆出威胁性的身体姿态，双腿张开，胸部挺出，做出壮大声势的手势，提高嗓门，拐弯骂人，开黄腔，等等不一而足。他们迫切想要了解彼此的相对地位，并且希望能够压服众人，以便获得对自己有利的结果。

这是学术聚会第一天常见的景象，因为这正是来自世界各地的男性自尊在会议室首次短兵相接的时刻。把场景换到酒吧里也一样：女性通常只会站在场边旁观，男性则全心投入智力和知识上的较劲，有时甚至不免脸红脖子粗。黑猩猩以冲撞行为威吓对手——毛发直竖，敲击物品制造声响，并且一面拔扯小株树木；男人则是采取较文明的做法，例如把对方的论点驳得一无是处，或者粗暴一点，干脆连让对方开口的机会都不给。厘清阶级高低是第一优先。然后，同一群男性第二次碰面时总是会比较平静，表示有些问题已经获得了解决，但很难确知究竟是解决了什么问题。

对雄性动物而言，权力是终极春药，而且成瘾度极强。尼奇与叶伦对于丧失权力所出现的猛烈反应，完全符合挫折攻击假说的说法：失落感愈深，怒火也愈炽烈。雄性动物极度重视自己的权力，一旦有人挑战，就会毫无自制地反击。何况，叶伦已经不是第一次失势了；路维特遭到的攻击之所以如此凶猛，也许就是因为这是它第二次掌权。

路维特首次取得上风、终结了叶伦的长期统治之时，我对这位领袖下台后的反应深感不解。平常总是相当稳重的叶伦，突然间完全变了一个模样。和其他黑猩猩对峙的时候，它会像烂苹果一样从树上掉下来，在地上蠕动号叫，等着社群里的其他成员前来安慰它。它的行为就像是一只幼猿被人从母亲的乳头上推开，而且，就像幼儿在号哭时总会偷看母亲是否有软化的迹象，叶伦也总是会注意有谁前来关怀它。如果它身边的群众聚集够多、权势够大，尤其如果其中也包括了雌性领袖在内，它就会立即重拾勇气。有了群众撑腰之后，叶伦会再次与对手展开对峙。明显可见，哭叫正是它巧妙操弄手法的又一个例子。不过，我最感兴趣的却是权力与幼儿依赖之间的相似性，这种相似性可见于“紧抱权力”或“权力断奶”这类说法。雄性动物丧失权力宝座的反应，就像婴儿为了安全感而紧抱在怀里的毛毯被人抽走。

叶伦失势后，经常会在和其他公猿打架之后坐着凝视远方，脸上空无表情。它对身旁的社会活动视而不见，而且连续好几个星期都拒绝进食。我们以为它生病了，但是兽医完全检查不出问题。过去趾高气扬的叶伦现在似乎只剩下一具躯壳，我从没忘记叶伦这种挫败沮丧的模样。丧失权力之后，它的活力也随之消失了。

我看过一次这种剧烈转变的例子，而且发生在我们的同类身上。我在大学里有一位资深教授同事，不但声望崇隆，也自视极高，但是没有注意到一场阴谋正在酝酿。有些年轻教职员在一个敏感的政治议题上与他意见不合，于是集结起来投票反对他。我想，在那之前应该从来没有人敢和他正面冲突。他亲自提携的几个门徒，竟然背着他悄悄争取各方支持对立的提案。投票结果一定大出这位教授的意料之外，因为他脸上全无血色，充满不可置信的表情。这时候的他似乎突然间老了十岁，而且那种泄气空虚的模样，就和叶伦失势后的样子一模一样。对这位教授而言，投票结果不只关乎眼前的这个议题，更关乎整个系所的主导权。那场投票之后，他在走廊上走路的姿态就与先前完全不同，不再散发出“我是老大”的气息，而是呈现出“不要烦我”的讯号。

鲍勃·伍德沃德（Bob Woodward）与卡尔·伯恩斯坦（Carl Bernstein）记述水门案的著作《最后时日》（*The Final Days*），描写了尼克松总统明白自己必须辞职后因而崩溃的模样：“啜泣之余，尼克松更是哀哀切切。一场单纯的窃案……怎么会导致这样的后果……尼克松双膝跪地……俯身捶打地板，一面号叫着：‘我做了什么？发生了什么事？’”据说，国务卿基辛格当时就像抚慰小孩般安抚着这位遭到推翻的领袖，不但把尼克松抱在怀里，还不断讲述他的成就，最后尼克松才终于平静下来。

古老的倾向

人类既然有如此显而易见的“权力意志”（尼采语），也投注如此多的精力表达这种意志，而且从孩童时期开始就有阶级高低的现象出现，成人丧失权势之后又会表现出像儿童般的脆弱模样，因此我实在不懂，我们的社会为什么这么忌讳权力的议题。大多数心理学教科书根本连提都不提权力与支配的议题，除非是为了探讨虐待性的关系。所有人似乎都不愿承认权力的存在。在一项关于权力动机的研究里，研究人员要求许多企业主管说明自己和权力的关系，这些访问对象都承认渴求权力的心态确实存在，却没有人认为自己具有这种心态。所有人都说自己享受的是责任感、声名与威望，追逐权力的都是其他人。

政治候选人一样不愿承认自己的权力欲望，他们总是把自己塑造成公仆的形象，参与政治只是为了振兴经济或改善教育。有没有人听过候选人承认自己想要权力？“公仆”一词显然是自欺欺人：谁会相信政客挺身加入现代民主的泥巴战，只是为了人民的福祉？候选人自己会相信这种说法吗？如果真是这样，他们的牺牲可还真是不寻常呢！相比之下，黑猩猩就显得清新得多：它们正是民众渴求的诚实政客。政治哲学家霍布斯曾经提出一种无可抑制的权力冲动，这项主张完全适用于人类与猿类。观察黑猩猩毫不掩饰地争夺地位，我们绝对找不到其他潜在动机或光鲜亮丽的承诺。

我在学生时期首次来到阿纳姆动物园，透过俯瞰展示区的窗户，开始观察那群黑猩猩的生活，当时的我对于这项事实完全没有心理准备。那个时代的学生都以反抗体制为己任，而我及肩的长发也证明了这一点。我们当时认为，权力是邪恶的东西，野心更是荒谬无比；然而，观察猿类的经验却迫使我放开心胸，不再把权力关系视为邪恶，而是单纯深植于动物本性中的特质。也许我们不该把不平等的现象轻易归咎于资本主义，真正的源头显然更加深入。这种看法在今天也许已经显得陈腐，但是20世纪70年代当红的见解却认为，人类行为具有完全的可塑性：不是与生俱来，而是文化塑造的结果。那个时代认为，只要我们愿意，绝对能摒除各种古老过时的倾向，例如性妒忌、性别角色、物质占有欲，以及支配的欲望。

我眼前的黑猩猩对于这种革命性的呼声一无所知，它们同样展现出这些古老的倾向，但完全没有认知上的落差。它们充满嫉妒心与性别歧视，也具有强烈的占有欲，而且丝毫不加掩饰。我当时不知道自己会不会投注毕生精力研究它们，还是从此以后就再也不会有机会，坐在板凳上观察它们长达几千个小时。那是我人生中最富启发性的一段时间，我对它们非常着迷，因而开始想象它们为何会选择采取这样或那样的行动。我不但晚上睡觉会梦见它们，而且开始用不同的眼光看待身边的人。

我是天生的观察家。我太太买东西后不一定都会告诉我，却早已习惯我能在走进房间之后，随即发现有哪些新东西，或是什么地方出现了变动。不论多么微小的改变，都逃不过我的法眼，哪怕只是书架上成排的书籍当中多了一本，或是冰箱里添了一只瓶罐，但这并不是我刻意搜寻的结果。同样，我也喜欢观察人类行为。在餐厅里挑选座位，我总会挑选能够面对最多人的位子。我喜欢观察社会动态——诸如情爱、紧张、烦闷、厌恶——而且是由身体语言表现出来的社会动态，因为我认为，身体动作传达出的讯息比话语更丰富。既然我总是会自然而然观察别人的行为，因此，静默旁观猿类社群对我而言一点都不困难。

通过这样的观察，我得以从演化的角度看待人类行为。我所谓的演化角度，不只是一般人耳熟能详的达尔文主义观点，而是包括我们各种像猿类一样的行为，例如犹疑不定时会挠头，看到朋友将注意力全都放在别人身上时，不免露出沮丧的神情。此外，我也开始质疑过去学校所教的动物知识，诸如动物只追随本能，对于未来一无所知，而且一切行为都是出于自私的动机。这些说法完全不符合我观察到的现象。我无法归纳出一体适用于所有黑猩猩身上的特质，就像从来也没有人会谈论有什么一体适用于所有人的人类特质。我愈是观察黑猩猩，对它们的判断就愈来愈像是我们评判其他人的方式，譬如说这个人温和友善，那个人刚愎自用。同理，每一只黑猩猩也都是独特的个体。

要了解黑猩猩社群里的各种现象，就必须把各个行为者分辨出来，并且试图了解它们各自追求的目标。黑猩猩的政治运作就像人类的政治运作，个别成员各自采用不同策略，经过冲突竞争之后再决定谁胜谁败。生物学文献对于理解社会运作毫无帮助，因为生物学不谈动机的问题。意图与情感不是生物学家探究的对象，于是我就把目光转向马基雅维利。因此，在从事观察活动的余暇，我就专心阅读一本出版于四个世纪之前的著作——《君主论》(*The Prince*)，让我得以诠释我在黑猩猩圈养区内观察到的现象。不过我敢肯定，马基雅维利一定从来不曾想过，自己的作品会被运用在这个方面。

在黑猩猩的世界里，一切都和阶级脱不了关系。我们经常会同时找两只母猿进行实验，要求它们从事同样的活动。这时候，其中一只母猿一定会马上动手去做，另外一只则踌躇不前。这第二只母猿根本不敢拿取奖品，也不敢碰实验中使用的益智箱、电脑，或其他物品。它也许和第一只母猿一样，迫不及待想要玩这些游戏，但是必须礼让“尊长”。它们之间没有紧张关系，也没有任何敌意，而且它们在群体中也可能是最好的朋友；但是，其中一只母猿的地位就是比较优越。

在阿纳姆动物园的黑猩猩社群里，雌性领袖嬷嬷偶尔会猛烈攻击其他母猿，以突显自己的地位；但一般而言，它总是备受尊崇，其他成员也不会挑战它。嬷嬷最好的朋友瑰芙得以分享它的权力，但是这种现象与公猿的领导同盟完全不同。母猿的领袖地位来自其他母猿的认同，所以没有什么可供争执之处。由于母猿的地位主要取决于性格与年龄，因此嬷嬷其实不需要瑰芙；瑰芙虽然分享它的权力，对它却是毫无贡献的。

相形之下，公猿的权力则是大家都能抢夺的。这种权力不以年龄或其他任何特质为基础，而是必须奋力争夺而来，取得之后更必须用心守护。公猿如果结为同盟，绝对是因为彼此互相需要。公猿的地位是由谁能打败谁来决定，但不是个别对决，而是以整个社群为单位。一只公猿就算能打败所有对手，但如果每次想做什么事都会遭到其他公猿群起围攻，它也不可能稳坐领导地位。公猿若要领袖群伦，不但需要有过人的力气，也需要有能在打斗过于激烈时帮它一把的友伴。尼奇当权期间，叶伦的协助对它具有至关重要的作用。尼奇不但需要这只老公猿帮助它压制路维特，而且它也不得母猿欢心，母猿群起对抗它是常见的景象；不过，只要备受崇敬的叶伦出面，就可以平息母猿的不满。正由于尼奇如此仰赖叶伦，因此后来尼奇竟然恩将仇报，也就更加令人意外。

不过，复杂的策略总不免有失算的时候，这就是我们把政治操作称为“技巧”的原因：重点不在于你是什么样的人，而是你做了什么样的事。我们都非常精于权力的算计，对于各种新变数的出现都极为敏感。一个生意人如果想和大企业签约，就会和各式各样的人会面，从中了解这家企业里的种种敌对势力、效忠对象与恨妒关系，诸如谁想要夺取谁的职位，谁觉得自己遭到谁的排挤，或是谁已逐渐没落失势。这幅权力关系图像的重要性绝不下于该公司的组织图，我们必须具备这种对于权力动态的敏感性，才有可能生存下去。

权力无所不在，随时遭到确认或挑战，而我们也都能精确察觉这种变化；不过，社会学家、政治人物乃至一般民众，却都把权力视为烫手山芋。我们宁可掩盖住自己潜在的动机，只要有人胆敢像马基雅维利一样坦白说出真相，就是甘冒声名涂地的风险。没有人想要被人冠上“马基雅维利主义者”的名号，但绝大多数其实都正是这样的人。

匍匐于尘土中

在人类发现的各种动物行为中，最著名的一项大概应属“啄序”（pecking order）。啄序虽然不是人类行为，但是这个用语在现代社会里却随处可见。我们不但谈企业的啄序，也谈梵蒂冈的啄序（其中又以“总主教”[1]居首），坦言这种存在于社会上的不平等现象，也承认这种现象的古老起源。这样的说法同时也是一种自嘲，暗讽思维细腻的人类其实和家禽也有不少共同点。

即便是小孩也看得出这种现象，而且这么说绝对没有丝毫夸大。啄序这项20世纪初的重大发现，当初就是来自于一名挪威男童的观察。这位名叫埃贝（Thorleif Schjelderup-Ebbe）的男孩从六岁开始就爱上了鸡，他的母亲买了一窝小鸡给他，不久他就为每一只鸡都取了名字。埃贝到了十岁的时候，已经开始做详细的笔记，而且这样的习惯维持了好几年之久。除了记录这些鸡下了多少颗蛋以及谁啄了谁以外，他最感兴趣的是鸡的阶级体系中偶尔出现的例外现象，也就是所谓的三角关系：其中母鸡甲的地位高于乙，乙高于丙，但丙又高于甲。因此，这名男童从一开始就和真正的科学家一样，不但对阶级体系中的常态现象感兴趣，也同样重视异常现象。埃贝后来发表于论文中的这种社会梯级现象，我们现在都已极为熟悉，以致根本无法想象怎么可能有人不会注意到这种情形。

如果观察一群人，一样很快就会发现其中哪个人的举止最充满自信，会吸引最多人的目光与点头认同，最常介入讨论当中；虽然语声轻柔，却还是期待所有人都会注意聆听（并且因为他说的笑话

[1] 令人莞尔的是，“总主教”的英文名称为 primate，与“灵长类动物”恰是同一个单词。——译者注

而发笑），同时也经常发表单面的意见，等等。不过，地位高低还有更细腻的判别线索。科学家过去认为，频率在500赫兹以下的人类语音是没有意义的噪声，因为若是消除高频的声音，剩下的就只是一道低沉的哼声，不再能辨别话声中的语词；不过，后来却发现这种低沉的哼声是一种无意识的社交工具。每个人的低音频率都不一样，但是在交谈当中，各人的频率却通常会趋于一致，而且总是由地位较低的人调整自己的频率。这点最早获得证实，是经由分析《拉里·金直播》（*Larry King Live*）这档电视谈话节目而得的结果。如果节目来宾地位较高，例如资深记者华莱士或女星伊丽莎白·泰勒，主持人拉里·金就会调整自己的音频迎合对方；至于地位较低的来宾，则会调整自己的音频迎合主持人。最明显迎合拉里·金的音频、因而显示出本身缺乏自信的来宾，是美国前副总统奎尔。

这种技术也曾经用于分析电视上转播的美国总统候选人辩论会。在1960～2000年间的八次选举中，普选票的选举结果都与音频分析的结果一致：大多数人都把票投给音频不受对手影响的候选人。有些案例的差异非常明显，例如里根与蒙代尔就是如此。而且，只有2000年的大选是由音频模式居于屈从地位的候选人小布什当选。但是，这个案例也不能算是例外，因为正如民主党乐于指出的，音频模式居于主导地位的候选人戈尔其实获得了较多普选票。

因此，在意识的侦测范围之外，我们每次和别人谈话时都会表达出彼此的地位，不论是面对面还是在电话中交谈都一样。除此之外，我们还有其他方式能够明确表达出阶级的高低，包括办公室面积的大小，乃至身上服装的价格。在非洲村落里，酋长住的茅屋最大，而且身穿金袍。在大学的毕业典礼上，身着学术袍的教授也会傲然走过学生与家长的面前。在日本，鞠躬的弯腰角度不但表示出男尊女卑的关系（女性必须弯得较低），也表示出家庭成员里长辈与晚辈的相对地位。阶级制度化最深的地方就在男性团体中，例如军队里的星徽与条杠，或者天主教里教宗的白色服装、红衣主教的红色服装、蒙席的紫色服装，以及教士的黑色服装。

黑猩猩的问候仪式完全和日本人一样隆重。雄性领袖会先展现它的雄壮威武，全身毛发竖立，在社群里走来走去，只要有谁让路的速度慢了一点，就不免挨一顿打。这样的展示不但能够吸引众猿的注意力，也能产生威吓效果。坦桑尼亚马哈勒山脉国家公园有一只黑猩猩雄性领袖，则是习惯把巨石搬到干涸的河床上滚落，制造震耳欲聋的声响。不难想象其他公猿看到这种自己力所不及的展示行为之后，会产生多么深的敬畏之心。展示完毕之后，雄性领袖就会坐下来，等着观众前来向它致敬。它们一开始会有些迟疑，接着则群集而上，鞠躬行礼，趴在地上，以嘈杂的喘息低呼声表达敬意。雄性领袖似乎会留意猿群向它致敬的表现，因为在下一次展现威势之后，有时它会挑出致敬不力的群体，给予“特别待遇”，以确保它们下次不会再忘记。

我曾经走访北京的故宫，其面积是凡尔赛宫的四倍，白金汉宫的十倍，建筑上布满了美丽的装饰，周遭环绕着花园与庞大的广场。不难想象当初的中国皇帝坐在宏伟华丽的皇位上，高高凌驾于跪伏在地的臣民，以富丽堂皇的景象慑服百姓。欧洲王室至今仍会搭乘镀金马车驶越伦敦与阿姆斯特丹的街道，以此展示权力；尽管他们的权力现在已是象征意义大于实质，但仍然足以彰显社会的阶级秩序。古埃及的法老王会在一年当中最长的一天，举行一场盛大的仪式以魅惑民众。在仪式中，法老王会站在太阳神阿蒙拉圣殿中的一个特定位置，阳光正好从他身后的一条狭窄走道射入，照得他全身金光闪耀，让观礼的民众难以直视，从而证明统治者的神性。至于较平实的例子，则有身着七彩长袍的主教，伸手让下级神职人员亲吻他们的戒指；或如女性觐见王后之时，必须行特殊的屈膝礼。不过，论及最古怪的地位仪式，伊拉克前独裁者萨达姆·侯赛因绝对无人能及：他的属下晋见他时，都必须亲吻他的腋下。这么做的目的是不是要让他们闻一闻权力的味道呢？

人类对于体型代表地位的现象仍然颇为敏感。身高较矮的人，例如美国总统候选人杜卡基斯或意大利总理贝鲁斯科尼，在辩论会或拍团体照时都会要求用箱子垫脚。有些在照片中和贝鲁斯科尼面对面微笑的别国领袖，实际上都比贝鲁斯科尼高了一头。我们也许会取笑这些人的拿破仑情结，不过，身高较矮的人确实必须更加努力才能展现权威。猿类与儿童用来确立彼此关系的体型偏见，一样存在于成人世界。

很少有人会注意到非口语的沟通方式，但是有一门极具创意的商业课程却把狗当成“镜子”，引导经理人注意肢体语言的讯息。课堂上的经理人一一向狗下达命令，狗的反应会让他们知道自己具备多高的说服力。每一步都必须事先规划完善、一出错就气愤懊丧的完美主义者，很快就无法再吸引狗的注意。有些人在下达命令的同时，肢体动作却传达出迟疑的态度，他们的狗不是困惑不解就是满怀疑问。不出意外，最佳组合是具有和善与坚定的态度。在工作上必须接触动物的人，都习于了解它们对肢体语言的敏感度，我的黑猩猩有时比我还了解我自己的情绪：人骗不过猿。之所以如此，其中一个原因是动物不会受到口语干扰。我们过于重视口语沟通，以致不再注意身体传达的讯息。

神经科学家奥利弗·萨克斯（Oliver Sacks）描述过一幅景象：一群失语症患者观看里根总统的电视演说，结果笑成一团。他们无法理解语言，于是从演说者的表情和肢体动作解读他传达的讯息。他们把所有注意力都集中在非口语的线索上，所以语言根本骗不了他们。萨克斯因此推断，里根的演说在一般人听起来虽然完全正常，但他其实是以谎言搭配适切的语调，掩饰自己的真意，只有脑部伤残的患者才能看透这种假象。

我们不但对阶级以及表示阶级的肢体语言非常敏感，而且这也是我们生存的必要条件。有些人也许会希望消除阶级差异，可是和谐必须建立在稳定的前提上，而稳定则仰赖于所有人一致认同的社会秩序。我们可以轻易看到，如果黑猩猩社群缺乏稳定，将会导致什么样的后果。一只公猿本来会特别向雄性领袖致意，突然间却变得谁都不怕，恣意吵闹破坏，于是纷扰也就自此而起。它的体形显得愈来愈大，展现威势的冲撞行为一天比一天更接近领袖身边，并且向领袖抛掷树枝与大石头，以求引起对方注意。

一开始，这种对峙的结局无法预测。依照双方在社群中获得的支持程度，将会逐渐浮现固定的模式。如果领袖拥有的支持不如挑战者，命运便就此注定。关键时刻不是挑战者获得第一场胜利，而是它首次赢得社群的顺服。原本的雄性领袖也许会在多次争吵中落败，慌乱逃跑，最后躲在树顶上尖叫；不过，只要它拒绝向挑战者发出喘息低呼的声音并鞠躬致敬，事情就不算结束。

挑战者在获得前任领袖的顺服之前也绝对不会放松，这样的行为等于是在告诉失势的领袖，若是想要恢复友好关系，对方就必须向它发出喘息低呼声，承认自己的失败。这种做法纯粹是恐吓，挑战者单纯是在等待前任领袖认输。这样的景象我看过很多次。一只公猿走向新任领袖的时候，如果不发出喘息低呼声，就只能落得自讨没趣的下场。雄性领袖会掉头走开——何必浪费时间理会不承认自己地位的家伙？这就像是士兵向军官打招呼却不敬礼一样。恰当的尊重是维持良好关系的关键，只有在阶级确立之后，对手之间才能取得和解，社群也才能恢复平静。

阶级体系愈鲜明，愈不需要有强化阶级的行为。在黑猩猩的世界里，稳定的阶级体系消除了一切紧张关系，对立冲突的情况也就极为罕见：下级成员极力避免冲突，上级成员也没有理由寻衅。这样对大家都好，没有任何成员感到惴惴不安，群体也就能够和谐相处，互相梳理毛发，玩耍，放松。如果看到雄性黑猩猩跳跃嬉闹，脸上露出所谓的玩耍面容（张大嘴巴发出欢笑般的声响），互相拉扯对方的腿，戏谑地推挤对方，我就知道它们非常确知彼此的阶级关系。既然问题已经解决，自然能够放松玩乐。不过，只要有任何一位成员决定挑战既有的秩序，它们最先放弃的行为就是玩耍；突然之间，它们必须先处理严肃的正事。

因此，黑猩猩的地位仪式不只关乎权力，也关乎和谐。雄性领袖展示权威之后，就会傲然挺立，全身毛发直竖，完全不理会其他成员向它俯伏致敬，亲吻它的脸庞、胸膛以及手臂的行为。通过伏低身体，仰望雄性领袖，喘息低呼的猿群也确认了领袖的地位，从而促成和谐友善的关系。不仅如此，厘清阶级地位也是有效合作的前提，这就是最需要协力合作的人类团体——例如大企业和军队——具有明确阶级制度的原因。如果需要明快的行动，指挥体系绝对优于民主制度，我们会根据环境的需要，自动转为阶级服从的模式。在一项研究当中，研究人员把夏令营里的十岁男孩分为两个团体互相竞争；如此一来，团体之间的互相鄙夷——例如看见另一个团体的成员，就装出恶心的表情捏住鼻子——随即成为常见的行为。另一方面，团队凝聚力也随着社群规范与主从行为的强化而提升。这项实验证明了阶级体系促进团结的力量，因为群体一旦需要采取一致行动，阶级体系就会随即获得强化。

谈到这里，就不得不提及一项最大的矛盾，也就是阶级体系中个别成员的地位虽然是经由竞争而来，但阶级结构一旦确立之后，就会从此消除斗争的必要性。地位低的成员当然希望向上攀升，可是既然做不到这一点，他们就退而求其次，只求能平静生活就好。经常互相传达地位讯息，可让老大安心，知道自己不需用武力彰显自己的地位。有些人虽然认为人类比黑猩猩平等得多，却也不得不承认，我们的社会还是必须具备既定秩序才能运作。我们非常渴求阶级的透明度。想想看，别人的外表或者自我介绍的方式，如果完全无法让我们判断自己和他的相对关系，将会造成多么大的误解；这么一来，家长就可能在孩子的学校里将看门人当成校长。在这种情况下，我们必须不断刺探别人的地位，暗中盼望自己不会得罪不该得罪的人。

这就像是邀请一群神职人员参加一场重大会议，却又要求所有人穿上一模一样的衣服。把教士乃至教宗的所有人员混杂在一起，与会成员将无法辨识谁是谁。这么一场会议大概会演变成一片混乱，高阶神职人员恐怕必须做出各种引人注目的威吓展示行为——也许攀荡在吊灯上——才能弥补服装辨识性的不足。

雌性权力

所有的学童都知道，其他“族群”的成员——也就是自己从不和他们一同玩耍的那些人——只有在落单时才能加以戏弄挑衅；如果对方成群结队，就有自我保护的能力。

雌性动物面对困境时会团结，是一种自古以来就存在的特质。我先前已经描述过一群雌性大猩猩不仅抗拒一只新任雄性领袖的冲撞行为，而且还合力对付它。雌性黑猩猩一样会集体攻击雄性黑猩猩，尤其是暴虐的雄性。这种雌性联盟攻击性极强，任何公猿都会赶紧逃之大吉。由于单个母猿的速度与力量都比不上公猿，因此团结也就非常重要。在阿纳姆动物园的黑猩猩社群里，这样的团结又进一步提升了嬷嬷的权威，因为它正是首要召集人；不但所有的母猿都认同它为领袖，而且它也不吝于提醒它们这一点。在公猿的权力斗争中，如果有哪一只母猿的支持对象与嬷嬷不同，便可能招致惨痛的后果。这个叛徒将会一面舔舐身上的伤口，一面好好反省自己的过错。

在野生黑猩猩群中，雌性权力的现象不那么明显。雌性黑猩猩通常带着幼子独自行动，为了寻找果实与树叶等食物不得不各自为政。野外的资源过于分散，猿群不可能集体觅食；由于各自分散，野生的雌性黑猩猩也就不可能像圈养的雌性黑猩猩那样紧密结盟，只要一只母猿高呼即可招来其他同伴。生活空间狭小也缩小了性别之间的落差。举例而言，动物园里的雌性黑猩猩会“没收”雄性黑猩猩的武器，但是这种行为在野外却从未听说过。公猿准备对峙之前，会竖起全身毛发，坐在地上，身体左右摇晃，并高声呼叫。而且，公猿在展开冲撞行为之前，也可能这样热身达十分钟之久。于是，母猿会利用这个机会掰开公猿的手掌，夺走它手上的武器，例如沉重的棍子或石头。而且，母猿这么做也有充分的理由：因为公猿战败之后常常会把挫折感发泄在它们身上。

动物园里的性别平等现象也许是人造环境的结果，但是深具启发性。由此可见雌性黑猩猩具有团结合作的潜力，这是野外观察者绝对料想不到的现象。黑猩猩的姐妹物种充分发挥了这项潜力。雌性巴诺布猿在森林里总是集体行动，因为森林里资源丰富，所以能够一同觅食。巴诺布猿的群体比黑猩猩更大，因此雌性巴诺布猿也就比黑猩猩更善于交际。它们长久以来的亲密情感，表现在大量的毛发梳理与性行为中，不但削弱了公猿的至上地位，甚至颠覆了两性的相对地位。如此带来的结果，就是一套完全不同的社会秩序；

然而，我同时却也看见了其间的连续性：雌性巴诺布猿其实是把各种非洲大猿的雌性团结潜力发展到极致而已。

在动物园里，雌性巴诺布猿的集体领导行为是人尽皆知的现象，而野外的实地观察者也必然在多年以前就已经开始猜测这种现象的存在。不过，由于人类演化的研究领域向来把雄性支配视为理所当然的现象，因此没有人愿意率先提出如此离经叛道的主张；直到 1992 年，科学家提出的研究发现才终于确认了巴诺布猿的雌性权力。其中一份报告探究动物园里的食物竞争现象之后发现，若是一只雄性黑猩猩和两只雌性黑猩猩生活在一起，所有食物都会被雄性黑猩猩据为己有；然而，生活在同样条件下的雄性巴诺布猿，却是连接近食物都不可得。它可以尽情做出冲撞的展示行为，可是母猿根本不会理它，只会自行分食所有的食物。

在野生的巴诺布猿社群里，雌性领袖会大步走进林中空地，身后拖着一根树枝，其他成员都会躲在一旁观看它的展示行为。雌性巴诺布猿常会驱走公猿，把大型果实据为己有，而由母猿分食。阿诺属（*Anonidium*）植物的果实可以重达 10 公斤，面包树的果实更可重达 30 公斤，相当于将近一只成年巴诺布猿的体重。这种庞大的果实一旦掉落地面，就会被雌性巴诺布猿占据，偶尔才会分给一旁乞讨的公猿。个别公猿虽然也会篡夺个别母猿的地位，尤其是年龄较轻的母猿，但是就社群而言，总是由雌性巴诺布猿支配雄性。

由于我们对性别议题深为着迷，难怪巴诺布猿会在一夕之间突然蹿红。小说家艾丽斯·沃克（Alice Walker）将《父亲的微笑之光》（*By the Light of My Father's Smile*）题献给巴诺布猿，《纽约时报》（*New York Times*）专栏作家莫琳·多德（Maureen Dowd）也曾经在政治评论里称许巴诺布猿的性别平等现象。但是在其他人眼中，巴诺布猿的优秀特质实在令人起疑。这种猿类有没有可能是政治正确人士虚构出来的动物，目的只在于满足自由派的需求？有些科学家坚称雄性巴诺布猿不是从属于母猿，只是“尊重雌性”而已。他们称之为“策略性顺服”，把母猿的权势归因于公猿的善良宽大。这些科学家指出，雌性巴诺布猿的支配地位，看起来毕竟只限于食物方面。另外有些学者则干脆宣称，巴诺布猿和我们的祖先完全无关。一位著名的人类学家甚至声称可以不理会巴诺布猿，因为它们已是濒临绝种的动物。他的意思等于是说，只有成功存活下来的物种才值得研究。

雄性巴诺布猿是不是温文儒雅的君子呢？唯一可以对地球上所有动物一体适用的标准就是，个体甲若是能够抢夺乙的食物，必然就具有优势地位。在非洲研究巴诺布猿达二十五年之久的日本科学家加纳隆至指出，食物就是雌性支配地位的重点；如果食物是它们重视的东西，人类观察者就应该重视食物。加纳隆至接着指出，就算没有食物的时候，成年雄性巴诺布猿如果看到母猿走近，也会出现顺服恐惧的反应。

巴诺布猿的研究者虽然一开始也深感震惊与难以置信，但现在都早已见怪不怪了。我们早已习惯于巴诺布猿和人类颠倒的性别秩序，以致根本无法想象任何其他状态的可能性。怀疑论者显然摆脱不了人类自己的习性。我为自己的著作《巴诺布猿：被遗忘的猿类》（*Bonobo: The Forgotten Ape*）巡回宣传时，其中最有趣——或者该说最令人懊恼——的一件事情，就是一位备受敬重的德国生物学教授提出的一个问题。他在我演说结束后站起身来，以近乎指控的语调向我吼道：“这些公猿有什么问题?!”他对雌性支配的现象深感震惊。不过，我倒是常想，以巴诺布猿从事性行为的频率之高以及攻击性的程度之低，雄性巴诺布猿其实没什么好抱怨的，它们的压力想必没有男人和雄性黑猩猩那么大。不过，我对那位教授的答复——也就是说，雄性巴诺布猿显然过得很好——却似乎没有让他感到满意，这种猿类深深动摇了我们对人类祖先与人类行为的既定假设。

那么，身为雄性巴诺布猿有什么好处呢？别的不提，成年野生巴诺布猿的性别比例将近一比一。巴诺布猿社群内的公猿与母猿数量相当，但黑猩猩社群里的母猿数量总是公猿的两倍。由于这两种动物的出生性别比例都是一比一，而且社群外也没有单独游荡的雄性黑猩猩，因此，雄性黑猩猩的死亡率必然特别高。这一点完全不令人意外，因为黑猩猩社群间不但经常争战，社群里的公猿也必须承受持续不断的权力斗争所造成的压力，以及因此导致的身体伤害。总而言之，雄性巴诺布猿比雄性黑猩猩活得更久也更健康。

我们过去曾经以为，巴诺布猿具有和人类一样的家庭结构，因为雄性巴诺布猿总是与特定的母猿维持着稳定关系。我们以为总算找到一种能够解释单配现象来源的猿类，不过，后来却从加纳隆至和其他人的野外观察中得知，这种现象其实是母亲与儿子之间的关系。成年雄性巴诺布猿在森林里会跟在母亲身边，享受母亲的关爱与保护。母亲的阶级地位若是较高，对公猿更有好处。实际上，雄性巴诺布猿的阶级是依母亲而定的；它们不会自己拉帮结派，而是仗着母亲的势力争取地位。

野生巴诺布猿里一只名叫卡美的雌性领袖，就是一个典型的例子。它有三个成年儿子，其中长子是雄性领袖。卡美年老力衰之后，就不再积极保护自己的子女。地位次高的母猿之子必然察觉到了这一点，开始向卡美的儿子挑战。它的母亲在它背后撑腰，也不怕帮它攻击雄性领袖。这种摩擦的激烈程度不断升级，最后演变成两只母猿互相殴击，在地上打滚，结果地位次高的母猿把卡美制伏在地上。经过这样的羞辱之后，卡美再也抬不起头来，它的儿子不久之后也沦落至中层左右的地位。卡美死后，它们更是变得无足轻重，而新任雌性领袖的儿子则升任为雄性领袖。

如果卡美的儿子是黑猩猩，一定会结盟捍卫自己的地位；但是雄性巴诺布猿的结盟能力却非常差，而这也正是雌性巴诺布猿能够握有如此庞大影响力的原因。此外，这种权力冲突虽然罕见，却也足以证明巴诺布猿社会绝不平等，紧张关系绝对存在，公猿经常争强好胜，母猿也是。阶级地位似乎可带来相当大的好处，雄性领袖接近食物的行为较能获得母猿的容忍，也可以享有较多的性伴侣。因此，如果母亲把儿子送进上层阶级，即可经由儿子繁衍的后代延续自己的血统。巴诺布猿不懂得这种关联性，但是积极协助儿子争取地位的母亲必然受到自然汰择作用的青睐。

这是否表示巴诺布猿的社会刚好与黑猩猩的社会相反？不是的。在我看来，黑猩猩是高度的“政治动物”，这点不但与结盟方式有关，也和雌性阶级体系的本质不同有关。在猿类与人类的社会中，雌性的阶级较少遭到挑战，因此就不那么需要巩固。女人很少从阶级的角度看待自己，而且女性之间的关系也不像男性那么形式化。但不可否认的是，有些女性受到的尊崇仍然高于其他女性，例如年长女性的地位就通常高于年轻女性。在单一社会阶层中，年长女性似乎总是居于领导地位。传统上，女人最具影响力的场所是家庭，她们在家庭里不需要争斗也不需要装腔作势，只要靠着年龄增长就能取得崇高地位。性格、教育与家庭规模当然都有关系，而且女性也有许多细腻的竞争方式；不过，在其他条件相当的情况下，女性在同性之间的地位高低，年龄的因素至少占了一半以上。

同样的情形也适用于猿类。在野生猿群中，年长母猿的地位总是高于刚加入社群的年轻母猿。母猿到了发育期就会离开原本的群体，加入其他社群。雌性黑猩猩加入新社群之后，必须在社群的活动范围中为自己找个生活区域，而且经常必须为此和原本居住于该地的母猿竞争。巴诺布猿则因雌性之间的关系比较紧密，因此年轻母猿也就向原本居住于当地的母猿寻求“赞助”，方式包括帮它梳理毛发或者与它性交，然后年长母猿就会以年轻母猿的保护者自居，为它提供庇护。随着时间过去，年轻母猿自己可能也会成为新来的母猿的保护者，如此不断循环下去。这套系统同样以年龄决定地位高低，雌性阶级体系就算不是完全以年龄为划分标准，却还是能由年龄看出大半端倪。

支配斗争发生在母猿之间的情形远少于公猿，而且一旦发生，绝对是出现在同一个年龄层的母猿之间。一个猿群里若有 30 岁以上的母猿，20 岁的母猿就不可能当上雌性领袖。这不是体力的问题——20 岁的母猿体力正达巅峰——而是年轻母猿似乎根本无意挑战那些经验老到、冷酷无情的老太太。我看过掌权数十年、从来不曾遭受挑战的雌性领袖。当然，雌性领袖的掌权时间仍然有限，主要取决于它本身的身心健康；不过，母猿会比公猿晚个几十年才必须面临这样的时刻。

年长母猿压服年轻母猿的方式非常有趣，通常没有任何明确可见的攻击行为。由于年轻母猿的母亲都不在自己身旁，因此就把年长母猿当成妈妈。于是，年长母猿若要表达内心的不悦，只要拒绝对方示好，拒绝分享食物，或者在对方想要帮它梳理毛发时转身走开，借助这种方式拒绝情感交流。年轻母猿也许会为此哭闹一番，可是年长母猿只会冷眼旁观，因为这种状况早就看多了。这种冷漠拒斥的行为经常也是由难以察觉的细腻因素引起。如果一只年轻母猿掐了一只年长母猿的子女，拿走年长母猿打算取食的食物，或是在年长母猿前来帮雄性领袖梳理毛发时没有识趣走开，就可能在几个小时后遭到冷漠拒斥的对待。对于人类研究者而言，母猿的互动显然比公猿直截了当的冲突更难观察。

雄性支配主要奠立于打斗能力与友伴支持，因此，年龄对于雄性阶级地位的影响也就颇为不同。年龄增长对公猿而言绝对不是优势，雄性领袖掌权的时间通常不超过四五年。在雄性领导的体系中，例如黑猩猩的社会，领袖位置总是常常换人；但是在巴诺布猿这样的雌性领导体系中，社会变动不但较不常见，也不会那么剧烈。只有在雌性领袖年老力衰或者去世之后才会有变动发生，而且这样的变动也只发生在社会顶层。因此，在这种体系中，满怀野心的个体也就比较没有地位攀升的机会。

巴诺布猿社会里之所以较少有政治上的纵横捭阖现象，还有另外一个原因：它们的结盟总是以亲属关系为主。亲属关系和年龄一样，都是既定的条件：儿子不可能挑选母亲。雄性巴诺布猿必须把握机会才能往上爬，它们在这方面的竞争性不遑多让于雄性黑猩猩；不过，由于雄性巴诺布猿的一切都取决于自己的母亲，以及母亲和其他母猿的相对地位，因此必须耐心等待。雄性巴诺布猿自行开创未来的机会不如雄性黑猩猩，因为后者能与其他公猿自由结盟。雄性黑猩猩结盟的对象可以是自己的兄弟，但也可以是和自己毫无血缘关系的公猿。由于这种充满弹性的环境条件，雄性黑猩猩因此发展出比较投机的性格，天生就具有暴躁的脾气和威武的体格。雄性黑猩猩具有硕大的肌肉，看起来粗暴又骇人；相较之下，雄性巴诺布猿不但体形瘦小，表情也比较细腻。

因此，母系社会创造出了一种不同的公猿。雄性巴诺布猿没有什么不对，但是大多数男人都不想和它们一样。雄性巴诺布猿缺乏掌握自己命运的能力，但它们的最近亲——人类男性与雄性黑猩猩——却把掌控自身命运视为与生俱来的权利。

强即是弱

紧张程度一旦升高，雄性黑猩猩就会紧紧跟在彼此身边，这就是为什么在那个致命的夜晚，叶伦、路维特与尼奇会共处一个笼舍。管理员和我都想要让这三只公猿各自单独睡觉，但是像黑猩猩这么孔武有力的动物实在很难掌控。其中两只进入同一个夜间笼舍之后，第三只就绝对坚持要和它们一起进去，不能任凭自己被撇除在外。路维特若不进去阻止另外两只公猿互相梳理毛发，怎么能预防敌对同盟成形？在路维特丧生的前一天傍晚，我们花了好几个小时想要把三只公猿分开来，却徒劳无功。它们就像是黏在一起，一同溜进打开的笼舍门口，互相抓着对方的臀部，唯恐落单。最后，我们只好让它们三个睡在一起。

在育有三个子女的人类家庭里，二对一的活动形态是常见的现象，通常会有一个孩子被排除在另外两个孩子的游戏之外。猎人之间有一种说法，认为打猎绝不该三人同行，因为很可能只会有两人生还（意思就是其中两人可能会联手对付第三人）。我们很懂得运用三人之间的关系：在国际象棋里，城堡和主教可以联合起来对付皇后；在真实生活里，我们也会找个朋友帮自己美言几句，以免孤立无援。

雄性黑猩猩非常熟悉这种运作方式，也似乎懂得联盟的重要性。联盟成员内斗带来的威胁极大，因此它们总是竭尽全力取得和解，利益攸关的一方尤其如此，而且这一方通常是地位较高的一方。叶伦与尼奇每次争吵之后总是急着和好，因为它们必须一致对外；前一刻可能为了争夺一只母猿而互相尖叫追打，但下一刻就马上双臂拥抱对方，亲吻和好。这种举动向其他成员传达的讯息，就是他们打算继续掌权；哪一天一旦不再和好，彼此的地位就会同时滑落。

同样的现象也可见于政党的初选候选人，其中一人一旦胜出，成为代表政党的候选人，落败的一方就会立即向获胜者表达支持。没有人想要让敌对政党觉得自己的党陷入分裂，原本的对手会在结果确定后互拍彼此的肩背，在镜头前一同微笑。小布什在2000年共和党总统初选的激烈竞争中出线之后，落败的麦凯恩也必须勉强微笑，面对记者的质疑，表示自己能够宽容并且忘却初选期间的种种不愉快。他一再强调："我支持布什州长，我支持布什州长，我支持布什州长。"结果成了一大笑料。

结盟政治在国际上也同样存在。我曾应邀参与华盛顿特区的一场智囊会议，这个团体结合了各式各样的人士，包括政策制定者、人类学家、心理学家、国防人员、政治学家，还有一位灵长类动物学家（就是我）。当时正值柏林围墙倒塌不久，这场历史性事件对我意义极为重大。我住在荷兰时，东德的苏联占领军只要两小时即可抵达我家门前。每次只要听到北约的军事车辆驶过邻近的公路，就不免想到这一点。

那场会议的基本假设认为，世上两大军事强权的其中一方已逐渐消逝于历史中，因此，我们未来将会生活在一个较安全的世界里。与会人员的任务就是要讨论对未来的预期：新的世界秩序将会是什么模样，美国又该如何充分发挥世界独强的影响力。不过，我不太能够接受这项基本假设，因为一个强权倒下，不一定表示另一个强权就能从此不受约束。在一个较单纯的世界里，也许单一的强权真能为所欲为，但美国人有时总是忘了，自己的国家只拥有地球上4%的人口。我对国际形势的评估原本无足轻重，因为我的评估只是奠基于动物行为上；不过，其中一位政治学家却也提出同样的观点，而他的推论基础是军事史。我们的论点可以归结为结盟理论中简洁扼要的四个字：强即是弱。

叶伦失势后选择伙伴的过程，正是这项理论的贴切案例。在那段短暂的时间里，路维特得以享有雄性领袖的地位。由于它是社群里最强壮的公猿，因此能独力应付大多数状况。此外，在它掌权之后，母猿也一一倒向它这一边，其中又以嬷嬷最为重要。嬷嬷当时正值怀孕期间，这种情况下的母猿自然会竭尽全力维持阶级体系的稳定。路维特在领袖的位子上虽然轻松愉快，对于拆散其他公猿的聚会却从来不曾放松，尤其是叶伦和唯一足以威胁它的尼奇之间的交往。有时候，这样的干预会演变成打斗。叶伦注意到这两只公猿都想要争取自己的支持，于是重要性也就与日俱增。

这时候，叶伦有两个选择：它可以和最强大的路维特结盟，从而得到少数的利益——至于是哪些利益，则有赖路维特的赏赐。另一方面，它也可以帮助尼奇挑战路维特，进而造就一位新领袖，而且这位新领袖还必须感念它的恩情。我们看到叶伦选择了第二条路，这种选择完全合乎“强即是弱”的悖论，亦即最强大的对象通常是最不吸引人的政治盟友。路维特太过强大，反倒害了自己，叶伦加入它的阵营不会有太大的贡献。身为社群里的超级强权，路维特其实只要叶伦保持中立即可。所以，对叶伦而言，帮助尼奇才是合理的选择。如此一来，它就可成为幕后的主导者，享有庞大的影响力，这是它在路维特手下连梦想都不可得的地位；而它的选择也有助于提升自己的威望，得以享有更多雌性伴侣。因此，如果说路维特是“强即是弱”的例子，叶伦就示范了“弱即是强”的相反原则，证明弱势的竞争者可以经由选择有利的位置，获得最大的效益。

同样的矛盾也存在于国际政治中，自从修昔底德（Thucydides）在两千多年前记述伯罗奔尼撒战争（*Peloponnesian War*）以来，我们就知道国家会寻求盟友，共同对付具有威胁性的敌人。恐惧和厌憎促使势力弱小的各方结盟，共同集结于分量较轻的一边，如此造成的权力平衡，可让所有国家都握有相当程度的影响力。有时候，主要的“平衡者”可以只是单一国家，例如第一次世界大战之前，英国在欧洲就是扮演这样的角色。英国拥有强大的海军，又因所在位置得天独厚，几乎完全不怕侵略，因此有充分的能力阻止欧陆上任何一股势力取得上风。

违反直觉的结果并不罕见。在一个必须于100席当中取得多数才能获胜的国会体系里，若有三个政党相互竞争，其中两党各自拥有49个席次，另一个小党只有2个席次，请猜猜看，哪一个政党的权力最大？在这种情况之下（这个情形确实曾经出现在20世纪80年代的德国），只有两席的小党反倒握有主导权。联盟的规模通常只需达到足够胜选的大小即可，因此两大党完全无意合作，反而都极力争取第三个小党。于是，这个小党也就获得不成比例的权势。

结盟理论也探讨“最小获胜联盟”的现象，亦即所有成员都希望自己的联盟具有足以获胜的规模，但又希望不要太大，以便自己能在其中发挥影响力。和最强的一方结盟，会导致自己的获益遭到对方大幅瓜分，因此超级强权通常不是一般人结盟的首选。在可见的未来，就算美国确实成为全球经济与军事舞台上最强大的角色，也不能保证美国就一定会是获胜联盟的一员；恰恰相反，厌憎美国的情绪一定会自然产生，导致其他强权集结成反制联盟。我在那场智囊会议上提出的就是结盟理论，也以为这是一项早已广获接受的观念，却只见与会成员脸上都出现不悦的表情。五角大厦显然不打算根据什么“强即是弱”的说法，规划未来的走向。

不过，这样的现象不久之后即告实现。2003 年春天的一个早晨，我醒来后在报纸上意外看到，三名外长并肩微笑着走向联合国安理会的会议室。法、俄、德三国外长公开反对美国侵略伊拉克的提案，并且指称中国的立场也和他们一致。法国与德国没有什么深厚的感情，中国与俄国也是一样，但这些八竿子打不到一块儿的国家，却在美国放弃建立共识之后联手反对美国。在此之前，由于美国向以寻求共识为重，所以能在不破坏国际间联盟关系的前提下，扮演世界独强的角色。美国不再重视外交手腕之后，随即促成了一个十年前绝对想象不到的反对联盟。

猿类大宪章

说来奇怪，荷兰人的平等思想竟然来自于生活在海平面以下的经验。15 ～ 16 世纪期间的暴雨洪水，为荷兰人注入了同舟共济的精神。传说中用手指堵住水坝裂缝的荷兰男童只是虚构的故事，荷兰的每位公民都必须尽一己之力防止水灾。如果哪个水坝有崩塌之虞，就算三更半夜也必须扛着沙包去补救；海水一旦倒灌，整个城市可能在一瞬间就被淹没。即便到了今天，荷兰王室还是不太愿意展现排场威仪。荷兰女王每年都会骑一次自行车，并且冲泡热巧克力招待属下，表示她也是人民当中的一员。

阶级的本质因文化而异。德国人如军人般严守礼仪，英国人的阶级差异则极为鲜明，但也有像美国人这样性情随和、爱好平等的民族。不过，不论这些文化多么随和，绝对都比不上人类学家口中那种真正的平等主义者。这类族群完全没有地位差异，不只是女王偶尔骑骑自行车，也不只是总统平易近人，而是一听到帝王的观念就反感。这种族群包括纳瓦霍族印第安人（Navajo Indians）、霍屯督人（Hottentots）、姆布蒂俾格米人（Mbuti Pygmies）、孔桑人（Kung San）、因纽特人等。这类小规模社群从狩猎采集者乃至蔬果栽种者不一而足，据说他们的社会完全没有财产、权力和地位的分别——只有性别或亲子这类区分——并且强调平等与分享。有人相信，我们的直接祖先在过去数百万年间就是过着这样的生活。这么说来，阶级是不是可能没有我们想象的那么根深蒂固呢？

人类学家曾经一度把平等主义视为一种消极被动又爱好和平的表征，呈现出人类最好的一面：彼此相爱，互相重视。这是一种乌托邦状态，据说狮子与绵羊也能比邻而眠。我不是说这种状态绝对不可能存在——事实上，最近的报道就指出，有人在肯尼亚平原上观察到一头母狮哺育羚羊幼子——但是从生物学的角度来看，这样的状态绝对难以长久。自利的丑陋心态迟早会抬头：掠食动物迟早会感到饥饿，人类也迟早会争夺资源。平等主义不是奠基于相亲相爱，更不是源自消极的性情，而是一种积极维系的状态，原因正是认知到人类普遍存在的控制与支配欲望。这些平等主义者不但没有否认权力意志，而且还深深了解权力意志的存在。他们每天都必须面对这个现实。

在平等社会中，男性如果想要支配别人，就不免遭到体制的阻碍，而且男性自尊也不受认可。吹嘘自己的成就是一种不礼貌的行为。收获丰富的猎人回到村庄之后，只会静静坐在自己的草屋前，让矛柄上的血迹展现自己的成就；只要稍有自豪的表现，就会遭到其他人嘲笑侮辱，贬低他的狩猎成果。如果有人以首领自居，以为自己能够指使别人，其他人就会直指他的装模作样令人发噱。人类学家克里斯托弗·贝姆（Christopher Boehm）研究过这种维系平等的机制。他发现，如果领导者目中无人、自以为是、没有平均分配财物并以谋取自利的方式对待外人，很快就会失去社群的尊敬与支持。一般的嘲笑、数落与违抗命令的做法若是没有效果，平等主义者也会采取激烈的措施。一名布拉亚族（Buraya）酋长因为篡夺其他人的牲畜，又逼迫别人的妻子和他发生性关系，结果遭到杀害。一名考帕古族（Kaupaku）首领也因为逾越分寸而丧命。当然，较好的做法是直接不理会行为恶劣的领袖，如此一来，他就只能对着自己作威作福。

由于社群很难在完全没有领导人的情况下生存，因此，平等主义者经常会允许某些人担任平等群体中的头号人物。这里的关键字眼是“允许”，因为其他成员将会合力阻止滥权的情形发生。他们采取人类典型的社会工具阻止滥权现象，但我们的灵长类近亲也具备这样的工具。多年来，我的研究团队早已记录了数以千计的这类状况，也就是第三方介入打斗当中，支持其中一方。在猴类与猿类当中，我们都观察过这样的现象。

猴类倾向于支持赢家，因此，居于支配地位的成员不但很少遭遇反抗，社群还会给予协助。难怪猴子的社会具有如此严格又稳定的阶级制度。黑猩猩则与猴类完全不同，它们介入打斗的时候，可能支持赢家，也可能支持输家。因此，发起攻击的黑猩猩完全无法确定自己会获得援助还是遭到反抗，这是相对于猴类社会的一项重大差异。由于黑猩猩可能支持屈居下风的一方，因此，它们的阶级体系具有根本上的不稳定性，领袖的权位也不像猴群那么稳固。

耶基斯野外观测站曾发生过一个典型的案例。观测站里的黑猩猩社群中，有一只名叫吉默的雄性领袖，它怀疑一只正值青春期的公猿和它最喜爱的母猿暗通款曲。这对情侣明智地躲了起来，可是吉默特别跑去找它们，而且找到了这只年轻公猿。吉默通常只会赶走罪犯就算了事，但这次不知是什么原因——也许是因为那只母猿在这一天拒绝和它交配——它却全力冲向年轻公猿，一点也没有放松的模样。于是两只公猿满场追逐，年轻公猿一面尖叫，甚至因恐惧而腹泻；吉默则是打定主意一定要抓住它。

不过，在吉默抓住对方之前，邻近的母猿就开始发出“哇呜”的吠叫声了。这种叫声充满激愤，目的是向攻击者或侵略者表示抗议。一开始，发出叫声的母猿会转头看看社群里的其他成员有什么反应，但是随着其他母猿陆续加入，尤其若是雌性领袖也加入其中，叫声就会愈来愈响亮，形成震耳欲聋的和声。一开始七零八落的叫声，似乎是社群正在投票决定是否齐声抗议；不过，一旦抗议叫声达到最高音量，吉默就立即停止攻击行为，脸上出现窘迫的微笑：它知道该收手了。如果没有停下来，母猿一定会采取集体行动恢复秩序。

恃强凌弱的公猿可能会遭到非常严重的惩罚。野外研究者曾在野生黑猩猩当中发现放逐现象，也就是强迫公猿独自待在社群活动范围边界的危险区域。曾有一份报告提到公猿“遭到流放”。放逐通常是由集体攻击行动促成，例如精灵在贡贝河遭遇到的就是这种现象。它遭到规模庞大的联盟攻击，没有兽医救治很可能活不下来。它两度险些丧生，野外研究人员因此推测，它遭到暴力推翻的待遇应该和它的领导方式有关——它们将它的领导方式描述为“暴烈难测”。

社会阶级的下层成员一旦共同划下界线，并且表明将让越线的上层成员付出惨痛代价，这个社会就算是开始出现法律上所谓的宪法。当然，现代的宪法已经充满各种极度细腻的概念，对于小型人类群体已经过于复杂，更遑论猿类社会；不过，我们不该忘记，当初美国宪法就是诞生于反抗英国统治的革命，其中优美的散文“我们人民……”表达的正是百姓的声音。美国宪法的先驱是1215年的《英国大宪章》（*Magna Carta*），英王约翰的臣民在这份文件中要求他停止横征暴敛，否则就将对他发动战争，除之而后快。这里的原则同样是社会成员集体对抗过度滥权的雄性领袖。

既然领袖会带来这么多问题，那又为什么要有领袖呢？别的不提，至少领袖具有定争止纷的功能。与其由所有人选边决定，还不如将权力赋予单一个人、一群长老，或者一个政府，让他们维持秩序，化解争议，从而增进公共利益。平等社会缺乏社会阶级，出现纷争的时候，没有人能够以其意志要求别人遵从，只能仰赖仲裁的方式。中立客观是仲裁的关键。现代社会由司法体系进行仲裁，借此抵抗社会最大的敌人：冲突倾轧的蔓延恶化。

居于支配地位的黑猩猩阻止打斗的方式有两种：支持弱者对抗强者，或是以中立姿态介入。黑猩猩领袖可能会竖起全身毛发，站在对峙的双方之间，直到它们停止叫嚣为止。它也可能以冲撞的展示行为隔开双方，或者直接用手拉开打斗中的两方。不论采用什么方法，主要的目的显然都是终结敌对状态，而不是支持其中一方。以我见过最公正无私的领袖路维特为例，它在登上领袖地位之后不到几个星期，就开始扮演所谓的控制角色。两只母猿的争吵一发不可收拾，演变成互扯毛发的行为。许多社群成员随即加入战阵，只见一大群黑猩猩在地上翻滚斗殴，尖叫不已。这时候，路维特跳了进来，亲手打散整团混战的黑猩猩。它没有像其他成员那样选边站。只要有谁敢再恋战，就会遭到它的殴打。

有些人也许认为，猿类会支持自己的亲属、朋友或盟友。猿类社会中的大多数成员确实都是如此，但雄性领袖却是遵循不同的原则。身为领袖，路维特似乎超然于冲突的双方。它介入是为了恢复和平，而不是为了帮助自己的朋友；它为了别的成员而调停冲突的行为，并不会依据它和对方的关系亲疏而定。它是唯一公正无私的黑猩猩，也就是说，它把自己的仲裁工作和社交偏好切割开来。我也看过其他公猿这么做，后来贝姆从人类学转而研究灵长类动物学之后，在野外也观察到善于阻止或调停冲突的高阶层黑猩猩。

不是每一只以仲裁者自居的黑猩猩都能获得社群认同。当初尼奇与叶伦共同领导阿纳姆动物园的黑猩猩社群，尼奇也会在发生纷争时出面干预。不过，它常常总是因此成为冲突双方攻击的对象，年长母猿尤其不能接受它介入其间并且拍打它们的头。之所以会如此，其中一个原因也许是尼奇一点都不中立：不论是谁挑起纷争，它总是站在自己的朋友这一边。相较之下，叶伦的调停总是会获得接受。不久，这只老公猿就取代了尼奇的控制角色。自此以后，一旦有冲突发生，尼奇根本连站都懒得站起身来，把解决纷争的工作完全交给叶伦。

由此可见，控制角色可以由地位次高的成员扮演，而且社群也有权决定这个角色该由谁扮演。如果说控制角色是屏蔽弱者以抵御强者的保护伞，撑起这把保护伞的力量就是全体社群。社群成员共同支持最有效的仲裁者，为他提供广大的群众基础，以便维护和平与秩序。这点非常重要，因为即便只是两只年轻小猿的小争执，也可能演变成严重的后果。小猿争吵会引起母亲之间的紧张关系，因为每只母猿都倾向于保护自己的孩子；就像人类的托儿所，一方的母亲现身就会激怒另一方的母亲。交由一位握有权威的个体处理这类问题——同时确信他会公正无私，而且尽可能不使用武力——大家都可松一口气。

因此，我们在黑猩猩身上看到的现象，是介于猴子的严格阶级制度与人类的平等状态之间。当然，人类从来不曾达到完全的平等，即便是小型社会也一样。而且，我们也必须不断努力消除阶级差异，因为人类天生就有追求地位的倾向。不过，要达到平等，被统治者就必须团结起来，守护自己的利益。政治人物参与公共事务也许是为了权力，但选民却把关注焦点放在他们的服务上。难怪政治人物总是宁可高谈后者，对前者则是噤声不语。

我们推选领袖的时候，其实就等于是告诉他们："只有我们觉得你有用，你才能坐在那个位子上。"因此，民主同时满足了人类的两种倾向：一方面是权力意志，另一方面则是盼望节制权力的心理。

年长的政客

我之所以为嬷嬷取了这个名字，原因是它在阿纳姆动物园的黑猩猩社群里居于雌性领袖的地位。所有母猿都服从它，公猿也都把它视为政治纷争的最终仲裁者。两只公猿之间的紧张程度一旦达到开打边缘，就会冲到它身旁，由它伸手环抱，一边一个，就这样在它怀里互相叫嚣。嬷嬷结合了高度的自信与慈母的态度，因而得以身居绝对的权力中心。

它目前仍然健在，每次我到阿纳姆动物园，它就会从游客当中认出我，移动它患有关节炎的四肢，到壕沟边向我打招呼。事实上，它会对我喘息低呼，表示它把我视为上层阶级；但如果真要打架，我绝对打不过它，它无疑也明了这一点。不过，我们不会对这样的情形感到困惑不解。我们都知道，社会结构是一回事，实际上谁能对谁做些什么又是另一回事。

这种双层本质非常有趣。社会的形式结构必须透明化，才能发挥功能，但是在表层的结构下，却又潜藏着其他影响力。没有居于领导地位的社会成员也可以握有庞大的权力，形式上的社会领袖也可能没什么影响力。以阿纳姆动物园的黑猩猩社群为例，它们喘息低呼与鞠躬的举动，形式上是把尼奇的地位置于叶伦之上，叶伦又高于路维特，路维特高于嬷嬷，嬷嬷则高于其他母猿；不过，这种表面秩序的背后却另有一套潜藏的架构：叶伦操控尼奇，路维特的权力大致上已经无效，嬷嬷的影响力则可能超越叶伦。

我们都很善于察知自己工作场所内的幕后状况，也都知道依循表面上的社会阶层没有任何用处。社会上总是有些毫无分量的高阶层人员，以及绝对不能不巴结的低阶层人员（例如老板的秘书）。面临危机之际，表面上的形式结构确实会被强化；但整体上而言，人类通常会建立一套影响力错综复杂的松散秩序。我们有“幕后掌权者”及“傀儡”这类说法，黑猩猩社群里也存在同样的复杂现象。

在马哈勒山脉，野外研究者曾经观察过扮演和叶伦同样角色的年长雄性黑猩猩。雄性黑猩猩的体力一旦开始走下坡，就会开始玩起权谋游戏，根据需要而与不同的年轻公猿结盟，让自己成为其他公猿赖以获胜的关键力量，把自己的弱势转为优势。这种景象不禁让人联想到人类政治圈里年长的政客：例如已过壮年、满头白发的切尼与泰德·肯尼迪。这种人早已放弃登上大位的野心，其他人却竞相征询他们的意见。年轻人全副心思都放在自己的成就上，所以较没有办法对别人提出有用的忠告。

在佐治亚州炎热的太阳底下，杰茜卡·弗拉克（Jessica Flack）端坐在观测塔上，花了好几百个小时的时间，专门观察黑猩猩以喘息低呼的方式确认地位的现象。她发现，雄性领袖获得的低呼声不一定最多。雄性领袖会得到直接对手的低呼致敬，以此确立形式上的领袖地位。不过，社群里的其他成员却常常会略过雄性领袖，对另一只公猿做出鞠躬、喘息低呼或亲吻的举动。由于雄性领袖就在一旁观看，因此这种状况显得颇为尴尬。但最值得注意的是，这些被致敬的其他公猿一定都是纷争仲裁者。在阿纳姆动物园，我们也发现叶伦这位主要仲裁者获得的喘息低呼较多，而非形式上的领袖尼奇。这种现象就像是社群“投票”选出大家喜爱的调停者，纷纷向他表示尊敬，使得社群领袖为之气结。雄性领袖若是一再遭到忽略，就可能会做出虚张声势的展示行为，强调自己的地位。

叶伦把尼奇送上大位，因而得以扮演富有影响力的角色；不过，路维特丧生之后，它的势力也随之消失了。突然之间，尼奇不再需要这只年长公猿的帮助，总算能够独自担任领导者——至少它自己必然这么认为。不过，就在我离开荷兰前往美国之后不久，叶伦就与另一只更年轻的公猿丹迪开始往来。它们花了几年的时间发展结盟关系，最后丹迪也开始挑战尼奇的领导地位。后来的紧张关系迫使尼奇为了逃亡而不择手段，结果因试图跨越圈养岛屿周围的壕沟而溺死水中。当地的报纸称之为自杀，但我认为较像是一时惊慌所做出的错误决定，结果造成致命的后果。由于这是毁在叶伦手上的第二条生命，因此我必须承认，后来只要看到这只老奸巨猾的公猿，我就忍不住把它视为凶手。

这场悲剧发生后的次年，我的继任者决定放一部电影给这些黑猩猩观赏。《黑猩猩家族》（*The Family of Chimps*）是一部在这座动物园里拍摄的纪录片，当时尼奇还活着。所有的黑猩猩都聚集在冬季大厅，影片就投影在白色墙壁上。它们会不会认出已故的前任领袖呢？尼奇的影像一在墙壁上出现，丹迪就立即尖叫着冲向叶伦，直接跳进这只老公猿的怀里！叶伦则咧嘴露出紧张的表情。尼奇如同奇迹般的复生，暂时恢复了它们过去的盟约。

猴子的屁股

不论是有意识还是无意识，我们总是全心关注着社会支配的问题。我们会展露出灵长类动物典型的面部表情，例如需要厘清社会地位的时候，就把嘴唇后缩，露出牙齿和牙龈。人类的微笑源自于一种安抚的标志，这就是女人微笑的频率通常高于男人的原因。即便是我们最友善的行为，也都隐含着攻击的可能性。我们若是侵入别人的领域，总会带着一束花或者一瓶酒，打招呼时也都会挥舞张开的手——一般认为这个举动原本的意义是为了表示自己没有武器。我们通过身体姿势和说话语调，把自己的社会阶级形式化，以致有经验的人只要短短观察几分钟，就能判断每个人的地位孰高孰低。我们谈论的许多人类行为，诸如"拍马屁"、"卑躬屈膝"，以及"握拳擂胸"，在我的研究领域里都属于正式的行为，由此可见人类过去的阶级差异也由身体动作表达。

然而，人类却又天生桀骜不驯。13 世纪的神学家圣博纳文图拉（Saint Bonaventura）曾说："猴子爬得愈高，你愈容易看见它的屁股。"我们都喜欢嘲讽阶级较高的人，总是迫不及待要把他们拉下来，有权势的人也非常明白这一点。莎士比亚曾经写道："戴着王冠的头总是不得安睡。"中国的秦始皇就非常担心自己的安全，因而在通往皇宫的所有道路上加盖，以便自己出入不被发现。后来遭到处死的罗马尼亚独裁者尼古拉·齐奥塞斯库（Nicolae Ceauşescu），也在布加勒斯特社会主义胜利大道上的共产党大楼底下，建造了三层迷宫般的隧道、逃亡通道和地下碉堡，并在其中堆满了食物。

不受欢迎的领袖，其内心恐惧显然也最深。马基雅维利说得没错，最好在一般民众而非贵族的支持下当上君王，因为贵族会觉得自己和你的位子极为接近，从而试图削弱你的权势。而且，权力的基础愈广大愈好。这样的忠告一样适用于黑猩猩：挺身帮助弱势的公猿最受敬爱。底层的支持有助于巩固上层的权位。

民主真的是阶级式过往创造出的成果吗？一个极具影响力的思想学派认为，我们刚开始生活在严酷又混乱的自然状态里，身处“丛林法则”的规范下。后来我们经由集体同意建立规则，并且把执行这些规则的权力交给高层的权威阶级，因而得以摆脱“丛林法则”的状态。这是一般针对由上而下的统治方式所提出的合理解释；然而，如果实际上完全相反呢？如果是高层的权威阶级先存在，然后才出现平等的要求呢？灵长类动物的演化过程似乎就显示出这样的状况，说不定人类从来就不曾生活在混乱的状态中：我们一开始就有一套明确的阶级体系，后来才找出消弭阶级差异的方法。说不定人类天生就带有反骨。

世界上有许多个性消极、爱好和平又宽容的动物。有些种类的猴子很少互咬，争吵之后很快和解，不会抢夺食物和水等资源。毛蜘蛛猴几乎从不争吵。灵长类动物学家谈论各种不同的“支配形态”，意指有些物种的高阶级成员较随和也较宽容，有些物种的高阶级成员则残暴严苛。不过，就算有些种类的猴子性情随和，它们的社会仍然绝不可能平等；要有平等的社会，被统治者就必须起身反抗，并且划下界线，但猴子的这种行为非常有限。

巴诺布猿颇为随和，相对来说也非常爱好和平。它们采取和黑猩猩一样的平等要求机制，并且发挥到极限，把阶级体系整个翻转了过来。弱势性别不在底层骚动，而是在上层采取行动，从而成为实际上的强势性别。生理上，雌性巴诺布猿并不比公猿强壮，它们要保有自己的优势地位，就必须像河狸维护自己建造的水坝一样，不断付出无休无止的努力。但是，除了这项非凡的成就之外，巴诺布猿的政治体系其实比黑猩猩要僵固得多。先前已经提过，这是因为它们最重要的联盟是母子的结合，因此不可能出现变化。巴诺布猿没有不断变动的投机结盟方式，所以也无法破解体系的规制。它们只能算是宽容，但不是平等。

民主是一种积极的状态：社会成员必须付出努力，才能减少不平等的现象。我们最近亲当中较具支配性与攻击性的一方，竟然最足以呈现出民主赖以为基础的倾向，这点其实不令人意外。重点就是，我们必须把民主视为从暴力中诞生的成果，因为在人类历史上确实就是如此。这是我们奋斗争取而来的东西：自由、平等、博爱。民主从来就不是不劳而获的成果，而是必须从权势者手上夺取而来。吊诡的是，如果我们原本不是那么深具阶级性的动物，可能永远达不到今天的民主成就，也可能永远发展不出必要的基层团结现象。

第三章

性：性欲旺盛的灵长类动物

这个异乎寻常而且在生存上极为成功的物种，花费相当多时间检视自己的高等动机，却也花费同样的时间漠视自己的基本冲动。他以拥有灵长类动物中最大的大脑为傲，却试图掩饰自己其实也拥有最大的阴茎这个事实。

——德斯蒙德·莫里斯（Desmond Morris）

无忧无虑、热爱玩乐、从不识字又讨人喜爱的巴诺布猿，是我们的近亲。感谢生命带来这样的动物。

——艾丽斯·沃克（Alice Walker）

一名过去负责照顾黑猩猩的动物园管理员，经由介绍首次认识巴诺布猿，并且接受了这位新结交的灵长类朋友的一个吻。黑猩猩的吻属于朋友间的吻，而不是情欲式的吻。这名管理员感觉到巴诺布猿把舌头伸进他嘴里的时候，那一惊可是非同小可。

舌吻——英语将这种接吻方式归咎于法国人[①]——是一种完全信任的举动，因为舌头是我们最敏感的器官之一，嘴巴则是能对舌头迅速施加伤害的身体孔洞。这个举动可以让我们细细品尝对方，却同时也会互相交换唾液、细菌、病毒和食物。没错，食物。提到口对口交换食物，现代人也许会想到青少年交换口香糖的行为，但是一般认为，嘴对嘴接吻是源自母亲喂食幼儿的举动。母猿确实会把嚼过的食物传递给幼猿：放在突出的下唇上，送入幼猿的嘴巴里。当然，这就是舌头发挥作用的时候。

舌吻是巴诺布猿最容易辨识、也和人类最像的情欲行为，每次我在大学课堂上播放我拍摄的巴诺布猿影片，教室里总是寂静无声。学生虽然在影片里会看到各式各样的性交，但令他们印象最深刻的，却总是两只年轻公猿舌吻的画面。尽管我们永远无法确定这两只公猿心里的感觉，但它们的吻看起来却是如此热切、如此深刻，张大的嘴巴紧贴在一起，让我的学生总是惊讶不已。好莱坞演员在银幕上呈现出的热情，绝对比不上这两只年轻的公猿。有趣的是，它们亲吻之后就会随即展开玩闹性的打斗或追逐。在巴诺布猿身上，情欲接触可以和它们从事的任何活动混合在一起，它们可以在进食之后接着性交，性交之后接着玩乐，或是梳理毛发之后接着亲吻，等等。实际上，我还看过母猿一面捡拾食物，一面任由公猿骑在它身上。巴诺布猿看待性的态度非常认真，但绝对比不上大学课堂里的学生。

人类把性与社会生活区别开来，至少是尽量这么做；但是在巴诺布猿社会里，二者却紧密结合在一起。人类的一大反讽就是用无花果叶遮掩性器官，结果却因此挑起永远无法满足的性好奇。

---

① 英语把舌吻称为“french kiss”（法式接吻）。——译者注

阳具妒忌

有时候觉得，我在电脑上收到的垃圾邮件，大概有一半都与增大男人的某个器官有关。自古以来，男性对于自己是否具有傲人的雄风一向耿耿于怀，因此不但为蛇油推销员带来丰厚的收入，也成为各种笑话产生笑料的素材。从古希腊罗马的崇拜对象，乃至口叼雪茄的弗洛伊德无处不见的阳具象征，长久以来，一向有人说阴茎具有自己的主见。

20 世纪 60 年代，莫里斯因为对照毛茸茸的猿类与人类这种裸猿而震惊世人。他会特别把注意力放在人类阴茎的大小上，并且声称人类是地球上最性感的灵长类动物，其实不令人意外。这是一项非常聪明的举动，目的是缓和这部著作对人类自尊的打击。男人最喜欢听别人说自己在这个重要领域上占有冠军地位。由于当时我们对巴诺布猿所知极少，因此莫里斯把性感霸主的地位归给人类，应该算是可以原谅的错误。事实上，我们在性方面绝非灵长类世界的冠军。要在猿类醒着时实际量测其勃起的阴茎长度，是非常困难的事情，但是巴诺布猿的阴茎看起来确实把人类远远比了下去；若是将巴诺布猿身形较小的因素也考量进来，它们的阴茎更是显得巨大无比。

不过，巴诺布猿的阴茎较细，而且能完全内缩，因此勃起时更加醒目，尤其公猿又常常上下晃动自己的阴茎。比起“挥舞”阴茎还要更加引人注目的，也许该算是巴诺布猿的睾丸，因为它们的睾丸比人类的大好几倍。黑猩猩也是如此。一般认为，这是因为公猿必须产生大量的精子，才能确保母猿受孕，以免被其他公猿捷足先登。如果觉得雄性巴诺布猿的生殖器官颇为雄伟，那我们对母猿一定更加赞叹，因为雌性黑猩猩与巴诺布猿的生殖器官都非常肿大。

这不只是像大猩猩或红毛猩猩那种稍微隆起的阴唇，而是在雌性臀部上肿胀得像足球一般大小的器官，可让母猿展示鲜艳的粉红色标志，让邻近的公猿知道时机已经成熟。

这个部位的肿胀是由阴唇与阴蒂构成，巴诺布猿的阴蒂比人类和黑猩猩的都要突出。年轻母猿身上的阴蒂，就像一根小指突出于身前，成年之后却是埋藏在周围肿胀的组织中。以这样的身体构造来看，难怪雌性巴诺布猿总是偏好面对面性交；可惜的是，公猿却似乎偏好较古老的后方进入姿势。雌性巴诺布猿经常会仰躺在地上，张开双腿引诱公猿；如果有公猿先行采取其他姿势向母猿求欢，母猿也会随即转为仰躺地面的姿势。

从动物园游客的对话，也可以知道大多数人都对猿类引人注目的生殖器官深感惊讶。我最难忘的一个反应，就是一个女人惊呼："天啊，我看到的是一颗头吗？"公猿就一点都不会感到困惑：对它们来说，最具诱惑力的就是顶着粉红色大屁股的母猿。我个人早已习惯于这种引人注目的特征，所以不会觉得奇怪，也不觉得丑陋，但倒是不禁想到"累赘"一词。完全肿胀的母猿无法用正常姿势坐下，只能以一边的臀部承受身体重量。自从青春期以来，母猿的生殖器官就随着每次的月经周期愈来愈大，因而早就学会适应这样的身体形态。肿胀的组织非常脆弱，轻微擦撞就会流血（但是愈合速度也很快）。如同人类文化发明的裹小脚或高跟鞋，母猿肿胀的生殖器官似乎也是一种为了美貌而付出的沉重代价。

巴诺布猿的阴蒂非常引人注意，因为形状比人类的小，同时也是各种热切争论的中心对象。阴蒂有什么用？我们真的需要这个器官吗？有些理论认为这种娇小的器官毫无用处，就像男人的乳头；也有理论认为阴蒂是快感来源，有助于增进伴侣的情感。第一种观点的假设是女性不需要寻求性爱，只要遇到男性索求时被动接受即可。这种观点将阴蒂称为演化上一项“美妙的意外”。第二种观点则认为，阴蒂的出现是为了带来高潮的经验，好让性交成为一种愉快迷人的行为。这种假设认为女性具有主动的性欲，会不断寻求性爱，直到找到自己喜欢的为止。这两种相反的观点，也各自符合以不同方式认知女性社会地位的意识形态。

繁殖是一件非常重要的事情，绝不能交由机遇决定。所有的生物学家都认为，动物中的两性都必须主动选取伴侣，而不是只将这项任务交给雄性。我们知道动物会探索各式各样的选项。在一个有趣的案例里，科学家为了控制一群红翅黑鹂的数量，切除了雄鸟的输精管；他们认为，共同筑巢的鸟儿夫妻中只要雄鸟不孕，雌鸟必然会产下没有受精的蛋。然而，结果却发现，大多数的蛋都是受精卵；也就是说，雌鸟必然私下“交往”了生育能力健全的雄鸟。动物王国充满了性方面高度积极的雌性动物，到处挑选合适的伴侣，人类社会也绝不例外。问卷调查通常挖掘不出这种现象，因为这是一种非常不可靠的行为测量方式。

问卷调查总是大幅低估女性的性生活：所有人，尤其是女人，通常都不愿意完全坦露实情。我们知道这一点，因为有另外一种方式能够诱使女性说出实话。只要在大学生身上连接假的测谎器，年轻女性坦白的性伴侣人数，就会比在平常状况下透露的几乎多出一倍。实际上，她们的性伴侣人数差不多和男性一样多。因此，男性和女性之间的差异很可能没有性调查呈现的那么大。

对雄性而言，繁殖行为只是一段非常简短的过程，不像雌性还必须负责后续的生养工作。因此一般总是认为，不同性别的性倾向应该也有具体的差异。不过，并非所有的性行为都以生育后代为目的，而且不只人类如此，许多物种也是一样。寻求快感与休闲，肉体的结合与情感的交流，以及巴诺布猿每天从事的行为——以性交修补人际关系的裂痕——这些目的都可以是从事性行为的原因。从这样的观点看来，维多利亚时期声称，性是男人的动力、女人的苦工，这种说法就是奠基在非常狭隘的假设上。如果性行为经常传达出爱、信任和亲密等信息，即可预期女性至少会和男性一样重视这个领域。法国人明智地与维多利亚女王分别生活在英吉利海峡遥遥相隔的两岸，得以发展出多彩多姿的词汇，描述各种不同用途的性行为。争吵之后为了和好而进行的性行为称为“la reconciliation sur l'oreiller”（枕头上的和解）；至于性行为安抚人心的力量，则可从一个骂人的字眼上看出：法语把性情乖戾的女人骂成缺乏性爱滋润的女人——“mal baisee”（欠缺亲吻）。

一到工作日，性和性欲就应该遁入地下。把社会生活和性生活明确划分开来，是人类独有的行为，但这样的划分也不是一直都能维系的。在过去，富人家中的女佣常常必须提供煮饭与清洁以外的服务；在现代社会，充满性暗示与性骚扰的办公室也经常发展出同事之间的恋情。据说，华尔街的股票经纪人会在生日宴会上请来脱衣舞娘表演。不过，不论有多少例外情形，一般规范仍然是把社会生活与性生活的领域区分开来。

我们非常需要这条界线，因为我们的社会由家庭单位建构而成，家庭当中则结合了父母对子女的关爱照顾，母爱是一切哺乳类动物的自然现象。人类社会都有核心家庭，但是猿类没有。对黑猩猩而言，进行性行为唯一必须躲避众人目光的时候，就是为了避免引起高阶级成员的嫉妒。这时候，黑猩猩爱侣就会躲到树丛里幽会，或是远离社群其他成员——我们对于隐私的需求可能就是源自这类行为。如果性行为会造成紧张关系，维持和谐的一种方式就是降低性行为的能见度。人类甚至更进一步，不但从事性行为时要保持私密，就连身体上的情欲部位也都必须掩盖起来。

这类现象很少出现在巴诺布猿当中，这就是经常有人将巴诺布猿称为“性解放猿类”的原因。不过，如果隐私与压迫等现象实际上都不存在，又有什么解放可言呢？巴诺布猿根本没有羞耻感，也没有端庄的观念，唯一的约束就是避免和对手发生争执。两只巴诺布猿交合的时候，幼猿有时会跳到它们身上观察细节，有时另一只成年母猿也可能把自己肿胀的下体贴在其中一方身上分享快感。对它们而言，性通常是分享的事物，不是竞争的对象。母猿可能躺在空地上公然自慰，其他社群成员完全不会觉得有什么奇怪。母猿自慰的方式，是用手指上下快速摩擦阴门，但有时候也可能用脚趾，把双手空出来梳理幼子的毛发。巴诺布猿非常善于一心多用。

莫里斯除了声称我们的阴茎比其他灵长类动物都要大之外，还认为只有人类才有高潮反应。不过，只要看过两只雌性巴诺布猿进行生殖器摩擦行为，就很难认同莫里斯的这个说法。这种情况下的雌性巴诺布猿会咧嘴而笑，一面奋力摩擦彼此的阴蒂，一面发出兴奋的尖叫声。雌性巴诺布猿也会固定从事自慰行为，若它们不能从中获得快感，这种活动就完全没有意义。我们从实验室的实验当中可得知，人类女性不是唯一会在性交高潮之际出现心跳突然加快和子宫快速收缩等现象的雌性动物，猕猴绝对符合性学研究者马斯特斯与约翰逊为人类高潮设定的标准。从来没有人把这项研究套用在巴诺布猿身上，但它们通过这项测验的能力应该不会遭到质疑。

不过，也不是所有人都能接受这种可能性。我参加过最奇特的一场学术会议，就是以性为讨论主题的。这场会议由后现代人类学家召开，他们认为真实由言辞构成，无法和我们的论述区分开来。我是会议上少数几名科学家之一，就定义而言，科学家对事实的信任本来就高于言辞；由此可见，这场会议一定不会进行得很顺利。会议上的关键时刻就是一名后现代主义者声称，如果一种人类语言没有可以用于表达"高潮"概念的字眼，那么使用这种语言的人就感受不到性高潮。科学家对这种说法都惊讶不已。世界各地的人都有同样的生殖器官与生理结构，他们的经验怎么可能会有这么大的不同呢？而且，动物又该怎么说？这种说法是暗指动物完全没有感觉可言吗？我们对于这种将性快感视为语言成就的观念深感恼怒，于是开始私下互传纸条，上面写着各种嘲讽的问题，例如：如果没有表达"氧气"这种概念的字眼，人类还能不能呼吸？

莫里斯归给人类的最后一项独特性，则是面对面的性交姿势，他认为这种姿势足以证明文明人的体贴细腻。在当时，这种叫做"传教士"体位的性交姿势，不但被认为是人类独有的行为，而且是一种文化上的进步；不过，只要考虑到人类的性行为是好几百万年的演化成果，我认为这种把人类性行为和其他动物区分开来的尝试都必然是徒劳。促使我们从事性行为的荷尔蒙，以及为这种行为带来可行性与快感的身体结构，都取决于自然生物的发展。这类生理特质一点也不独特，我们的性交方式和马或孔雀鱼其实差不了多少。既然我们的生殖器官位于身体前方，可见自然汰择作用偏好"传教士"体位，我们的解剖结构天生就是要让我们采取这种交合方式。

当初为巴诺布猿取了这个奇特名称的科学家，原本也想解释它们的交配方式，但是，这个议题在当时根本连提都不能提。于是，爱德华·特拉茨与海因茨·黑克采用拉丁文，指称黑猩猩的交配方式"more canum"（比较像狗），巴诺布猿则"more hominum"（比较像人）。巴诺布猿可轻易采用"传教士"体位，也可以轻易采取其他许多不同体位。它们懂得印度《爱经》（*Kama Sutra*）里描述的各种体位，甚至还有某些我们想象不到的姿势（例如，用脚倒吊着交合）。不过，面对面的姿势有其特别之处，因为这种体位不但极为普遍，也可以让性交双方交流情感。利用影片的详细分析，显示巴诺布猿会注意伴侣的脸部表情和声音，由对方的反应调整抽插或摩擦的速度。一方的眼神如果没和另一方接触，或是显得兴趣索然，双方就会分开。巴诺布猿对伴侣的感受似乎非常敏感。

巴诺布猿不但采取各种性交姿势，性交的对象也几乎毫无限制，它们证明了性行为不只是纯粹以繁衍为目标的活动。我估计它们的性行为约有四分之三与繁殖无关，至少不是直接相关：它们的性行为经常发生在同性之间，或是在母猿无法受孕的期间。此外，它们还有许多无益于繁殖的情欲行为，除了舌吻之外，还包括口交与用手抚摸对方的性器官，这种行为在公猿之间颇为常见。一只公猿可能会挺直背脊，双腿分开，把勃起的阴茎展现在另一只公猿面前；这只公猿则会用手轻轻握住它的阴茎，做着上下抚弄的动作。

公猿的生殖器摩擦举动称为“臀部摩擦”，也就是两只公猿四肢着地，短暂摩擦彼此的臀部与阴囊。这是一种轻淡的问候方式，双方各自面对相反方向。相较之下，互相摩擦阴茎看起来就像是雌雄之间的交合方式，一只公猿仰躺在地上，另一只公猿则在它身上做抽插动作。由于两只公猿都处于勃起状态，因此它们的阴茎会摩擦在一起。我从来不曾见过公猿之间的性行为达到射精的程度，也没有看过肛交行为。以上种种行为在圈养和野生的巴诺布猿身上都有人观察过，唯一的例外是所谓的阴茎击剑行为，这种行为只出现在野外研究中——两只公猿面对面站在树枝上互相摩擦阴茎，看起来就像是在击剑。

这种性行为的多样性确实令人叹为观止，对巴诺布猿的公共形象却是好坏参半。有些作家与科学家对这种现象感到非常不自在，因而采取各种难以理解的婉转说法。我听过有些人将巴诺布猿之间足以列为限制级的行为描述为“非常热情”，美国人尤其极力避免直接说出“性”这个字眼。这种情形就像是一群面包师傅齐聚一堂，却决定在讨论中不使用“面包”这个字眼，只好采用各种拐弯抹角的说法。科学家经常只计算成猿以及异性之间的交合，借此低估巴诺布猿性行为的频繁程度，但这么做其实忽略了它们日常生活中的大部分行为。这样的忽略令人难解，因为“性行为”一词平常就是指称各种刻意接触性器官的行为，包括用手抚摸与用嘴刺激，不论是谁对谁这么做（克林顿当初想用较狭隘的方式定义性行为，就遭到法院更正）。若是从广义的角度来说，性行为也可以包含亲吻，以及用挑逗的方式展现自己的身体，这正是20世纪50年代的父母把猫王的扭臀动作视为洪水猛兽的原因。我个人赞成直言不讳，科学论述绝不该因为个人的拘谨而采取委婉的说法。

如果我先前的叙述让人觉得巴诺布猿是一种性欲过盛的病态动物，那我必须另外补充一点：它们的性行为非常随性，比人类随性许多。它们和人类一样，只是偶尔从事性行为，不是一天到晚都沉溺其中；许多性接触都没有达到高潮的程度，只是互相抚触。即便是一般的交合，以人类的标准来看，也非常短促：只有14秒。它们的社会生活不是无止境的纵欲狂欢，只是点缀着短暂的性亲密时刻而已。不过，拥有这种情欲旺盛的近亲，仍然足以影响我们对自己性生活的看法。

双性恋的巴诺布猿

巴诺布猿真的需要这些性行为吗？人类需要吗？为什么要耗费精力从事性行为呢？这个问题看起来也许很奇怪——我们哪有选择的余地？——取代把性视为理所当然，生物学家想要知道性来自何处，有什么用途，是否还有其他更优秀的繁殖方法。我们为什么不干脆自体复制就好？复制的好处是能够留下过去获得成功的遗传结构，例如你我（能够存活这么多年就是一项重大成就），不必掺入别人的遗传缺陷。

想想看，这么一来，我们将会活在什么样的美丽新世界中——到处都是大同小异的无性个体，不再有谁爱谁、谁和谁离婚，或者谁背叛谁的八卦，不再有意外怀孕，杂志上不再有愚蠢的文章教你如何吸引异性，也不再有肉欲的罪过，也不再有迷恋，不再有爱情电影，不再有性感明星。这样的繁殖方式也许更有效率，世界却也将变得乏味至极。

所幸，有性生殖的优点远大于缺点，这点可从两种繁殖方式都采用的动物身上看出来。我们可以抓一只盆栽上常见的蚜虫，放在显微镜下观察。蚜虫半透明的腹部上可以看到一群幼虫，全都和母亲一模一样。大部分时候，蚜虫都是自体复制，但是一旦遇到艰难的环境，例如秋冬季节，这种方法就不敷需求了。自体复制无法排除随机的遗传变异，这些变异大多数会造成问题；如此一来，这类问题就会不断累积，最后导致整群蚜虫都因此灭亡。于是，它们在这时就会转为有性生殖，借此混合基因。有性生殖产生的后代比较健壮，就像杂种的犬猫通常都比纯种的更健康。经过多个世代的同种繁殖就像是自体复制，会导致愈来愈多遗传缺陷。

所谓的“野生型”，也就是经由基因洗牌之后诞生的动物，都具有极高的活力。举例而言，由于这种动物跟得上寄生虫的演化，所以较能抵抗疾病。细菌只要九年就能经历25万代的演化，这样的演化世代却是人类与巴诺布猿及黑猩猩分家至今才达到的成果。由于寄生虫的世代交替速度极快，因此动物宿主必须改变防卫的方式。我们的免疫系统光是为了对抗寄生虫，就必须不断演变。生物学家称之为“红色皇后假说”（Red Queen Hypothesis），这个名称取自《爱丽丝梦游仙境》中的人物红色皇后，因为她曾向爱丽丝说：“你必须全力奔跑，才能待在同样的地方！”人和动物一样，这样的奔跑是通过有性生殖而达成的。

不过，这只能解释性行为存在的原因，却不能说明我们为什么这么经常从事性行为。我们不是只需少量性行为就足以生育后代了吗？天主教会就是抱持这样的想法，才会声称性只是为了繁殖所需。不过，性行为带来的愉悦，难道不会让人对这样的观点产生质疑吗？性如果只是为了繁殖，绝对不需伴随这么多乐趣，这样的性很可能就像小孩眼中的蔬菜：有益健康，但是缺乏吸引力。当然，大自然端出来的性爱大餐绝非如此。我们身上的性感带聚集着难以计数的神经末梢（光是小小的阴蒂上就多达八千个）直接通往大脑的欢乐中心，因此，性欲和性快感是天生就内建在我们体内的特质。人类从事许多与生殖无关的性行为，头号因素就是为了寻求快感。

现在既已发现，我们的一个最近亲和我们一样拥有高度发展的生殖器官，而且还比我们更热衷于进行“不必要”的性行为，于是性欲旺盛也就成了我们这三种近亲动物中的多数特征。黑猩猩是三者当中的例外，相较于人类及巴诺布猿，黑猩猩的性生活实在贫乏得很，而且不只在野外如此，在动物园里也是一样。若是比较圈养的黑猩猩与巴诺布猿，在活动空间、食物量与伴侣数目都相当的情况下，巴诺布猿平均每一个半小时就会从事一次性行为，黑猩猩则长达七小时，而且巴诺布猿性伴侣的多样性也远高于黑猩猩。因此，即便是在同样的环境里，巴诺布猿的性欲也旺盛得多。

不过，这些数据还是无法回答这个问题：人类与巴诺布猿为什么这么热衷于性的乐趣？自然界赋予我们的性欲为什么远高于繁殖所需，而且还促使我们寻求各种不同的伴侣？读者也许会抗议，指称自己对性伴侣的喜好没有这么多变。不过，这里就人类这个物种而言：有些人是异性恋，有些人是同性恋，有些人则是双性恋。此外，这种分类也是人为的结果。美国性研究先驱阿尔弗雷德·金赛（Alfred Kinsey）就把人类的性倾向视为连续变化的光谱，指称这个世界并非黑白分明，我们一般的分类也不是自然现象，而是社会的产物。

金赛的观点具有跨文化研究的证据支持，研究显示，人类对性抱有各式各样的不同态度。在某些文化里，同性恋不但无须遮掩，甚至获得鼓励。谈到这种文化，首先想到的就是古希腊人；还有澳洲的阿兰达（Aranda）部族中年长男人会和一名男孩住在一起，共享性生活，直到男孩的年龄足以娶妻为止。此外，他们的女性也会摩擦彼此的阴蒂取乐。新几内亚的克拉基（Keraki）人中，所有男孩都必须在成年礼时与男人性交。还有些文化是由男孩对年长的男人口交，以便摄取精液，据说此举有助于增进男性的力气。与此相对的，则是以恐惧和禁忌看待同性恋文化，而且这类文化中的男人还会特别强调异性恋特质，以突显自己的男性雄风。在这种文化中，异性恋男人绝不愿被误认为同性恋；而且，性方面的褊狭态度，也迫使所有人都必须把自己的性欲切割开来，只选择其中的某些部分，以便归属于特定的类别。但实际上，各种偏好都可能存在，甚至有些人根本没有特别的偏好。

我刻意强调这种文化上的虚矫，目的是为了说明这一点：一般人经常以演化观点质疑同性恋，但这样的质疑很可能根本搞错了重点。这种论点认为，由于同性恋无法繁衍，因此应该早在许久以前就已经绝迹；然而唯有接受现代社会贴标签的做法，才会觉得同性恋的存在是一种难以理解的谜。我们声称的性倾向，说不定只是代表我们较倾向光谱上的某一端，而不是明确划分的类别。说不定我们遭到社会洗脑，才认为不同的性倾向不能并存。此外，所谓同性恋不能繁衍的说法真的合乎真相吗？同性恋者绝对具备生殖能力，而且现代社会中有许多同性恋者也都结过婚；在当今的世界里，许多同性恋伴侣也都成立了家庭。此外，绝迹的论调是假设，同性恋与异性恋之间存在无可跨越的遗传鸿沟。的确，性倾向看起来似乎是天生的特质——也就是说，性倾向很可能一出生就已经存在，或者在幼年时期就已经发展出来——不过，尽管有些关于“同性恋基因”的谣传，目前却还没有证据证明，同性恋与异性恋具有遗传结构上的差异。

且让我们暂时离开性领域，单纯谈论同性对自己的吸引力。当然，前提假设是这种吸引力或多或少都存在于所有人身上。我们很容易亲近和自己类似的人，这不难理解；只要同性吸引力不会阻碍异性吸引力，同性吸引力就不会有绝迹的问题。有了这个观念之后，再加上社会吸引力与性吸引力之间存在着灰色地带的观念，也就是说，同性之间的吸引力可能潜藏着性吸引力的因素，却只有在特定状况下才会浮出水面。举例而言，周围环境中如果长久没有异性存在，比如在寄宿学校、监狱、修女院或船上，同性之间的情感就常常会转为性关系。此外，社会的制约一旦解除，例如男人喝醉了之后，突然间就会攀在彼此的脖子上。我们意识上认为，与性无关的吸引力仍然可能具有情欲性的一面，这种观念其实一点都不新颖，弗洛伊德早在许久以前就已经提出这种说法。我们对性极为恐惧，因而试图把它塞进一个小盒子，并且盖上盖子，但它还是不时会溜出来，和我们的其他各种倾向混杂在一起。

只要不与繁殖行为产生冲突，同性相吸就没有演化上的问题。且让我们进一步假设这种吸引力非常容易变动，在大多数人身上都由社会性的一面胜出，在少数人身上则是以情欲性的一面为主，这群少数人的数量非常少。金赛估计全球约有 10% 的人是同性恋者，其实是过度夸大，近来大多数调查结果显示不到这个比例的一半。在这群少数人当中，对同性的爱好强烈到完全排斥异性交合的人，更是为数极少，因此也就没有不能繁衍的问题。至今为止规模最大的性行为随机研究，于 20 世纪 90 年代在美国和英国展开，结果发现完全排斥异性恋的同性恋者只占不到 1%。如果这群极少数人带有其他人都没有的基因，反而会产生令人难解的谜——这些基因从哪里遗传而来？不过，正如先前所言，目前没有证据证明这种基因确实存在。此外，99% 具有繁衍能力的人口，还是会继续把同性之间的吸引力传承下去，而这种吸引力看起来正是同性恋的基础。

有些保守人士一厢情愿地将同性恋称为“生活形态选择”，但这种性倾向对某些人而言其实是与生俱来的特质，是他们本质里的一部分。在某些文化中，他们可以自由追求这样的情欲，但是在某些文化中，却必须遮掩隐藏。既然没有不受文化影响的人，就不可能知道我们的性欲在没有文化影响之下会呈现出什么模样。原始人的本性就像圣杯一样，永远是人类努力追寻的目标，却从来没有人找得到。

不过，我们还有巴诺布猿。这种猿类对我们深具启发性，因为它们完全没有性禁忌，也没有太多约束。在没有人类创造的文化虚矫下，巴诺布猿展现出丰富多彩的性生活。这不是说巴诺布猿只是长了毛的人类而已，它们显而易见是和人类不同的物种。在金赛以异性恋为零、同性恋为六的量表上，大多数人类都集中在异性恋的一端，巴诺布猿却似乎全部是“双性恋”，也就是在量表上的分数为三。它们的的确确是一种泛性的动物——“泛性”（pansexual）一词刚好符合它们的属名“*Pan*”。就我们所知，并没有完全异性恋或同性恋的巴诺布猿，所有的巴诺布猿都会和各式各样的伴侣进行性行为。在这个人类近亲动物的这种现象刚受到媒体报道之后，我曾经参与一个同性恋网站上的讨论。其中有些人认为，这个事实表示同性恋是自然现象；另外一些人则抱怨，这项发现为同性恋蒙上了原始色彩。由于“自然”听起来带有正面意涵，“原始”似乎带有负面意涵，因此他们的问题就是：同性恋社群应不应该对巴诺布猿这种现象感到高兴。其实我没办法回答这个问题，因为不论我们喜不喜欢，巴诺布猿都一样存在。不过，我倒是建议他们以生物学上的定义看待“原始”一词，也就是祖先具备的形态。从这种定义来看，异性恋显然比同性恋还要原始，因为有性生殖从一开始就存在，于是诞生了两性以及性冲动。这种冲动的其他运用方式必然是后来才陆续出现的，包括同性之间的性关系。

同性之间的性行为绝不只存在于人类与巴诺布猿身上，猴子也会骑到同性身上展示其优越地位，也会露出臀部示好。雌性猕猴会像异性伴侣一样亲密相处，经常由一只母猴爬到另一只身上。科学家在动物世界中记录了许多同性之间的性行为，包括雄象互相跨骑，长颈鹿交颈缠绵，乃至天鹅的问候仪式与鲸鱼的互相抚摩。不过，就算有些动物在一段时间内经常出现这种行为，我还是避免使用“同性恋”一词，因为这个字眼隐含了这是一种主要倾向的意味。在动物界，完全的同性倾向若不是不存在，至少也是极为罕见。有些人将巴诺布猿呈现为同性恋动物，以致几乎每个国际大都会都有“巴诺布酒吧”。如果同性恋只是指称同性之间的性行为，那么巴诺布猿确实经常从事同性恋行为，雌性巴诺布猿更是如此，而且摩擦生殖器其实是巴诺布猿社会的政治凝聚要素，这种行为显然是母猿亲密关系中的一部分。公猿也经常彼此进行性行为，但是频率没有母猿那么高。不过，这一切不足以证明巴诺布猿是同性恋。我没看过任何一只巴诺布猿会把性交对象局限于同性，它们是杂交的动物，而且性别不拘。

巴诺布猿性生活当中最重要的一点，就是非常随性，而且与社会生活紧密结合。我们用手打招呼，包括握手及拍打肩膀；巴诺布猿则是用生殖器打招呼。且让我描述我在圣迭戈东北部的野生动物公园里目睹的一个场景。那里的管理员和我共同为巴诺布猿提供一餐食物，以供一部电视科学节目摄影小组拍摄它们的用餐礼仪。我们的拍摄地点是一个宽阔的场地，地上长满青草，还有几株棕榈树。这个社群里虽然有一只健壮的成年公猿，名叫阿奇利，社群的领导者却是21岁的洛蕾塔。这群巴诺布猿在拍摄过程中的表现，正是它们一贯的行为：以性行为化解争夺食物的紧张关系。

我们将它们最爱的一大把姜叶丢到社群面前，洛蕾塔随即据为已有。过了一会儿，它才容许阿奇利稍微吃一点。不过，另一只名叫蕾诺的年轻母猿却一直迟疑着不敢加入，这不是因为洛蕾塔，而是因为蕾诺与阿奇利不知道为什么总是处不来。管理员告诉我，这个现象已经成为这个社群难以解决的问题。蕾诺一直盯着阿奇利，回避它的每个举动。它从远处打了几次招呼，阿奇利都没有回应。于是，蕾诺走到它身旁，用自己生殖器的肿胀部位摩擦它的肩膀，而它也接受了这个举动。这么做之后，蕾诺便得以参与用餐，于是它们三个也就平静地共同进食，但是食物仍然严格控制在洛蕾塔手中。

这个社群中还有一只正值青春期的母猿，名叫玛丽莲，她并不在乎食物，而是非常迷恋阿奇利，一直跟在它身后，一再引诱它性交。玛丽莲先在水池里玩耍了一会儿，自己一面用手刺激生殖器官，一面把嘴唇伸入水面。它用这种方式激发自己的性欲之后，就拉了拉阿奇利的手臂，牵着它的手走到水池里交合。阿奇利多次接受它的邀请，但显然一直在玛丽莲与姜叶大餐之间犹豫不决。我不知道玛丽莲为何一定要在深达膝盖的水中性交，也许是因为它有恋水癖。性癖好在巴诺布猿身上是常见的现象。

这时候，洛蕾塔则是对蕾诺的幼子展现了极大的兴趣。这只幼猿每次到它身边，它就会用一根手指刺激对方的生殖器官。有一次这样刺激之后，它还以腹部相对的姿势抱住这只幼猿，做出像公猿一样的骨盆冲刺动作。后来，蕾诺也用手刺激洛蕾塔的生殖器，然后再把幼子推向它，似乎敦促它抱住这只幼猿。

在这段短短的时间里，我们目睹了巴诺布猿经由性而从事的各种行为，包括性交（阿奇利与玛丽莲）、示好（蕾诺与阿奇利）、表示疼爱（洛蕾塔与幼猿）。我们通常把性和生殖、欲望画上等号，但是性在巴诺布猿身上还可以用来满足其他各种需求。性行为不一定以获得性满足为目标，生殖也只是其中的一个功能而已。

女士与荡妇

即便在没有生殖能力的时候，例如怀孕期间或是哺乳期间，雌性巴诺布猿还是会顶着肿胀的生殖器官。黑猩猩却不是这样。根据统计，雌性黑猩猩生殖器官肿胀的时间，在它们的成年生命中只占不到 5%，但雌性巴诺布猿则是将近 50%。此外，雌性巴诺布猿随时都能从事性行为，只有月经期间频率稍微减少。对于生殖器肿胀的灵长类动物而言，这样的现象令人困惑不解。这种膨胀得像气球一样的古怪构造，除了宣称自己具有生殖能力之外，还有什么其他用处？

由于性行为与生殖器肿胀都和生殖没有太大关系，因此，雄性巴诺布猿除非有爱因斯坦的智慧，否则绝不可能知道哪一只幼猿是自己的后代。我不是说猿类懂得性行为与生殖之间的关系——只有人类才懂得这一点——但是雄性动物通常都会偏爱和自己性交的雌性所产下的后代，实际上也就等于是关怀保护自己的后代。不过，巴诺布猿性交的次数和对象都太过繁杂，难以做出这样的区别。如果要设计一种社会体系，让父亲的身份难以辨识，自然界为巴诺布猿设计的这套社会体系显然非常理想。我们现在认为这可能正是重点所在：引诱公猿发生性关系对母猿有利。这样的说法同样不表示这种现象是巴诺布猿有意识的选择，它们只是呈现出具有生殖能力的假象而已。乍看之下，这种观念显得难以理解。尽管父亲的身份从来就不像母亲的身份那么确定，但是，人类高度确知父亲身份的社会体系不也运作得相当良好？相较于到处杂交的雄性动物，人类男性在这一点的确定性确实稍微高一些。让雄性知道自己的后代是谁会有什么问题吗？问题就出在杀婴行为：雄性动物会杀害其他雄性的后代。

著名的日本灵长类动物学家杉山幸丸（Yukimaru Sugiyama），当初在印度南部班加罗尔那场历史性的研讨会上首次发表他的重大发现。我刚好也在现场。杉山幸丸指出，雄性叶猴一旦推翻原本的领袖，接收了它的后宫母猴之后，依例都会杀害所有的婴儿。刚继位的领袖会把婴儿从母亲怀中夺过来，用犬齿咬死。那场研讨会举行于 1979 年，当时没有人知道那是历史性的一刻，没有人知道史上最具争议性的演化假说就在那一刻宣告诞生。

杉山的简报结束之后，全场寂然无声，然后研讨会主席才提出模棱两可的赞许，将他报告的杀婴行为称为“行为病理学”的有趣案例。所谓动物会杀害自己的同类，而且不只在意外的情况下这样做，这种观念不仅难以理解，也令人嫌恶。

在此后十年间，杉山的发现，还有他认为杀婴行为可能有助于雄性繁衍的推测，都一直没有受到重视。不过，后来其他报告陆续浮现，首先是其他灵长类的观察报告，接着也包括其他许多动物：从熊和草原犬鼠乃至海豚和鸟类。举例而言，雄狮当上一群狮子的领袖时，雌狮都会全力阻止它伤害幼狮，但是通常徒劳无功。万兽之王的雄狮会跳到幼狮身上，对准脖子一口咬死，但不会吃掉尸体。这种屠杀行为看起来完全是刻意的举动，科学界实在不敢相信，探讨生存与繁衍的理论竟然同样适用于灭绝无辜新生儿的行为上。

不过，这正是许多观察者提出的现象。雄性动物一旦在社群里掌权，不但要把原本的领袖赶走，还要把它最近的后代消灭一空；如此一来，雌性动物才能早点进入受孕状态，以便新领袖繁衍自己的后代。美国人类学家萨拉·布莱弗·赫迪（Sarah Blaffer Hrdy）后来成为这个观念的建构者，也唤起社会对人类杀婴行为的注意。举例而言，目前早已确知儿童遭到继父虐待的几率比生父高，这种现象似乎与雄性繁衍的需求有关。《圣经》里提到法老王下令屠杀刚出生的婴儿，而最著名的则是希律王，“差人将伯利恒城里，并四境所有的男孩，凡两岁以里的，都杀尽了”（《马太福音》第 2 章第 16 节）。人类学的记录显示，战争结束后，女性俘虏的子女通常都会遭到杀害。由此看来，谈到雄性动物的杀婴行为，人类绝对没有理由置身事外。

学者认为杀婴行为是社会演化的关键因素，促成雄性彼此之间以及雄性与雌性之间的互相斗争。这种现象对雌性动物毫无益处：对雌性而言，丧失婴儿总是惨痛的经历。赫迪对雌性的防卫行为提出推论。当然，雌性一定会竭尽所能保护自己和自己的后代。可是，由于雄性的体形较大，而且又配备了特殊武器（例如硕大的犬齿），因此雌性的反抗通常徒劳无功。次佳的选择，就是让雄性动物搞不清楚后代父亲的身份。狮子或叶猴这类动物是外来雄性夺权，因此新掌权的领袖可以百分之百确定，身边看到的幼子全都不是自己的后代。不过，如果新掌权的雄性领袖本来就是社群成员，碰到一只自己熟悉的雌性身边带着婴儿，状况就不一样了。这个婴儿有可能是它自己的后代，因此，杀害这个婴儿就可能降低自己的基因流传几率。从演化的观点来看，消灭自己的后代绝对是雄性动物最不乐见的现象。因此，科学家假设大自然为雄性动物建立了一道规范，只能攻击自己近来不曾交配过的雌性所产下的婴儿。在雄性看来，这道规范也许万无一失，但是雌性动物却有相当聪明的反制策略。只要接受许多雄性求欢，雌性动物即可避免自己的婴儿遭到杀害，因为它的每个伴侣都无法确定自己绝对不是婴儿的父亲。换句话说，劈腿是有好处的。

所以，这就是巴诺布猿大量从事性行为而且没有杀婴现象的一个可能的原因。从来没有人在巴诺布猿中观察到杀婴现象，不论是野生的还是圈养的。有人观察过雄性巴诺布猿冲撞带有婴儿的母猿，但是母猿对这种行为的集体抵御，显示巴诺布猿的杀婴行为会面临难以抵挡的反抗力量。巴诺布猿确实是猿类当中的特例，因为杀婴现象在大猩猩与黑猩猩社群中都留有相当多的记录，人类就更不用说了。在乌干达的布东戈森林（Budongo Forest），研究人员曾经发现一只体形壮硕的雄性黑猩猩，手里抓着一只吃了一半的幼黑猩猩，附近还有其他雄性黑猩猩轮流分食这具尸体。因《迷雾森林十八年》（*Gorillas in the Mist*）一片而闻名的戴安·弗西（Dian Fossey），曾经看过一只银背大猩猩，以猛烈的冲撞行为闯入一群大猩猩之中。一只在前晚才刚生产的母猿试图抗拒这种攻击行为，因而直立起来，用手捶打胸部；然而，它腹部上的新生儿却因此暴露在外，遭到那只公猿殴击，哭叫一声即告死亡。

我们当然对杀婴行为感到深恶痛绝。曾有一名野外研究人员看到一只雌性黑猩猩遭到一群雄性黑猩猩围堵，趴伏在地，一面努力掩藏自己的婴儿，一面忙着喘息低呼，希望能化解雄性黑猩猩的攻击行为。结果，这名研究人员一时忘了自己不该干涉的专业要求，忍不住拿起一根大棍子吓阻那些雄性黑猩猩。这个举动其实不太聪明，因为雄性黑猩猩有时也会杀人。不过，这位科学家倒是成功吓走了那群雄性黑猩猩。

难怪雌性黑猩猩在生产之后的几年间，都会避开同类的大型社群，独自生活可能是它们预防杀婴行为的原始策略。只有在长达三四年的哺乳期结束之后，它们的生殖器才会再度肿胀。在这之前，它们无法满足性欲高涨的公猿；对于陷入攻击情绪的公猿，也没有任何有效的化解手段。雌性黑猩猩大半生都独自和依赖母亲的幼子生活在一起；相对之下，雌性巴诺布猿则是在生产后就立即回到社群中，而且不到几个月又开始从事性行为。它们无须害怕，因为雄性巴诺布猿根本无从知道哪只幼猿是自己的后代。而且，既然巴诺布猿的母猿地位较优越，攻击母猿的幼子就是一种非常冒险的行为。

为了自我保护而产生了自由性爱？“所以那位女士才会成为荡妇。”弗兰克·西纳特拉一定会这么说。他在歌曲中唱道：“她喜欢让自由清新的微风吹着秀发，也喜欢生活得自在闲暇。”[①] 的确，相对于许多雌性动物担惊受怕的生活，雌性巴诺布猿的无忧无虑实在是鲜明的对比。为了终止杀婴行为，演化作用其实必须付出非常高昂的代价。雌性巴诺布猿为了争取对雌性动物而言最重要的目标，

① 此处所引为西纳特拉唱红的歌曲《那女士是个荡妇》（*The Lady is a Tramp*）中的歌词。——译者注

就必须把各种武器都派上用场，不论是性诱惑还是攻击行为。它们的成效看来似乎不错。

不过，这些理论还是无法解释巴诺布猿在性方面性别不拘的现象。我的猜测是，演化作用将巴诺布猿塑造成尽情寻欢的异性恋动物之后，它们旺盛的性欲就蔓延到其他领域中，包括同性之间的情感以及化解冲突的行为。这个物种于是成为极度性活跃的动物，而且这种现象也可能反映在它们的生理结构中。神经科学家研究催产素这种哺乳类动物身上常见的荷尔蒙，获得一些有趣的发现。催产素会刺激子宫收缩（医生经常为分娩中的产妇施打这种荷尔蒙）以及泌乳。然而，较少人知道的是，催产素也会降低攻击性。只要为雄性大鼠施打这种荷尔蒙，它就比较不会攻击幼鼠。更值得注意的是，在性行为之后，雄性动物脑中合成的这种荷尔蒙会突然蹿升。换句话说，性行为会产生一种柔情荷尔蒙，进而促成平和的态度。在人类世界中，惯于以肢体表达情感以及对性倾向宽容度较高的社会，暴力程度通常较低，这个现象也许可由这种生物因素加以解释。这类社会的成员体内催产素的浓度可能都较高。没有人测量过巴诺布猿体内的催产素浓度，但我敢说，它们体内一定充满了这种荷尔蒙。

约翰·列侬与小野洋子当初为了反越战，在阿姆斯特丹的希尔顿饭店里举行了为期一周的“床上和平”运动。他们的做法很可能没错：爱确实会带来和平。

贞操带

雌性巴诺布猿若是母亲反抗杀婴行为罕见的成功案例，我们就不禁要提出这个问题：人类女性在这种反抗行为上活跃吗？

人类没有追随巴诺布猿的模式，而是自行采取另一种方式。人类女性有两点与巴诺布猿相同，一是她们的排卵现象并非直接能察觉，二是她们从事性行为的时间也不局限于月经周期中的某段特定时期。不过，相似之处也就到此为止。我们没有生殖器肿胀的现象，也不是随随便便就可以性交。

先谈肿胀。科学家对于人类丧失了这种现象深感疑惑，甚至曾经猜测我们是以丰满的臀部取代了生殖器肿胀。这不只因为我们的臀部与猿类生殖器肿胀的位置正好相符，也因为臀部同样具有强化性吸引力的功能。不过，这种想法颇为奇怪，若果真如此，男女岂不是应该进化出模样不同的臀部吗？虽然人类在这方面颇具鉴赏能力，能够轻易分辨男人和女人的臀部，就算外面包着衣服也难不倒人类，但是男性和女性的臀部毕竟同多于异，这是不可否认的事实。因此，这样的臀部也就无助于传递性信号。较有可能的猜想是，我们从来就不曾有过生殖器肿胀的现象。生殖器肿胀很可能是人类与猿类分家之后才演化出来的，而且可能只存在于黑猩猩属，因为这种现象在其他猿类身上也看不到。

雌性巴诺布猿能够从事性行为的时间，虽然已经比黑猩猩多出十倍，但是人类女性却更胜一筹，而且不需因此延长生殖器肿胀的时间。与其在无法受孕的期间以虚假的表象欺骗雄性，人类女性不如干脆完全不以身体信号宣告自己适合受孕的期间。巴诺布猿为何没有发展出这种较方便的形式呢？我的猜想是，生殖器肿胀的现象一旦存在，而且成为雄性着迷的对象之后，这种发展就无法回头了。生殖器缺乏肿胀的母猿一定竞争不过其他母猿，这是性择特征常见的现象，孔雀愈来愈华丽的尾巴就是一个例子。性感程度的竞争通常会形成夸大的性信号。

我们和巴诺布猿的另一个不同，则是人类的性行为比较拘谨。

这点并非一直显而易见，因为有些社会性开放的程度也非常高。以前的太平洋各民族就是一个例子，后来西方人来到此处之后，才带来维多利亚时代的价值观与性病。在《原始的性爱》（*The Sexual Life of Savages*）里，布罗尼斯拉夫·马林诺夫斯基（Bronislaw Malinowski）描写了这个地区的文化，指称他们几乎完全没有禁忌或约束。在一句相当具有巴诺布猿色彩的评论中，他提到对早期的夏威夷人而言，“性是整个社会的缓和剂与黏着剂”。夏威夷人以歌舞敬拜生殖器官，并且精心照顾儿童的阴部。他们会把母乳挤在婴儿的阴道里，并且将阴唇捏在一起以免分开。女童的阴蒂会受到口部刺激以便拉长，男童的阴茎也会受到类似的待遇，以便增进其形貌的优美，为日后的性享受预做准备。

不过，毫无节制的享乐主义不太可能存在于人类文化中。像玛格丽特·米德（Margaret Mead）这样的人类学家因为仰赖别人转述的二手讯息，创造出许多浪漫的虚构想象，至今仍然挥之不去。不过，即便是性开放程度最高的社会，面对不忠现象还是免不了产生嫉妒情绪以及暴力行为。世界各地的人类都一样，性交都在私密环境中进行，而生殖器部位也通常被遮掩。即便是早期的夏威夷人也有贞节的观念，这点从他们称呼腰布的用语“malo”即可看出，因为这个名称很可能衍生自“malu”，也就是马来语中意指“羞耻”的字眼。

大多数社会对于性伴侣的人数有所限制。多重伴侣的行为也许存在，也可能受到认可，但世界上绝大多数家庭其实都是由一男一女组成。核心家庭是人类社会演化的标志，由于我们的性行为具有排他性，因而采取了与巴诺布猿相反的策略，反倒强化了男性辨识自己后代的能力。在现代科学出现之前，男人当然无法完全确定，但是猜对的几率仍然远高于巴诺布猿。

促成自然汰择作用塑造人类行为的压力，与猿类面临的压力颇为不同。我们的祖先必须适应极度严酷的环境，他们放弃丛林的保护，选择生活在平坦干燥的草原上。不要听信阿德里的杀人猿说法，更不要听信其他人声称人类祖先是称霸草原的头号掠食动物。我们的祖先其实是**猎物**，他们的生活一定充满恐惧，随时必须提防成群猎食的鬣狗、十种不同种类的大猫，以及其他各种危险动物。在那个可怕的地方，带着幼儿的女性最为脆弱。它们的奔跑速度远不及掠食动物，如果没有男性保护，一定不可能离开森林太远。也许灵巧的男性会结为队伍保卫社群，并且在危急情况下帮忙将儿童带到安全处所。不过，如果人类保有黑猩猩或巴诺布猿的社会体系，这种做法就绝对不可能成功，性伴侣泛滥的雄性动物不可能忠于特定对象。如果雄性无法确认自己的后代，就没有理由贡献心力照顾幼儿；若是要雄性参与，社会就必须改变。

人类社会组织的独特之处，在于同时结合了三个要素：(1) 男性情谊，(2) 女性情谊，(3) 核心家庭。第一个因素与黑猩猩相同，第二个因素与巴诺布猿相同，第三个因素则是人类独有的特色。世界各地的人都会陷入情网，都要求性伴侣必须专一，具有羞耻心，重视隐私，不但需要母亲，也需要父亲，而且寻求稳定的伴侣关系。这种现象并不是巧合，其中隐含的亲密男女关系——动物学家称为“单一配对关系”(pair-bond)——天生就深植于我们体内，我相信这是我们和猿类不同的首要原因。即便是马林诺夫斯基笔下那些注重情欲之乐的“原始人”，也倾向于组成排他式家庭，由一男一女共同养育子女。人类的社会秩序以这种模式为中心，而我们的祖先也就是在这个基础上建构了合作社会，由两性共同贡献心力，而且双方也都因此更觉安心。

有些推测认为，核心家庭是源自男性的保护心态。男性一旦和女性交配之后，就会陪伴在这位女性身边，以免繁衍竞争的对手杀害他的后代。这种习性也可能扩大成为父亲对家庭的照顾。举例而言，父亲可以帮助伴侣寻找长满成熟果实的果树、捕捉猎物或携抱子女；男性也能因此从女性身上获益，包括运用女性精细使用工具的能力（在这方面的技巧，母猿优于公猿），以及采集坚果与浆果的能力。另一方面，女性也可能以性为手段，抓住男性的心，以免这位家庭守护者随随便便就被其他美丽女子引诱。男女双方对这种配对关系付出愈多，就会愈加重视这种关系。于是，男性也就愈来愈需要确知伴侣产下的子女确实是他的后代，而且只能是他的后代。

自然界没有免费的午餐。雌性巴诺布猿为了它们的社会安排，必须付出生殖器长期肿胀的代价，人类女性付出的代价则是性自由的缩减。我们的祖先从游牧改为定居生活，并且开始积聚物质财货之后，男性支配的动机又获得进一步强化。男人除了要把基因传给后代，现在还要继承财产。人类两性的体型差异，加上男性之间绝佳的合作能力，可见男性支配现象很可能在人类当中自古以来就已存在，因此，世代之间的继承很可能就是循着父系而行。由于每个男性都竭力确认，自己辛苦一生的积蓄能落入自己后代的手里，因此重视女性童贞与贞节的现象就无可避免。我们目前已经知道，父系社会可视为仅是男性协助养育后代所衍生出的结果。

我们习以为常的许多道德约束——如果巴诺布猿生活在人类社会中，一定免不了被送进牢里——都是为了维系人类特有的社会秩序。我们的祖先需要懂得互相合作的男性，却又不会对女性及其子女构成威胁，而且还要乐于帮助自己的伴侣。于是，公领域和私领域必须区分开来，也必须发展出排他性的伴侣关系。我们必须克制自己古老的杂交习性，这种习性不可能挥之即去，即便到了今天，还是留存在我们体内。如此克制的结果不但确保了人类的生存，也让人类超越了猿类的人口成长。雌性黑猩猩每六年才会生产一次，巴诺布猿（它们生活在食物较丰富的环境中）则是大约五年一次。五年一次的生产率大概是猿类能够达到的极限，因为猿类哺喂幼子的时间就长达四五年，而且期间必须把幼子带在身上。有时候，雌性巴诺布猿两次生产的时间接续得极为紧密，以致必须同时哺喂两只幼子。它们没有婴儿车，也没有人行道，因此雌性巴诺布猿在森林里爬上爬下的时候，可能会让一只幼猿抓附在腹部底下，另一只则跨骑在背上，这样的负担几乎已达难以承受的地步。巴诺布猿已将单亲制度延伸到了极致。

父亲协助照顾子女也会促成断奶时间提前，这就是为什么称霸地球的是人类，而不是猿类；不过，由于男性只愿意帮忙照顾有可能是自己后代的幼儿，因此，驯服女性的性欲就成为男性努力追求的目标。阿富汗的塔利班政权就是男性控制达到极端的例子，他们的"固德除恶署"（Department for the Preservation of Virtue and Prevention）只要逮到女性公然露出脸部或脚踝，就会处以公开鞭笞的惩罚。不过，西方世界一样有许多约束性行为的规范，而且，对女性的限制总是比男性严格。举例而言，就是因为我们这种习以为常的双重标准，健康保险公司才会把伟哥纳入给付范围，却把避孕药排除在外。各种语言中唾骂外遇女性的言辞，总是比斥责男性要严厉得多：这样的女性叫做"荡妇"，男性则只是"花心大萝卜"。

不过，对于维系家庭的生殖单纯性，人类演化过程却不太合作。想想看，如果外星人来到地球，从地底下挖出贞操带，他们一定无法理解这种东西的用途是什么。这种铁制或皮制的器具恰可套在女性的髋部，包覆住肛门与阴户，只留下小小的开口供排泄之用，性行为则不得其门而入。这种器具锁住之后，钥匙就由父亲或丈夫保管。我们不需要有火箭科学家的智力，也懂得贞操带为什么比道德规范更能让男人感到安心。人类女性对伴侣的忠实度并不是太高，如果自然界是以性忠实为追求目标，女性的性欲就会局限在排卵期间，而且也一定会出现外显的征象，然而，自然界却创造了几乎不可能控制的女性性欲。一般观念认为，男性天生偏好多重伴侣，女性天生偏好单一伴侣，这种说法其实就像瑞士乳酪一样充满漏洞。实际上看到的现象是社会组织和性欲之间的大幅落差，前者以核心家庭为中心，后者则经常难以约束。

西方医院进行的血液及 DNA 检测显示，每 50 名儿童中，就有 1 名不是书面记录上的父亲所生。有些研究呈现出的落差现象更为严重。既然有这么多“父不详”的儿童存在，难怪大家总是经常强调子女和父亲相貌上的相似性，就连母亲自己也经常说“长得就像爸爸一样”。我们都知道父母当中的哪一方需要在这一点上获得确证。

很少有社会可以公然容忍婚外情，但这种社会并不是没有，例如，委内瑞拉的巴里印第安人（Barí Indian）就具有像巴诺布猿一样的社会体系。他们与巴诺布猿相似的部分，就是女性会和许多伴侣交配，以致男性无法确知后代的父亲身份；属于人类社会的部分，则是这种做法有助于女性获得男性的照顾。巴里印第安人认为胎儿一旦形成之后——通常由夫妻之间的交配而来——就需要精液的滋养，因此，怀孕女性的丈夫以及其他伴侣，对于胎儿的成长都有所贡献（这种观点在现代人眼中显得非常奇怪，但是，人类其实是迟至 19 世纪才发现科学上的证据，证明卵子只会与一个精子细胞结合）。如此产下的婴儿不是单一生父的后代，而是属于好几个生父共有。在幼儿死亡率高的社会里，多重父亲的制度具有明显可见的效益，单一父亲很难充分供应家庭所需。如果同时几个男人都觉得自己有责任，即可提高幼儿的存活机会。这种社会里的女性，可以说是借助和多名男性交合换得抚养孩童的帮助。

尽管核心家庭并非一向合乎西方生物学家的观点——也就是一名男性作为伴侣提供帮助，换取对方的忠实——但基本上的观念还是一样：女性尽力寻求最多的保护与照养，男性则是被性关系引诱。虽然有些女性认为自己的兄弟比伴侣还要可靠，但是人类社会的基本模式，仍是男女之间以性换取食物的交易，另外再附加子女这个条件。

播种大王

在《图腾与禁忌》(*Totem and Taboo*)一书里，弗洛伊德想象我们的社会始自他所谓的达尔文的原始族群。一名妒忌又凶暴的父亲把所有女人据为己有，儿子长大之后全部被他赶走。不过，这个举动却引发儿子对父亲权威的反抗，他们集结起来杀死父亲，并且加以分食。他们吞食父亲的举动不但是实际行为，也带有象征意义：将父亲的力量与身份内化为自己的一部分。父亲掌权期间，儿子都深深厌恶他；但是在父亲死后，他们终于能够承认自己内心对他的爱。于是，他们先是哀悼，接着深加称谀，最后则出现上帝的概念。弗洛伊德推断指出："根本上，上帝只不过就是一位备受尊崇的父亲。"

宗教经常把性道德视为上帝制定的规范，因此呼应了我们远古祖先的雄性领袖形象，弗洛伊德认为这种形象一直深深盘踞在我们的心灵中。这是一种非常有趣的想法，认为人类把远古以前的性竞争模式保存在宗教中，自己却没有意识到这一点。不过，这种模式其实也留存在现实生活中。人类学家提供了大量证据，显示有权势的男性能够掌控较多的女性，产生的后代也较多。近来在中亚国家进行的一项基因调查，就发现令人难以置信的结果。这项研究把焦点放在只有男性才有的Y染色体上，结果，高达8%的亚洲男性都带有几乎一模一样的Y染色体，意指他们都是同一位祖先的后代。这名男性祖先的子孙数量极多，男性后代据估计就有一千六百万人。由于研究推断这位播种大王活在大约一千年前，于是科学家推论，这个人很可能是成吉思汗。成吉思汗与他的子孙曾经掌控历史上最大的帝国，他们的军队灭绝了许多族群。可是，美丽的年轻女子却不是供部队享用，而是带回蒙古由大汗独享。

握有权势的男性独占超乎比例的生殖权利，这种现象至今仍然存在。不过，赤裸裸的雄性斗争在人类社会中已经被家庭体系取代，每个男人都可以拥有自己的家庭，而且，整体社群也都认可并尊重每位男性与伴侣的关系。这种制度存在于人类社会中可能已有相当时间，由两个现象可以证明。首先是男人和女人的体型差异，另一个颇为奇特的现象则是人类睾丸的大小。灵长类动物共有两百个种类，在单一雄性霸占多名雌性的物种中，雄性体形都远大于雌性。弗洛伊德的原始族群听起来就像是大猩猩的后宫现象，其中威势慑人的父亲体形都是伴侣的两倍大。吊诡的是，雄性地位愈是优越，睾丸就愈小，大猩猩的睾丸重量和体重相对来说根本微不足道。这种现象颇为合理，因为其他雄性绝不可能接近雄性领袖的母猿。由于雄性领袖是唯一的播种者，所以只需要少量的精子。

另一方面，杂交习性的黑猩猩与巴诺布猿，则有许多公猿共同争取同一批母猿。一只母猿若是在同一天和几只公猿交配，这些性伴侣的精子细胞就会一同努力游向卵子。这时候，哪一只公猿的精子数目最多、最健康，就会在这场竞争中胜出。在这种情况下，公猿就不必像雄性海象、大猩猩、鹿或狮子这类动物王国里的后宫霸主一样体形硕大。动物的繁衍竞争一旦仰赖精子，雌性的体形就不会比雄性小多少，雌性黑猩猩的体重约为雄性的80%，巴诺布猿和人类两性的体重更为相近。这三个物种都显示雄性竞争降低的现象，后两者尤其明显。不过，其中仍有一项重大差异：黑猩猩与巴诺布猿的杂交程度远比我们高出许多。我们的睾丸大小可以反映出这一点：人类的睾丸和这两种猿类相较之下，就像是花生和椰子。经过体形大小的比例调整之后，黑猩猩的睾丸约是人类的十倍大。巴诺布猿的睾丸大小还没经过详细测量，但是看起来比黑猩猩的还大，而且它们的体形却比黑猩猩小。因此，巴诺布猿在这方面显然是冠军。

科学关注我们的大脑多于睾丸，不过，就动物行为的整体现象而言，生殖器官的比较却深具启发性。这样的比较显示，人类结合了近亲身上从来不曾并存的两个因素：复雄群社会以及低度的精子竞争。成吉思汗的大量播种虽然不合乎这个现象，但是他的播种对象主要都是自己社群以外的女性。由我们形状不大的睾丸可见，人类的男性祖先不是全都争取着同样的女性对象。一定有某种因素阻止他们走上任意杂交之路，一定有某种因素促使他们偏离黑猩猩与巴诺布猿那种雄性公开竞争的方式。这个因素无疑就是核心家庭，至少也是稳定的异性单一配对关系。我们的解剖结构显示，人类两性的情爱关系由来已久，也许在最早的人类身上就已经存在。南方古猿化石也能支持这项论点，因为南方古猿两性的体型差异不大，显示他们也可能是单一伴侣社会。

不过，虽然我们继承了这样的特质，但是雄性支配与特权的现象仍然存在于我们的社会中，不只有些男人的性伴侣较其他男人多，也包括女性受到的待遇。雄性一旦居于支配地位，就会有强取性享受的方法——在人类是“强奸”，在动物则是“强迫交合”。不过，且让我补充一点，这种行为虽然存在，却不表示这是生物上不得不这样的现象。近来一本书声称强奸是自然肇致的行为，结果引起庞大的抗议声浪，主要就是因为许多人认为，这本书的说法企图要为强奸行为赋予合理化的借口。这种观念源自昆虫研究，因为有些昆虫具有一种钳子般的解剖结构，有助于雄性强迫雌性交配。男人显然没有这样的生理特征。而且，强奸行为背后的心理因素（例如暴力倾向或者缺乏同理心）虽然很可能与基因有关，但若说强奸是先天就植入我们本性中的行为，就等于是说有些人天生会纵火，或者天生会写书。人类的基因指令非常松散，这种特定行为绝不可能通过遗传而来。

不论我们心中想的是人类还是猿类，较正确的看法应该是，把非自愿性交视为雄性欲求雌性、而且在有能力支配对方的情况下所能采取的一种选项。巴诺布猿中居于支配地位的是母猿，所以雄性巴诺布猿没有这种选项，也从来不曾出现类似的行为。雄性黑猩猩则不同，因此就有强迫母猿性交的行为。这种现象在圈养黑猩猩身上极为罕见，原因是母猿在圈养环境中较能互相支援。我看过雄性黑猩猩虚张声势，威吓不愿交配的母猿，但这种威吓只要达到一定程度，其他母猿就会前来解救，合力阻止公猿强迫求欢。人类社会也一样，只要有亲友支持，女性就不那么容易遭到强奸或性骚扰。

另一方面，野生的雌性黑猩猩因为经常单独行动，在这方面就颇为脆弱。雄性黑猩猩可能会为了避免和其他公猿的紧张关系，带着生殖器肿胀的母猿去“兜风”。公猿会把母猿带到社群领域的边界，一待就是好几天，有时甚至长达几个月。这种做法非常危险，因为在距离其他社群如此近的地方，很可能会遭遇致命的攻击。母猿可能会自愿跟去，但通常都是被迫前往。公猿攻击母猿强迫母猿待在身边的现象并不罕见，这种现象最鲜明的例子，就是在一个黑猩猩社群里发现了“殴妻”器具。

在乌干达的基巴莱森林（Kibale Forest）里，有些雄性黑猩猩会用大木棍殴打母猿。最早观察到的案例，是雄性领袖伊莫索殴打一只生殖器肿胀的母猿，名叫乌坦芭。野外研究人员看到伊莫索用右手拿着一根棍子，打了乌坦芭大约五次，而且下手很重。这么打显然颇为费力，于是伊莫索休息了约一分钟，然后又展开第二轮殴打。这时候，伊莫索换成两手各持一根棍子，而且还一度垂吊在受害者上方的树枝上，改用脚踢。最后，乌坦芭的女儿终于再也看不下去，上前帮助母亲，用拳头猛捶伊莫索的背，直到它停手为止。

虽然科学家知道，黑猩猩会用树枝或棍子抵抗豹之类的掠食动物，但是，用武器攻击同类却向来都被认为是人类独有的行为。而且，这种殴打雌性的习惯似乎有蔓延的情形，因为研究人员也开始观察到，基巴莱森林里的其他雄性黑猩猩有同样的行为。大多数攻击对象都是生殖器肿胀的母猿，而且总是使用木头武器，研究人员认为这是攻击者自制的结果。公猿也可以丢石头，但这么做可能会造成伴侣严重的伤害甚至致命，这种结果并不合乎攻击者的利益。公猿要的是强迫母猿顺从，而且殴打之后通常会以交配收场。

这种恶习被其他公猿模仿，可见猿类确实相当容易受到社会影响，它们经常跟随其他成员的示范。因此，如果要推论这种行为的“自然程度”，必须非常小心。雄性黑猩猩不是天生就有殴打母猿的倾向，而是在特定状况下具有做出这种行为的能力。与生俱来的行为在我们的最近亲身上极为罕见，在人类身上更是如此。人类很少有什么行为是普世存在而且在幼年时期就已发展出来——这两个因素正是判别天生现象的最佳准据。每个正常儿童都会笑也会哭，因此，笑和哭似乎属于与生俱来的行为。不过，绝大多数人类行为却都不合乎这样的标准。

当然，如果雌性愿意与任何雄性交配，性强制行为就毫无必要，但实际上却不是如此：雌性黑猩猩有明确的伴侣偏好，即便雄性领袖想要支配一只母猿，这只母猿还是有可能宁愿与另一只低阶级公猿交配。这时候，雄性领袖就会跟在这只母猿身边，不吃不喝，全心守着自己欲求的对象。等它疲倦睡午觉的时候，母猿就随即精神抖擞，和随时都待在它视线所及范围内的情郎一同溜去幽会。我曾经见过雄性领袖发现自己的作为完全徒劳，结果因此放弃。

雄性之间的紧张关系有可能造成滑稽的景象。我曾经看过一只名叫丹迪的年轻公猿向一只母猿求欢，同时又一再四处张望，看看有没有其他公猿在注意它。就在它张开双腿将勃起的阴茎展露在母猿面前时，一只地位优越的公猿突然从角落出现。丹迪立即用双手遮住自己的阴茎，就像个害羞的儿童。

此外，还有我所谓的性协商，也就是雄性黑猩猩不用打架的方式争取母猿，而是从事耗时相当长的毛发梳理活动。一只公猿会先花相当长的时间帮雄性领袖梳理毛发，然后再接近耐心等在一旁的母猿。如果母猿愿意和它交配，这只公猿骑到它身上的时候就会一直注意雄性领袖的举动。有时候，雄性领袖会站起身来，身体左右摇晃，全身毛发竖立，表示不太高兴。这时，那只公猿就会停止和母猿的接触，继续帮领袖梳理毛发。经过大约十分钟之后，它会再次尝试和母猿交欢，一面仍然注意着领袖的反应。我也看过有些公猿受够了帮雄性领袖梳理毛发的交易，因而站在母猿身旁，面对领袖，伸手做出人类和猿类共有的典型乞讨姿势，双手微弯，手掌朝上，恳求对方让它安然办事。

有时候，雄性领袖也必须帮别人梳理毛发。其他公猿集结起来对抗雄性领袖的现象并不常见，但也绝对不能排除这种可能性。其他公猿对雄性领袖的占有欲愈是感到不满，雄性领袖的交配举动就愈有可能引发其他公猿在它附近做出虚张声势的展示行为，让它无法专注于自己的性行为上。因此，黑猩猩社群中的所有成员都可能必须付出梳理毛发的代价。这种现象看起来虽然颇为奇怪，但是，雄性黑猩猩最常帮彼此梳理毛发的时刻，就是在性需求引起紧张程度升高的时候。

青春可口

我曾经拍过一张照片，是一只青春期雌性巴诺布猿与公猿交合的景象。这只母猿咧嘴而笑，并发出尖叫的声音，公猿则两手各握一颗柳橙。母猿一看到公猿手上的美食，立即献上自己的身体。当然，完事之后就获得其中一颗。我们对这种行为模式非常熟悉，这点可见于一群专业人士看过这张照片之后的反应。我的演说结束后，所有人一起到餐厅用餐。这时，一名壮硕的澳洲动物学家跳上桌子，双手高举两颗柳橙。他的举动引来不少笑声——人类对于性交易的现象一点即通。

母猿的自信会随着生殖器肿胀的程度或升或降。如果生殖器处于肿胀的情况下，它就会毫不犹豫地接近带有食物的公猿，然后一面和它交配，一面从它手中拿走整把的枝叶。母猿不会让对方有机会抓回一两根枝条，有时会趁着性交正酣之际一把夺走所有的食物。相较之下，生殖器没有肿胀的时候，母猿就会耐心等待公猿主动分享。

研究人员也在森林里目睹过同样的景象。日本科学家用甘蔗吸引巴诺布猿到林间空地之后，青春期的母猿就会跟在持有食物的公猿身边，向对方展露自己肿胀的生殖器。有时公猿会退缩，试图避开母猿的求欢。不过，年轻母猿总是一再坚持，直到获得交合为止，事后也必然得以分享公猿的食物。观察人员指出，年轻母猿似乎懂得付出性之后能获得“报酬”。这种现象看起来犹如母猿强迫公猿进行交易，因为公猿不一定都会被那么年轻的母猿吸引。

以性换取食物的交易，在黑猩猩社群中一样存在。灵长类动物学先驱耶基斯曾经针对他所谓的婚姻关系进行实验。他把一颗花生丢在一只公猿和一只母猿之间，结果发现生殖器肿胀的母猿所拥有的特权，高于没有这种交易工具的母猿，生殖器肿胀的雌性黑猩猩总是能取得耶基斯投入的奖品。在自然界，黑猩猩捕捉到猎物之后，经常会把肉分给生殖器肿胀的母猿。事实上，只要有这种母猿在身边，公猿就会因为有机会性交而猎捕得更为起劲。低阶级公猿只要抓到一只疣猴，就会引来一大群异性，提供它交配机会换取猴肉，直到高阶级公猿发现它为止。

这种现象和巴诺布猿的交易行为颇为不同。在巴诺布猿中，寻求交易机会的不是公猿，而是母猿。此外，也不是所有母猿都会这么做，而是只有年轻母猿。这点颇为合理，因为成年母猿的地位极高，不需从事性交易。这种现象最有趣的地方就是，成年公猿总是心不甘情不愿地接受年轻母猿的要求。难道他们不喜欢青春可口的母猿吗？如果是这样，这种现象又该怎么对应于演化心理学家对人类偏好的说法呢？一般认为，人类男性喜好年轻女性是普世皆同的现象。有一种理论认为，男人都在寻求青春年少、肌肤光华、乳房高挺、生育力正值高峰的女性，女人则都是拜金女，只对男性的经济能力有兴趣。这种理论也衍生出各式各样的研究，支持这种理论的证据，包括受访者对照片和问卷的回应，但真正重要的当然是真实生活中的实际抉择——说得精确一点，则是关于生育后代的选择。

演化心理学家声称，男人寻找伴侣的时候，心中都有确切的生理标准。世上每个灰姑娘面对的这只玻璃鞋，就是腰围必须为髋围的 70%，据说这个 70% 的腰髋比例预设在人类男性的基因里。然而，这种观点假设男性的喜好固定不变，但是人类的长处显然就在其适应性。所谓男人的性偏好都完全一致的说法，在我看来就像以前的共产国家声称，全国人民都只需要同一种车，而且所有车也都只要同一种颜色。

情人眼里出西施，我们觉得美的标准，不一定一成不变。这就是鲁本斯从来不曾画过纤瘦女子的原因。近来一项研究分析了《花花公子》的玩伴女郎与美国小姐（没错，科学确实已经沦落到这个地步），结果推翻了腰髋比例固定不变的说法。研究发现，当代美丽偶像的腰髋比例变动范围相当大，从 50% ～ 80% 都有。如果大众偏好的腰髋比例在过去一个世纪就有如此大幅度的变化，在历史长河中变动会有多大也就不难想象了。

不过，对于我们这种拥有长期伴侣关系的物种而言，男人偏好年轻的伴侣倒也不是没有道理。年轻女性不但人数较多，也因为眼前可预期一段完整的生育时期，因而较有价值。这种偏好的存在也许有助于解释，女人为何总是不断努力想要保有青春容貌：肉毒杆菌、隆胸、拉皮、染发等不一而足。此外，我们也应该了解这样的偏好有多么不寻常。巴诺布猿与黑猩猩的公猿都偏好较成熟的伴侣，如果同时有好几只母猿的生殖器肿胀，雄性黑猩猩绝对会徘徊在较年长的母猿身边；它们完全不理会青春期的母猿，就算这些母猿已经具备生殖能力。年轻巴诺布母猿同样必须乞求才能获得性交，年长母猿只要等着公猿自己送上门即可。

雄性猿类对年龄的偏好恰与人类相反，也许它们比较喜欢已经有生育记录、生过不少健康后代的母猿；在它们的社会里，这种择偶策略才是合理的做法。

不过，有一个限制是所有动物都无法突破的。想要获得繁殖的优点，就必须避免近亲交配。在猿类中，自然界的解决方式就是母猿迁徙：年轻母猿离开原本的社群，摆脱所有具有血缘关系的公猿，包括自己知道的对象，例如同母兄弟，以及它不知道的对象，例如自己的父亲与同父兄弟。没有人认为，猿类或任何其他动物有可能懂得近亲繁殖的不良后果。迁徙习性是自然汰择的结果，不是有意识的决定：在演化过程中，迁徙到其他地区的雌性会产下比较健康的后代，胜过没有迁徙的雌性。

雌性巴诺布猿不会遭到社群驱逐，也不会被邻近社群的公猿绑走。它们自然会漂泊流浪，愈来愈常流连于社群领域的边界，断绝和母亲的关系。它们会出现性冷感的状态，这种状态对巴诺布猿而言实在极不寻常；如此一来，即可避免与同社群的公猿交配。它们约在 7 岁离开原本的社群，也就是首次出现生殖器肿胀的时候。有了生殖器肿胀这张通行证，它们就会四处飘荡，走访若干邻近社群，最后才选择一个社群定居下来。然后，它们的性欲就会突然旺盛起来，与年长母猿互相摩擦生殖器，也和在陌生丛林中遇到的公猿交配。这时候，它们的生殖器已是处在几乎不间断的肿胀之下，而且体积会随着每次月经周期不断增大，约在 10 岁时达到巅峰。它们在 13 ～ 14 岁时就可以产下第一个宝宝。

公猿的状况则非常不同。以冰冷的科学术语来说，两性对后代投注的心力是“不对称”的。公猿只是把自己取之不竭的精液贡献一点出来，相对之下，母猿则是贡献一颗卵子。一旦受孕成功，又必须承受八个月的怀孕过程，并且消耗许多额外的食物。分娩之后，还有约五年的哺乳期，需要的额外食物更多。这一切心力如果浪费在近亲繁殖而来的病弱或畸形后代上，代价也就未免太高了。公猿不必承担什么风险，由于公猿的姐妹以及其他可能有血缘关系的母猿都会离开社群，因此不太可能有近亲交配的问题。唯一可能发生近亲交配的对象，就是公猿和自己的母亲——一如所料，这正是巴诺布猿唯一没有的性伴侣配对组合。公猿两岁以前，母亲偶尔会摩擦它的生殖器，但不久之后就会停止这么做。年轻公猿既然无法从母亲身上获得任何回应，就会开始向其他母猿索求性行为。这些小情圣会张开双腿，晃动着阴茎，向生殖器肿胀的母猿求欢，而母猿也通常会满足它们的欲望。不过，年轻公猿达到发育期之后，成年公猿就会把它们视为竞争对手，将它们排挤到寻欢队伍的边缘。经过许多年之后，年轻公猿才能在社会阶级中取得一席之地，这时它们的姐妹都早已离开了社群，确保它们只会和没有血缘关系的母猿繁殖后代。

肉欲的诱惑

鸟类和鱼类对我向来深具吸引力，所以我现在的办公室与实验室都有鱼缸，有时候学生会要求帮我照顾。他们来找我学习灵长类的知识，结果我却把鱼丢给他们！这是教育他们的一部分。经过心理学与人类学这类以人为中心的知识训练之后，他们总是认为，滑溜溜的低度演化动物绝不可能有什么值得注意之处；不过，这些动物其实能带给我们许多启发。对于地球上每一种生物来说，繁殖冲动都是生命里的中心要务。

我家里有一座嵌在墙里的大型热带水族缸，里面的一条小鱼让我印象非常深刻。在许多大大小小的鱼中，一对红肚凤凰鱼开始求偶。红肚凤凰是单配偶的慈鲷科，这一科鱼类皆以父亲对后代的关怀照顾闻名。那条母鱼的腹部转为紫色，看起来像熟透的樱桃，而且和公鱼一样，在尾部与背鳍边缘出现明亮的金橙色。这两条鱼整天都在一起颤抖舞动，并且一再赶走邻近的其他红肚凤凰。一如往常，公鱼负责赶走其他公鱼，母鱼则负责赶走其他母鱼。它们选定鱼缸里一个长满水草的角落，母鱼的肚子开始大了起来。我没有特别注意它们，因为在养了许多鱼的鱼缸里，刚产下的小鱼总是有一大部分会被其他鱼所吞食。因此，有一天我发现那条公鱼竟然守护着幼鱼，也就觉得相当意外。

我不知道它的伴侣后来怎么了，也许公鱼为了保持这个角落的干净，把母鱼踢了出去。在慈鲷科里，公鱼照顾幼鱼相当常见，而且这条公鱼和其他许多鱼比起来，确实就像是大卫面对巨人。它必须赶走许多鱼类，有些长度可达它的六倍，体重更达数百倍。不过，它弥补自己体型劣势的做法则是不断骚扰冲撞所有接近的鱼。赶走一个侵入者之后，它就会回到那团幼鱼身边，以一种特殊的姿势贴近地面，让幼鱼紧密集结在它身体下。经过一段时间后，这些小鱼愈来愈有冒险精神，父亲的看守工作也愈来愈困难。其他鱼一再想要冲过来享用这些游动的点心，爸爸也只好加班工作。我想，它在这段时间应该没有吃过东西，可能已经疲惫不堪了，经过四周的英勇守护之后，终于力竭而死。这条原本健康鲜艳的公鱼变成了灰白的死鱼，我只好把它从鱼缸里捞了出来，但是它的后代都已经长大，能够自谋生存，我的鱼缸里也就有了约25条红肚凤凰，其中许多后来都被我送给了别人。

这条公鱼虽然英年早逝，生命却彻底获得了成功：它达到了繁衍的目的。从生物学的角度来看，为了制造后代，投入多大的心力都绝对值得。这些后代继承了同样的守护倾向，形成一整段成功的繁殖周期。自然汰择作用会淘汰漫不经心或缺乏冒险精神的个体：它们传承给下一代的基因不会太多。我鱼缸里那条雄性红肚凤凰体内的基因，显然是从一长串英勇父亲和祖父身上继承而来，忠实延续了以往的优良传统。

我提出这条鱼的故事，目的是要指出这一点：我们在人类社会中的一切行为，或是巴诺布猿在它们的社会中的一切行为，追根究底其实和其他动物没有太大的不同。当然，现在许多人都刻意限制家庭规模——许多人根本不生小孩——但繁殖冲动若不是我们演化过程的中心要素，今天世界上的60亿人口就不可能存在。人类的每个特质都是祖先努力传承基因的结果，我们的演化图像和鱼类的唯一不同之处，就在于我们的繁殖方式复杂得多。我们过着群体生活，哺育子女长达好几年，教育他们，为他们寻求地位与优势。我们互相争战，处理近亲生子的问题，把财产留给后代，等等。鱼类的生命也许在生殖结束后即告完成，但是生育以后的人生，对于人类的社会网络却非常重要。这也就是为什么自然界会让女人在年长之后进入停经期，以便空出心力照顾孩子的孩子。由于人类社会比鱼类社会复杂许多，也比其他灵长类社会复杂一点，因此，我们的脑力必须发展得极为强大，以便在智谋上胜过其他人。不过，就根本而言，我们仍然只是尽力要把基因传承给下一代而已。

自然界这项宏大的主题，可以让我们理解人类与巴诺布猿的行为，从而体悟到二者其实只是借助不同的手段追求同样的目标。为了阻止杀婴行为，巴诺布猿发展出雌性支配、性欲旺盛的社会，让父亲的身份隐晦不明。描述这种社会的时候，很难避免用上我们为自己的性生活发明的词汇，例如“杂交”、“开放”或“追求肉欲”，听起来好像这些猿类做了什么见不得人的行为，要不然就是它们达到了前所未有的解放程度。事实上，两者都不是。巴诺布猿之所以从事这些行为，只是因为在它们生存的环境里，只有这样做才能确保最佳的生存与繁衍机会。

人类的演化则走上不同的道路。通过提升父亲身份的确定性，我们促成男性深入参与子女的养育。在这样的发展过程中，必须限制核心家庭以外的性行为：即便是我们娇小的睾丸，也显示出人类对家庭的投入愈来愈深，自由愈来愈受限制。这种生殖体系不可能容许自由更换伴侣的行为，因此，驯服性欲也就为人类所执迷，以致有些文化与宗教都惯于割除女性生殖器的若干部位，或是把性等同于罪恶。在西方历史上的大部分时间，最纯洁也最受景仰的人，就是禁欲的僧侣和贞洁的修女。不过，肉欲永远不可能彻底被压抑。我发现有一点深具启发性：住在水上只靠吃干硬面包过活的隐士，最常梦到的是诱人的少女，而不是丰盛的大餐。对雄性动物而言，性总是排在第一位。我观察的那些雄性黑猩猩只要遇到母猿生殖器肿胀，就会以行动证明这一点。它们一早就迫不及待地要冲出室外展开一天的欢乐活动，就算有人拿着它们平常喜爱的水果诱惑它们，它们也都视而不见。满脑子睾固酮的雄性动物眼里只有一个目标。

雄性动物对性的执迷也许是普世共通的现象，但除此之外，人类却和其他灵长类近亲非常不同。我们把性行为移到公共领域之外，局限于我们的小屋和卧室里，只能在家庭中进行。我们绝不完全切实遵守这样的限制，但这却是全人类共有的理想。我们建构且珍视的这种社会，与巴诺布猿或黑猩猩的生活方式互不相容。我们建构这种社会的目标，是生物学家所谓的合作生殖，也就是许多个人共同从事对全体有益的工作。女性经常一同看顾儿童，男性则合作狩猎或防卫社群。因此，社群整体达到的成果，就远超过个人独力能够获得的成就，例如把一群野牛赶下悬崖，或是用渔网捕捞大批鱼。这种合作的关键，就在于每位男性都必须有繁殖的机会。合作获得的成果必须和每个男人都切身相关，也就是说，每个男人都必须有个依靠他养活的家庭。这也表示男人必须互相信赖。他们从事这些活动时，必须经常离开伴侣达数日甚至数周之久，唯有大家都能获得不被戴绿帽的保证，男人才能共同出外打仗或远游狩猎。

如何促成性竞争者合作的难题，在建构了核心家庭之后随即迎刃而解。这种安排让男性几乎都有繁殖的机会，而他们就有贡献公益的动机。因此，我们应该把人类的单配偶制度视为人类达成高度合作这种独特现象的关键。家庭以及围绕家庭而生的社会习俗，让我们得以将雄性情谊提升到灵长类动物中前所未有的层次。这种高层次的雄性情谊使我们能够进行足以征服世界的大规模合作活动，包括铺设横跨整个大陆的铁道，乃至组织军队、政府与跨国企业。我们在日常生活中虽然把性和社会领域区分开来，但二者在人类演化过程中却是紧密相连的。

巴诺布猿之所以如此吸引我们，原因是它们完全不必区分这两个领域：它们欣然将社会领域和性领域混合在一起。也许我们羡慕这种灵长类的“自由”，但人类物种在演化上能够获得如此高度的成功，正是因为我们扬弃了巴诺布猿的生活方式，严格控制自己的性表现。

第四章

暴力：从战争到和平

如果黑猩猩有枪有刀，而且懂得怎么运用这些武器，它们的运用方式就一定会和人类一样。

——珍妮·古道尔（Jane Goodall）

我不知道第三次世界大战会用什么样的武器，但第四次世界大战一定用棍棒和石头。

——阿尔伯特·爱因斯坦（Albert Einstein）

我在佐治亚州的家可以看到石山（Stone Mountain），这座山以三名骑士的雕像闻名。居中的骑士是南北战争时期的南军名将李将军（General Robert E. Lee）。这尊雕像极为巨大，在许久以前的一个节日，人们曾经在雕像肩上摆了一张桌子供四十名宾客进餐。我对南方邦联的辩护者心存疑虑，但我在这里已经住了很长一段时间，所以对他们的反对者也同样有所质疑。像人类这样的群居动物，认同地主队是非常自然的表现。亚特兰大的高速公路上如果有横冲直撞的车辆，驾驶者一定都是“那些北方佬”。

三尊雕像是南方邦联的纪念碑，像这种纪念以往暴力事件的建筑物，在世界各地都可以看到。我们现在带着好奇心到这些地方去参观，翻着旅游手册，对于过去的恐怖景象丝毫不觉得惊骇。在伦敦塔，据说哲学家莫尔（Thomas More）遭到处死之后，头颅曾经被挂在伦敦桥上示众一个月。在阿姆斯特丹的安妮之家（Anne Frank House），我们听说一个年轻女孩进了集中营后就再也没有回家的故事。在罗马竞技场，我们就站在过去囚犯遭到狮子撕咬的空地上。在莫斯科的克里姆林宫，我们欣赏着恐怖伊凡建造的镀金圆顶高塔。当初这位沙皇最喜欢刺穿他的敌人，或者把他们活活丢入油锅。人类自古以来就不断互相残杀，至今仍然如此。机场的安全检查，计程车的防弹玻璃，大学校园里的紧急电话都显示，我们的文明在共享生命这方面仍然严重不足。

决战猩球

只要是有点规模的文明，都拥有军队。我们深深认同这一点，甚至把这个标准套用在想象中的非人类文明上，例如《决战猩球》（*Planet of the Apes*）里的猿类文明就是。灵长类动物学家看到这部2001年的电影，都不免惊骇不已：残忍的猿类领袖看起来像是一只两足行走的黑猩猩（但嗅闻气味的动作却像是小白兔），大猩猩呆笨服从，一只红毛猩猩扮演奴隶贩子，巴诺布猿则完全没出现在电影里。好莱坞容忍暴力的程度总是高于性。

暴力充斥在这部电影当中。不过，其中最不真实的景象，就是一大群身穿制服的猩猩军队。猿类实际上没有人类军队用来威吓敌人的教条、指挥架构，以及协同运作。精确的协调代表绝对的纪律，因此也就没有比训练精良的军队更可怕的东西。除了人类以外，蚂蚁是唯一拥有军队的动物，但它们也没有指挥架构。行军蚁如果迷路，例如一小群蚂蚁出外觅食而与大军失散，它们有时候就会跟在自己的队伍后方，追踪着自己的费洛蒙气味，于是数千只蚂蚁就可能围成一个圆圈不断绕行，直到力竭而死。所幸，人类的军队有由上而下的指挥体系，所以不会发生这样的惨剧。

有关人类攻击性的辩论总是围绕着战争打转，所以我们如果要拿动物的攻击性来比拟人类，就不该忽略军队的指挥架构。遭到军队侵略的受害者当然认为这是一种攻击性的表现，但谁说侵略者一定是处在攻击性的情绪当中？战争是愤怒的产物吗？国家领袖发动战争经常是出于经济动机、国内政治因素，或者自卫考量。将军必须遵从命令，士兵更是无意远离家园。拿破仑曾以相当愤俗的口吻指出："士兵可以为了一小段彩带而艰苦奋战。"如果说大多数战争里的大多数参与者，都是由攻击性以外的因素所驱动，应该不算是夸大的说法。人类的战争是一种井然有序又冷血无情的活动，几乎可说是前所未有的现象。

"几乎"是这里的关键字。群体认同、仇外心态，以及致命冲突的倾向，都是自然界里存在的现象。但这些特质与我们高度发展的计划能力结合之后，就把人类暴力"提升"到了非人性的地步。研究动物行为也许无助于理解种族灭绝这种现象，但我们如果把焦点从民族国家转到小规模社群里的人类行为，即可发现人与动物的差异其实没那么大。人类和黑猩猩一样，不但深具地域性，对于生命的重视通常也只限于自己群体内的成员。曾有人猜测黑猩猩如果懂得舞刀弄枪，用起来一定毫不手软。同样，史前时代的人类如果拥有今天的科技，对于升级冲突大概也不会有所迟疑。

一名人类学家曾对我说过新几内亚两名艾波巴布亚人（Eipo-Papuan）村长首次搭乘小飞机的故事。这两人不怕搭乘飞机，但有一个奇特的要求：他们希望飞机侧门不要关上。旁人警告他们高空的温度非常低，而且他们身上又只穿着传统的阴茎套，一定会冷得受不了。但他们一点也不在乎，因为他们想要带几颗大石头到飞机上，只要飞行员愿意顺道经过隔壁村庄的上空，他们就可以从侧门把这些石头推下去砸他们的敌人。

那天晚上，这位人类学家就在日记里写下，自己目睹了新石器时代的原始人发明炸弹的过程。

杀敌务尽

要知道黑猩猩怎么对待陌生人，就必须到野外观察。西田康成（Toshisada Nishida）率领一个日本团队，在坦桑尼亚的马哈勒山脉从事了长达四十年的研究工作。西田在退休前邀我前去参观，我想都没想就答应了他的邀约。他是世上数一数二的黑猩猩专家，在森林里跟着他实在是一大享受。

我就不赘述在坦噶尼喀（Tanganyika）湖畔野外营地的生活情形了。我把那里谑称为马哈勒山喜来登大饭店，没有电，没有自来水，没有马桶，也没有电话。每天的目标就是尽早起床，随便吃点早餐，趁着太阳出来之前赶紧出发。我们必须找出黑猩猩的所在地，营地也有几名追踪者可以帮忙。所幸黑猩猩非常嘈杂，所以很容易找到。在这种能见度极低的环境里，它们必须依靠声音沟通。你如果跟着一头成年雄性黑猩猩，就会看到它经常停下来，偏着头聆听社群成员在远处的声音。然后你会看到它思索着该怎么回应，可能会呼叫回答，默默朝着声音来源前进（有时候非常匆忙，以致你只能在纠结缠绕的树藤中努力跟上）；也可能继续做它自己的事，显然听到的声音无关紧要。黑猩猩认得彼此的声音，是众所周知的事实。因为它们，森林显得充满生气，有些就在附近，有些则从远方传来微弱的声响，而且它们的社会生活主要都是通过声音的传递构成。

黑猩猩非常喧闹，而且经常拌嘴不休。此外，它们还会猎食其他动物。有一次我经历了树下“受洗”，因为树上的一只公猿和几只生殖器肿胀的母猿正在活活分食一只疣猴。我们知道它们在打猎，是因为听到黑猩猩突然发出高呼和尖叫，其中混杂着猴子的哀嚎。我忘了黑猩猩在高度兴奋的时候通常会腹泻，不幸的是我正好身在火线当中。

第二天，我看到一只母猿经过，背上跨骑着一只小猿。这只母猿的女儿拿着一个毛茸茸的东西在头上挥舞，我仔细一看才发现是那只倒霉猴子的尾巴，它的尾巴成了这只小猿的玩具。黑猩猩虽然主要以果实与树叶为食，但吃肉的频率仍比我们过去认为的还高。它们猎食的脊椎动物多达35种以上。成年黑猩猩在丰富时节的平均食肉量，接近人类狩猎采集者在艰难时期所吃的数量。实际上，黑猩猩非常热衷肉食，以致我们的厨师要从村里带一只活鸭到营地帮我们加菜，都困难重重。他在途中遇到一只雌性黑猩猩，一直极力想要把他夹在腋下的鸭子抢走。这位英勇的厨师抵抗住了母猿的威胁，但也差点抵挡不住。他碰到的如果是雄性黑猩猩，我们绝对尝不到那只鸭子的滋味了。

黑猩猩的餐点一旦是人，问题就严重了。在邻近的贡贝国家公园里，有一只名叫弗罗多的黑猩猩，因为成长于黑猩猩研究的全盛时期，因此早已完全不怕人。它偶尔会攻击研究人员，殴打他们或把他们拖下山坡。不过，最糟糕的一次，却发生在当地的一名妇女还有她的婴儿和侄女身上。她的侄女背着14个月大的婴儿，三人在跨越一条小沟渠的时候，遇到了正在吃油棕叶的弗罗多。弗罗多一转过身来，他们三人就来不及逃跑了。弗罗多伸手就把侄女背上的婴儿抓走，然后消失在树林里，后来有人发现它正在吃已经死去的婴儿。夺婴行为是掠食行为衍生出来的现象，在那之前，只有在国家公园以外听说过这种行为。在邻近的乌干达，这种现象更是普遍存在，常有人类婴儿在家里遭劫。人如果没有武器，面对黑猩猩就束手无策：野生黑猩猩有能力杀害成年人，而且这种现象也确实发生过。黑猩猩对人类的致命攻击在动物园里也曾经出现过。

黑猩猩的体形比我们小。它们四脚着地的时候，高度只到我们的膝盖，因此，一般人常会误判它们的力量。只要看到它们轻易爬上没有枝条的树干，就会发现它们的肌肉有多么发达。这种臂力是人类绝对达不到的。曾经有人测量发现，雄性黑猩猩用手臂拉扯的力量比健壮的年轻人高出四倍。尤其黑猩猩打斗之时又可四“手”并用，所以人类根本打不过它们。就算黑猩猩不能咬人，人还是一样打不赢。我看过一个人在狂欢节上表演，征求观众上台和一只不能咬人的黑猩猩角力。每个孔武有力的男子汉都迫不及待想上台一展雄风，以为自己能够轻松得胜。不过，即便是像职业摔跤手那样的大汉，也一样掌控不了那只黑猩猩。

因此，读者也就能够想象，在野外一旦遇到黑猩猩全身毛发竖立，快速冲过我身边，一面奔跑一面摇撼小树木，我就会多么毕恭毕敬地和它们保持距离。它们这么做不是为了要威吓我，而是因为它们自己内部的争吵。和不同社群之间的凶猛打斗比较起来，社群内部的争吵实在没什么大不了的。公猿通常会到边界去巡视，有时候会在母猿的陪伴下组队前往，排成一列默默前进，随时警觉于边界外传来的声音。它们有时会爬到树上，静静地瞭望聆听，时间可能长达一个小时以上。它们会严格要求所有成员保持静默。如果有一只跟着母亲的幼猿无意间发出声音，就可能会遭到威吓。在巡逻期间，所有成员都提心吊胆。如果突然间出现树枝折断或者丛林野猪奔跑的声音，它们就会紧张地咧开嘴巴，然后用轻触或拥抱的方式互相抚慰一番。只有在回到社群领域内的安全区域，它们才会放松下来，并且通过高呼捶打纾解紧张的情绪。

看到黑猩猩对待不同社群的方式，我也不免感到紧张。雄性黑猩猩会集体合作，狙杀其他社群落单的成员。它们会先暗中跟踪，然后撞倒对方，又打又咬。对方就算没有当场毙命，事后也活不了太久。有人亲眼目睹过这种突袭过程，但大多数都是事后才在森林里找到血淋淋的证据。有些研究地点还曾经发生过一种奇特的现象：虽然没有发现尸体，但社群里的健康公猿却一一消失，最后连一只也不剩。

在马哈勒山脉，西田康成目睹过边境巡逻与猛烈冲撞陌生对象的行为。在他观察的黑猩猩社群里，他认为有一个社群的公猿在长达十二年的时间里，不断遭到邻近社群公猿的一一杀害。然后，胜利者便侵占了这个只剩下母猿而没有公猿盘踞的领域。黑猩猩具有仇外心态是毋庸置疑的事实。科学家曾经试图要把原本圈养的黑猩猩放回森林里，结果却因为当地的野生黑猩猩反应极端激烈，导致这项计划不得不喊停。

由于黑猩猩社群的领域范围极广，因此不同社群成员之间的冲突非常罕见。不过，研究人员目睹到的少数案例，即足以证明这是针对特定对象的刻意杀害行为——换句话说，也就是“谋杀”。珍妮·古道尔知道这样的说法一定会引起高度争议，于是思考这种杀害举动为什么会让人觉得是有意图的行为。这种杀害举动为什么不能说是黑猩猩的攻击性所造成的副作用呢？她的答案是，在这种案例中，攻击者的行动完全协同一致，而且它们表现出来的虐杀行为，也是在社群内部的斗争里看不到的现象。在这种攻击行动中，攻击者的行为就像捕杀猎物一样，犹如这些敌人不是自己的同类。其中一个攻击者可能会把受害者压制在地上（坐在它的头上，抓住它的双腿），任由其他攻击者又咬又打又捶。它们会扭断肢体，扯出气管，拔掉指甲，甚至啜饮伤口上涌出的鲜血，直到受害者不再挣扎才停手。有些观察报告指出，攻击者会在几个星期后回到屠杀现场，检查自己攻击行动的结果。

说来可悲，这种可怕的行为和人类颇为相似。我们也惯于抹除敌人的人性——像黑猩猩一样，不把敌人当成自己的同类。在伊拉克战争刚开始的那几个星期里，我不禁注意到一名美国飞行员的访谈。他在访谈中兴奋讲述自己小时候有多么关切海湾战争的报道，因而对精确轰炸深感着迷。他不敢相信，自己现在竟然有机会使用更精密的精灵炸弹。对他来说，这场战争只不过是操作科技设备而已，就像是他终于获准玩某种电动玩具一样。至于遭到轰炸的对方下场如何，他似乎根本连想都没想过。不过，这大概正符合军方的期望。毕竟，一旦把敌方也视为人，战争就不可能打得下去。

人类非常容易陷入敌我之辨的心态当中。在一场心理实验里，一群实验对象分别拿到不同颜色的胸章，还有简单标示着“蓝队”和“绿队”字样的记事本，唯一必须做的事情就是评估其他人的报告。结果，大家都比较喜欢和自己颜色相同的人所做的报告。在另外一场更复杂的群体认同实验里，参与实验的学生分别被赋予守卫与囚犯的身份，然后开始玩模拟监狱的游戏。原本计划让这些实验对象在斯坦福大学一座地下室共同相处两周，不过，实验到了第六天就被迫中止，因为“守卫”愈来愈高傲、暴虐，而且残酷，导致“囚犯”集体反抗。这些学生是不是忘了这只是一场实验，而且，他们的角色只不过是抛硬币决定的结果？

后来，美国军官在巴格达阿布格莱布（Abu Ghraib）监狱的虐囚行为曝光后，斯坦福监狱实验也随之声名大噪。美军的监狱守卫使用了各种虐待手法，包括把囚犯的头套起来，然后再把电线连接到他们的生殖器上。美国有些媒体试图把这些行为淡化为“恶作剧”，但有些囚犯却遭虐致死。这起虐囚事件的残暴程度与潜在性意涵，不但与斯坦福监狱实验极为相似，阿布格莱布监狱里的守卫与囚犯更是来自不同种族，信奉不同宗教，也使用不同语言，因此这里的守卫也就更容易不把囚犯当人看待。监狱宪兵指挥官亚尼斯·卡尔平斯基（Janis Karpinski）指称自己接到命令，必须把囚犯“当成狗一样”对待。后来外流的一张骇人照片，就可见到一名全身赤裸的囚犯颈上套着一条皮带，一名女军官则拉着皮带把他拖行在地板上。

内集团总是会找出各种理由自我说服，认为自己比其他人优越。这种倾向在历史上最极端的例子，当然就是希特勒当初创造了一个外集团的行为。外集团由于形象遭到贬抑，所以有助于提升内集团的团结与自我价值。这种手法自从人类出现以来就已经存在，但其中的心理源头可能比人类的历史还要久远。群体认同的心理在动物界极为普遍，但除了这一点以外，人类和黑猩猩还有另外两个共同的特质。第一点我们已经谈过，就是深深厌恶外集团，不把他们当成自己的同类看待。内集团与外集团之间的鸿沟非常大，于是攻击性也就分为两种类别：一种只局限于群体内部，形成仪式化的结果；另一种则是化为群体之间血腥致命的冲突。

在贡贝还有另一个更令人不安的外集团现象，则是发生在彼此认识的黑猩猩之间。多年以来，这里有一个社群分裂为北派和南派，因此演变成不同的社群。这些黑猩猩曾经一同玩耍，互相梳理毛发，时而争吵时而和好，分享食物，就这样和谐地生活在一起。不过，这两派后来却开始争斗。研究人员在惊讶之余，只见过去的朋友现在也开始啜饮彼此的鲜血，连年纪最大的社群成员也不放过。一只名叫歌利亚的公猿虽已看起来非常虚弱，却还是遭到殴打二十分钟，然后又被拖行在地上。只要与敌方有任何关系，就可能成为遭受攻击的借口。巡逻的黑猩猩如果在边界附近的树上发现新建的睡巢，就会在周围把这些枝条扯散，把敌方的睡巢全部摧毁。

因此，黑猩猩的敌我之辨是一种社会建构的区别现象，即便是彼此熟识的个体，也可能因为交往对象或居住地区不恰当而成为敌人。在人类身上，原本和谐相处的种族可能会突然间互相敌对，就像卢旺达的胡图人（Hutus）与图西人（Tutsis），以及波斯尼亚的塞尔维亚人、克罗地亚人和穆斯林。究竟是什么样的心理机制造成人的态度改变？又是什么样的机制，导致黑猩猩当中原本的伙伴变成必须除之而后快的敌人？我猜测人类与猿类在这方面的心理机制其实相同，而且关键因素就在于彼此的利益是否一致。不同的个体如果具有共同的目标，就会压抑彼此之间的负面感受。双方一旦不再有共同目标，潜在的紧张关系就会浮出水面。

人类与黑猩猩对待自己群体内的成员都非常温柔，至少也是颇为自制的。不过，一旦面对群体以外的个体，就可能摇身一变成为魔鬼。这么说当然不免过于简化，因为同一个社群里的黑猩猩也可能互相残杀，人类更是不乏这样的例子。不过，内集团与外集团的区别却是爱恨情绪的根本因素。圈养的猿类也是如此。阿纳姆动物园里的黑猩猩周围虽然没有敌对的社群，却还是有巡逻边界的习惯。在傍晚时分，几只公猿会开始绕行这个宽广的岛屿，最后所有的成年公猿和若干年轻公猿都会跟在它们身后。它们没有像野外巡逻队那样呈现出紧张的情绪，但这种行为足以显示，即便在人工环境当中，领域边界还是有其意义的。

圈养的黑猩猩和野生的黑猩猩一样仇外。动物园几乎不可能把陌生的母猿送进既有的社群当中，而陌生的公猿则只有在社群里原有公猿全部送走之后，才有可能进入这个社群生活。否则，就会导致血腥的后果。我们上一次在耶基斯灵长类动物中心试图更换公猿，结果母猿就把前几只陌生公猿赶了出来（母猿攻击这些公猿，以致我们不得不把它们撤出来，以免它们命丧母猿手下）。

过了几个月，我们又送进两只陌生的公猿。其中一只遭到与先前相同的凶猛对待，但另一只名叫吉默的公猿却获准留下。吉默进入这个社群才几分钟，两只年长母猿就和它接触，并且为它梳理毛发，事后更以凶猛的态度阻止其他母猿攻击它。多年后，我们查验这些黑猩猩的背景，才发现吉默其实没有我们想象的那么陌生。在我们送它进入这个社群的十四年前，它曾经和那两只母猿一起住在另一个机构里。虽然后来它们没有见过对方，但就因为这种早期的缘分，造就了吉默完全不同于其他公猿的命运。

边界上的交流

我们的一个最近亲会杀害自己的邻居，是否表示近来一部纪录片说得没错："战争就存在于我们的 DNA 里。"这么说听起来好像我们注定永远摆脱不了争战的命运。不过，即便是天性好战的蚂蚁，只要拥有充裕的空间和食物，也不会展现出暴力行为。暴力在这种情况下有什么意义呢？只有在不同群体的利益互相冲突的时候，暴力行为才有意义。战争不是一种无可遏抑的冲动，只是一个选项而已。

不过，自然界里，唯有人类与黑猩猩的雄性会集结起来，处心积虑消灭邻近的雄性，扩张自己的领域，这点绝对不是巧合。若说这两种关系亲近的哺乳类动物，只是刚好各自演化出这样的倾向，大概没有几个人会相信。人类与猿类最相近的行为模式，就是所谓的致命掠夺。掠夺行为是一群男人在占得上风的时候发动的突袭，自己通常不会遭受任何损失。这么做的目的是要杀害其他男人，绑架妇女和女童。人类的掠夺行为就像黑猩猩的领域暴力现象，其实不是英勇的行动，而是偏好采用突袭、诱骗、埋伏等策略，同时要尽量避免在光天化日下进行。大多数的狩猎采集社会都遵循这种模式，每几年就发动战争。

不过，致命掠夺行为普遍存在，是否表示理查德·兰厄姆（Richard Wrangham）说得没错："黑猩猩似的暴力是人类战争的先驱，也埋下了人类战争的种子，于是现代人就在困惑之余，发现自己继承了五百万年来连续不断的致命攻击习性。"这句话里有问题的字眼不是"困惑"——这个用词只是夸饰而已——而是"连续不断"。这个字眼如果用得没错，我们最早期的祖先就必须像黑猩猩一样，而我们也必须自此以后就不断走在战争的道路上。这两种假设都没有证据支持。首先，自从人类与猿类分家以来，猿类就走上了自己的演化道路。没有人知道这五六百万年间发生了什么变化。由于森林里难以形成化石，因此有关猿类祖先的资料也就非常有限。人类与猿类的最后共同祖先有可能像是大猩猩、黑猩猩，或者巴诺布猿，也可能和现存的物种都不同。当然，不同的程度不会太大，但我们确实没有证据可以证明，这个最后共同祖先一定像好战的黑猩猩。而且，我们也应该记住一点，目前只有少数的黑猩猩被研究，而且光是这些黑猩猩，就不都具有同样程度的攻击性。

其次，谁说我们的祖先和今天的人类一样残暴？考古发现的古代战争遗迹（住屋周围的保护墙，墓地里埋着体内嵌有武器的骷髅，以及战士的图像），最早只可追溯到距今 15000 ～ 10000 年前。在演化生物学家眼中，这只能算是近代史而已。另一方面，如果说以前的人类群体之间没有敌意存在，后来的战争只是凭空出现，这样的说法也很难令人相信，一定有某种自古存在的自然倾向。最有可能的状况是，领域攻击性原本潜藏于人类本性当中，只是原本都以极小的规模出现，也许直到人类定居下来、开始累积财货之后，才有所改变。这么一来，与其说战争已有数百万年的历史，实际上也许该说，我们最早只有不同群体之间的零星冲突，直到近代才发展成为大规模战争。

不过，把焦点放在人类暴力面的科学家，会纷纷把黑猩猩视为人类暴力的证据，这种现象并不令人感到意外。人类与黑猩猩之间的近似性确实毋庸置疑，而且令人颇感不安。不过，人类有一种行为的出现频率高于战争，也就是维护和平，但是，研究黑猩猩却无助于理解这种行为。和平在人类社会里极为常见，就像财货交易、河水分享，以及异族通婚。在这方面，黑猩猩无法对我们有所启发，因为它们的不同社群之间，完全没有任何友善关系，只有高低不同的敌意程度而已。由此可见，如果要了解原始人类社群之间的关系，就必须在黑猩猩以外寻求其他模式。

在《蚂蚁·蚂蚁》（*Journey to the Ants*）一书中，著名的昆虫学家贝尔特·赫勒多布勒（Bert Hölldobler）与埃德·威尔逊曾经针对两种科学家提出了一项非常有趣的说法。理论家对特定的议题感兴趣，因而着手寻找最能解答这项议题的生物。遗传学家选上了果蝇，心理学家则挑中了大鼠。他们真正感兴趣的不是果蝇或大鼠本身，而是他们想解决的那些问题。另一方面，博物学家则对特定种类的动物本身感兴趣，因为他们知道，每一种动物都有其引人入胜的故事，而且只要深入研究，即可在其中发现理论上的价值。赫勒多布勒与威尔逊认为他们自己属于后者，我认为我也是。自从杀人猿理论出现以来，许多人都把焦点放在人类攻击性这项议题上，而把黑猩猩当成解答这个议题的最佳物种，但我感兴趣的，却是在这项辩论中遭到排挤于边缘的另一种猿类。这种比较不那么残暴的猿类，能够启发我们理解人类的另一种能力：和平的能力。

巴诺布猿不同社群之间和平杂处的现象，最早在20世纪80年代被注意。当时，不同的巴诺布猿社群，在刚果民主共和国内的万巴森林（Wamba Forest）里聚集在一起达一整个星期，然后才又分开。这种情形看起来似乎没有什么值得注意之处，但这起事件令人震惊的程度，完全不亚于贡贝那些反友为敌的黑猩猩之间的暴力行为。这起事件推翻了声称人类族系天生具有暴力倾向这种根深蒂固的观点。我看过一部巴诺布猿社群杂处的影片，这些猿类先是凶猛地彼此追逐，又吼又叫，但完全没有身体接触。然后，不同社群的母猿渐渐开始互相摩擦生殖器，甚至还梳理彼此的毛发。与此同时，它们的子女则和同龄的同伴玩耍打滚。即便是公猿，后来也短暂摩擦了彼此的阴囊。

在万巴森林里多达30例以上的社群交流现象当中，不同性别的巴诺布猿一般都以友善的态度进行性接触。另一方面，公猿则通常对不同社群的公猿抱持敌意，并且呈现出冷漠的态度。不同社群的公猿和母猿互相交合，在社群刚接触的头15分钟内极为常见。

在罗马克森林（Lomako Forest）的另一个巴诺布猿栖息地，也有人观察到类似的现象。不同社群的公猿有时候会在灌木丛中疯狂追逐，母猿则待在树上高声尖叫。冲突现象非常猛烈，连旁观的野外研究人员都不免感到害怕。不过，事后却发现巴诺布猿毫发无伤，社群之间的交流也随之展开。它们一开始显得颇为紧张，但不久之后就会平静下来，开始从事性交或梳理毛发等活动。只有公猿没有和对方社群的公猿出现友善的互动。

有时候，巴诺布猿也不想和邻居杂处，因而与对方保持距离。

野外研究人员也许会因突然发出的敲击声，以及巴诺布猿从树上跳下来而吓一跳。然后，这些猿类就会冲向对方社群成员，叫嚣争吵。在领域边界上，不同社群的成员会坐在树上互相叫喊。不过，必须强调的是，尽管社群之间的冲突偶尔会导致受伤，却不曾有过巴诺布猿因此丧命的记录。

巴诺布猿社群领域的重叠以及边界地区的杂处行为，与黑猩猩社群互动的方式形成强烈对比。一旦找出形塑巴诺布猿社会的演化压力之后，也许就能了解它们为何能够避免人类最糟的诅咒：我们的仇外心态与漠视敌人生命的倾向。难道是因为巴诺布猿属于母系社会吗？各个物种的雄性天生就会想要把雌性据为己有，但是雌性巴诺布猿在社会里取得优势地位之后，公猿可能就丧失了控制权，以致母猿可以自由与任何对象交合，包括隔壁社群的成员。如此一来，雄性的领域竞争行为也就无从存在。第一，性交流当然可能会导致生殖，所以邻近社群里也可能会有自己的亲戚，敌对双方的公猿就可能是兄弟或父子。第二，母猿既然原本就已乐于和公猿交配，公猿自然不需要再为此争打斗殴。

从巴诺布猿身上，我们可以看到不同社群如何发展出和平的关系。同样的情况也可适用于我们。所有人类社会都有异族通婚的现象，因此基因互相交流于不同社群之间，致命的攻击性也就不符效益。即便打败另一个群体能够获得领域上的利益，这么做仍然有其缺点，例如己方的人命损失，自己的亲属因为身在敌方而遭到杀害，以及贸易机会减少。贸易机会也许不适用于猿类身上，对于人类却是相当重要的因素。因此，人类社群之间的关系也就显得模棱两可：一方面具有潜在的敌意，另一方面又希望和谐共存。巴诺布猿正好也呈现出这样的矛盾现象。它们的社群关系绝非完全和谐美好，只要一有机会，就会强调领域间的界线，但也绝不关上降低紧张程度与友善接触的大门。

在黑猩猩当中，即便母猿迁徙的行为会造成基因的交流，但社群之间的高度敌意却阻绝了巴诺布猿那种自由的性关系。没有人知道究竟何者先出现——是社群之间缺乏杂交生殖的现象才导致强烈的敌意，还是先出现强烈的敌意才阻碍了社群之间的交流——但二者确实有互相增强的效果，从而导致黑猩猩中永远不断的暴力循环。

如此一来，结果就是人类社群之间的行为，与黑猩猩和巴诺布猿都各自有共通之处。人类社会之间的关系，坏的一面比黑猩猩还糟，好的一面又比巴诺布猿更好。人类的战争远超过黑猩猩的"兽性"暴力，而且残暴程度令人惊恐。不过，人类社会友善交流所带来的成果，又比巴诺布猿还要丰硕。人类社群的交流不只限于杂处性交，还会交易财货与服务，举行仪式盛宴，允许其他社群的成员借道而过，以及合作抵御共同的敌人。谈到社群间的关系，我们不论是正面或负面的表现，都胜过我们的近亲。

不要放弃和平

二十多年前从欧洲首次来到美国，我对美国媒体上暴力弥漫的现象深感讶异。我指的不只是新闻，而是包括单元剧、喜剧、剧情影集，乃至电影等各种节目。就算把施瓦辛格与史泰龙的电影排除在外也一样：美国几乎所有电影都少不了暴力。时日一久，观众也就渐渐麻木了。举例而言，如果有人说《与狼共舞》（*Dance with Wolves*）（凯文·科斯特纳于 1990 年主演的电影）充满暴力，大多数人一定会觉得这个人不可理喻。在一般观众的印象里，这是一部平静而感伤的片子，充满美丽的风景，主角是一名尊重美洲原住民的白人。至于片中的血腥画面，则几乎没有人记得。

喜剧也一样。我喜欢看《周六夜现场》(*Saturday Night Live*)以一针见血的评论剖析美国特有的现象，包括啦啦队、电视布道家，以及名人律师。不过，每集节目也绝对少不了车子爆炸或某人的头被轰掉的搞笑画面。汉斯与弗兰兹这两个模仿施瓦辛格的人，光是他们的名字就颇为吸引我（不只因为我自己名叫弗兰斯，刚好我也有个兄弟叫汉斯）。不过，有一集节目的内容是他们的杠铃太重，以致双臂应声扯断，却让我看得完全摸不着头脑。断臂处喷出血液的画面引起观众哄堂大笑，但我实在看不出哪里好笑。

这表示我是生长在一个娘娘腔的国家吗？也许吧。不过，真正的重点是不同社会描绘暴力的方式差异极大。而且，我们真正重视的究竟是什么：和谐还是竞争？这就是人类这个物种的问题。人类真实的本性存在于这两种倾向当中，但我们却因为把这两种倾向延伸至各种不同方向，以致很难确定我们究竟是天性喜好竞争，还是热爱建构社群。实际上，我们两者兼具，但每个社会都会达到各自的平衡点。美国是“会吵的孩子有糖吃”，日本则是“出头椽儿先朽烂”。

既然每个社会各有不同，是否表示我们无法从其他灵长类动物身上获得启发呢？这么说未免过于简化。首先，每个物种都有自己处理冲突的方式。黑猩猩喜欢正面对峙的程度高于巴诺布猿。不过，这种差异也一样存在于相同的物种当中，例如人类各个社群之间就互有差异，有的文化崇尚暴力，有的崇尚和平。至于人类之所以能够崇尚和平，是因为我们具有灵长类动物普遍拥有的消弭差异的能力。

我永远忘不了一个冬日在阿纳姆动物园发生的事情。当时所有黑猩猩都关在室内避寒，我看到雄性领袖在从事冲撞展示行为的时候攻击了一只母猿，结果随即引起一阵骚动，其他社群成员都纷纷赶来保护这只母猿。接着，整个群体平静了下来，但是静默得异乎寻常，似乎大家都在等着什么事情发生。过了几分钟，整个社群突然开始高声呼叫，一只公猿有节奏地踩着堆在大厅角落的铁桶。在这一片喧嚣中，两只黑猩猩便在众目睽睽之下亲吻拥抱。

我回想了这段过程好久，才发现那两只拥抱的黑猩猩，是原本吵架的那只公猿和母猿。我知道我反应很慢，可是以前从来没有人说过动物懂得和解。“和解”这两个字就是我当时想到的字眼。自从那一天之后，我就不断研究黑猩猩及其他灵长类动物的和解行为，现在的时髦说法则是“冲突解决”。别人也曾经在其他各种动物身上研究过这种行为，包括海豚与鬣狗。许多社会动物显然都懂得该怎么和解，而且原因也不难想见。冲突无可避免，但动物却又必须互相依赖，包括一同觅食，互相警告掠食者的踪迹，以及团结对抗敌人。尽管偶尔吵架，动物还是必须维持良好的关系，就像夫妻一样。

金丝猴的和解方式是握手，黑猩猩是嘴对嘴亲吻，巴诺布猿是性交，通金猕猴则是拥抱并且咂唇。每种动物都有自己的和解规范。举例而言，我在猿类和解当中经常看到的一种现象，在猴类身上就不曾出现过：一只猿一旦攻击咬伤了另一只猿，事后总会回头检视自己造成的伤害。攻击者完全知道该检查什么地方。它咬的如果是对方的左脚，就会毫不犹豫抓起受害者的左脚——不是右脚也不是手臂——仔细检查一番，然后再帮它清理伤口。这显示猿类具有因果关系的理解能力，懂得“我如果咬了你，你在被咬的那个地方就会有一道伤口”。由此可见，猿类懂得将心比心，能够理解自己的行为对别人造成的影响。我们甚至可以猜测，它们会对自己的行为感到后悔，就像我们一样。德国博物学家伯恩哈德·格日梅克（Bernhard Grzimek）曾有过这种经验。他遭到一只雄性黑猩猩攻击，所幸大难不死。那只黑猩猩怒气消了之后，似乎非常关切格日梅克的状况。它走到这位教授身边，用手指压住最大的伤口，并把伤口两侧的皮肤贴合在一起。格日梅克毫不胆怯，任由那只黑猩猩照料他的伤口。

和解的定义直截了当（争吵双方在事后不久恢复友善的关系），但其中涉及的情感，却很难精确捕捉。最简单的和解，就是克服攻击性或恐惧这类负面的情感，进而从事正面的互动，例如互相亲吻。不过，这虽然是最简单的和解，却也已经是非常了不起的行为了。原本的恶意因此消减，或者完全摆脱。在我们的经验里，我们把这种从敌意回复到正常状态的过程称为“宽恕”。有些人常把宽恕说得像是人类甚至是基督徒特有的美德，但这种行为很可能只是合作动物的自然倾向而已。

只有没有记忆的动物，才可能忽略冲突行为。大多数动物以及人类都拥有长期记忆，而社会事件一旦储存在长期记忆里，就必须化解过去的不愉快，以求取未来的和谐。灵长类动物会发展出友谊，表达方式包括梳理毛发，在迁移的时候共同行动，以及互相防卫。有个意想不到的指标，能够让人看出争吵确实会导致灵长类动物对双方关系的焦虑。就像大学生碰到困难的考题会不由自主地搔头，其他灵长类动物搔抓自己的行为也代表了不安的情绪。有些研究者仔细记录自我搔抓的行为，结果发现争吵当中的双方都会不断搔抓自己，但只要经过对方帮自己梳理毛发之后，就会停止这样的行为。我们可以推测它们搔抓自己是因为担心双方的关系，复合之后则因此感到安心。

在家里豢养幼猿的人都说，如果斥责幼猿不规矩的行为（幼猿似乎就只会这种行为），事后幼猿就会极力想要和饲主和好。幼猿会先耍脾气，轻声呜咽，等到再也受不了的时候，就会跳进饲主怀里，用双臂紧紧抱住对方。饲主一旦伸手抚慰它，它就会发出松了一口气的叹息声。

灵长类动物从小就学会了和解。和解就像其他一切与依附关系有关的行为，也是始于母子之间的情感关系。在断奶期间，母亲会把婴儿从乳头上推开，但只要婴儿尖叫抗议，就会立即再让它回来吸食。随着婴儿逐渐长大，母亲把它从乳头上推开之后，再让它回来吸食乳汁的间隔时间就会愈来愈长，于是冲突也就愈来愈大。母亲和幼子在这个战场上各自使用不同的武器。母亲力量比较大，但是幼子的音量比较高（一只幼黑猩猩的叫声可轻易盖过几个人类儿童的声音），而且双方都善于运用勒索的策略。幼子争取母亲注意的方式包括闹别扭和呜咽啜泣，要是各种做法都没有效果，便可能大吵大闹，尖叫到几乎哽住喉咙，或甚至在母亲脚边呕吐。这是终极的威胁手法：刻意浪掷母亲的资源。一只野生母猿对这种喧闹的反应是爬到树上，把幼子往地上抛，直到最后一刻才抓住它的脚踝。这只幼猿就这样头下脚上倒悬了15秒钟，尖叫不已，最后母亲才终于把它抓回树上。自此之后，这只幼猿在那一天就再也没有闹过脾气了。

我看过非常奇特的妥协行为，例如一只幼猿吸吮母亲的下唇。这只年幼公猿已经五岁，于是就以吸吮嘴唇取代吸吮乳头。另一只幼猿则是把头塞在母亲腋下，吸吮乳头附近的皮肤褶皱。这类妥协行为只会持续几个月，然后幼猿就会转而食用固体食物。在动物生命中，断奶冲突是首次与生存所仰赖的社会伴侣协商拉锯的过程，其中包括一切应有的要素：利益冲突、共同利益，以及正面与负面接触的循环，最后导致一定程度的妥协。和母亲争吵之余，仍然必须维系那不可或缺的母子关系，也就奠定了日后冲突解决的基础。

同侪之间的和解行为，重要性仅次于亲子之间的和解，而且一样在很小时就会学到。我观察一大群圈养在户外的猕猴，曾经看过这么一个场面。欧特莉和奈蒲金这两只四个月大的猕猴正在玩角力游戏，结果奈蒲金的成年阿姨不请自来，“帮助”奈蒲金把玩伴压在地上。奈蒲金随即把握机会，跳到欧特莉身上咬了一口。经过短暂的挣扎之后，它们才终于分开。这起事件并不严重，但后果却令人惊讶。欧特莉后来直接走向坐在那位阿姨身边的奈蒲金，梳理了它背后的毛发，然后奈蒲金转过身来，两只幼猴便腹部对腹部拥抱。更温馨的是，那位阿姨还伸手抱住了它们两个。

这个圆满结局之所以引起我的注意，不只因为那两只幼猴的年纪和体形都还那么小（就像刚学走路的人类幼儿），也因为猕猴堪称是最不懂得和解的动物。它们个性卑鄙，社会阶级又非常严格，上层成员惩罚下层成员绝不手软。如果有灵长类动物和平奖，猕猴一定不会获得提名。不过，也可能不是完全没有希望。有一次向一群儿童心理学家发表演说，我突然产生一个异想天开的想法，开始数落台下的听众，指称我们了解其他灵长类动物的和解行为都更甚于人类的和解行为。这种现象至今仍然没变，心理学家总是把焦点放在不正常或者有问题的行为上，例如欺凌，以致我们对人类化解冲突的自发性正常行为所知极少。为了对这种现象提出辩护，听众里的一名科学家于是指出，人类的和解行为因为受到教育和文化的影响，所以比猴子复杂得多。他说，其他灵长类动物的和解行为只是本能反应而已。

不过，“本能”一词却在我脑中萦绕不去。我现在已不再知道“本能”是什么意思，因为纯粹与生俱来的行为实在不可能找到。其他灵长类动物也和人类一样缓慢成长发展，有好几年的时间能够受到成长环境的影响，包括它们的社会背景。实际上，我们知道灵长类动物会从彼此身上学到各种行为与技巧，因此即便是同一物种，不同社群的成员在行为上也可能出现很大不同。难怪灵长类动物学家愈来愈常谈到“文化”差异。这种差异主要指的是工具使用与饮食习惯，例如黑猩猩用石头敲破坚果，日本猴利用海水清洗马铃薯。不过，社会文化也可能存在这样的差异。

那场与心理学家的讨论使我产生了一个想法。我把两种不同种的幼猴放在一起生活五个月，一种是善争好斗的猕猴，另一种则是较为宽容随性的短尾猴。短尾猴在争吵之后经常会抱住彼此的臀部，称为拥臀仪式，借此取得和解。意外的是，猕猴一开始显得颇为害怕。短尾猴不但体形稍大，而且猕猴必然也察觉到，对方在温和的性情底下潜藏着强硬的本质。于是，猕猴因为害怕而群聚在房间的天花板上，短尾猴则平静地观察着周围的新环境。几分钟后，几只猕猴在同样的别扭姿势下，以粗重的哼气声向短尾猴挑衅。这种举动若是测试，结果必然大出它们意料之外。地位较高的猕猴如果遇到这样的挑衅，一定会明确做出反应，但短尾猴却完全不当一回事，连头都没有抬。这群猕猴一定是第一次碰到不觉得需要突显其地位的优势伙伴。

在这项研究中，猕猴反复学得这个教训不下千次，也经常与这群温和的压迫者从事和解行为。肢体攻击行为极为罕见，整体气氛也颇为轻松。到了五个月即将届满时，这些幼猴已经玩在一起，互相梳理毛发，而且也都混杂而睡。最重要的是，这群猕猴都发展出与短尾猴相当的和解能力。实验结束，把不同物种分开之后，这群猕猴在争吵之后出现的友善复合与梳毛行为，仍然比一般猕猴多出三倍以上。我们于是把它们戏称为“新种改良”的猕猴。

这个实验显示和解是后天培养的社会技巧，不是先天本能。和解是社会文化的一部分，每个社群都会通过竞争与合作达到各自的平衡点。不但人类如此，猴子也是一样。我生长在一个以建构共识为主的文化里，原因也许是荷兰人当初必须合力对抗北海这个可怕的共同敌人，才得以获取他们密集居住的土地。其他国家，例如美国，则是鼓励个人主义与自立自强更甚于对团体的忠诚，原因也许是这些国家幅员辽阔，人民迁徙频繁。过去，人与人之间如果处不来，大可搬到其他地方定居。现在，美国虽然已经比较拥挤，但冲突解决可能还没有受到同等程度的重视。科学应该要研究避免冲突升高以及克制攻击性的技巧，我们是教导子女挺身争取自己的权益，还是鼓励他们寻求双方都能接受的解决方案？我们是教导他们享受权利，还是负担责任？人类文化在这方面的落差极大，近来在野生灵长类动物身上也发现了类似的差异。

东非狒狒（*Olive Baboon*）和猕猴一样以凶猛著称。它们绝不是会强调软性权力的灵长类动物，但这种现象却发生在肯尼亚马萨伊马拉（Masai Mara）的一群东非狒狒身上。美国灵长类动物学家罗伯特·萨波尔斯基研究一群东非狒狒，其中的雄性狒狒每天都会闯入另一群狒狒的领域里，以便到邻近的游客宿舍的垃圾场内觅食。只有体形最大最凶悍的雄性狒狒才能打退隔壁社群的狒狒，抵达这个垃圾场，垃圾场内的食物也确实值得它们奋力争抢。不过，有一天垃圾场内抛弃的肉却染有牛结核病病菌，吃到这些肉的狒狒全都因此丧生。于是，萨波尔斯基研究的这个社群也就丧失了许多雄性狒狒，而且不是随便一群雄性狒狒，而是最具攻击性的那一群。结果，这群狒狒突然变成了凶悍的狒狒世界里一个意想不到的绿洲，充满了和谐安详。

这点本身并不令人感到意外。最凶猛的雄性狒狒全部死光之后，社群里的暴力行为自然大幅减少。值得注意的是，经过十年后，原本的雄性狒狒虽然全都已经不在，但这种行为模式却仍然保存了下来。雄性狒狒到达发育期之后就会迁徙，因此社群不时都会有新的雄性狒狒加入。由此可见，雄性狒狒虽然全部换了新血，这个社群却仍然维持了爱好和平与宽容的态度，不但梳理毛发的行为多于其他狒狒社群，压力程度也比寻常要低。我们至今仍然不知道这个传统为什么能够保存下来。雌性狒狒终生都待在原本的社群里，它们的行为也许是关键所在。也许它们会挑选新来的雄性狒狒，也可能是它们增加与雄性狒狒梳理毛发的频率，让它们放松下来，得以保住早年这种随和的气氛。我们没有答案，但这项自然实验的两个结论却鲜明无误：在自然界里观察到的行为，很可能是文化的产物，而且即便是最凶猛的灵长类动物，也不一定永远都是这个样子。

这点也许同样适用于人类身上。

女孩的窃窃私语

英国一位风趣人士在挥拳殴打另一个人之前，曾说过这样一句话："除了自己的朋友之外，还能打谁？"

这些英国人非常幽默，但男人确实常把友谊和竞争混杂在一起。二者之间的鸿沟，对男人而言远比对女人狭小得多——至少这是我一生"研究"人类之后的感想。可惜的是，人类解决冲突的方式却算不上是个研究主题。女人比较善于解决冲突？男人天生就是战士？男人和女人也许分属火星和金星，但问题真有这么简单吗？世界各地的谋杀率都是男人远高于女人，参与战争的通常也都是男人，因此，如果把世界乱象怪在Y染色体上，似乎不算过分。不过，女人在维系和平方面的能力如果胜过男人，关键也许不是女人善于修补破裂的关系。我认为女人的长处在于预防冲突以及厌恶暴力，但紧张程度如果已经升高，女人倒不一定善于化解这种情况，化解冲突实际上仍是男性的长处。

雌性黑猩猩争吵的频率远低于雄性黑猩猩，也许是因为它们努力避免这种现象发生。不过，雌性黑猩猩一旦真的吵架，事后很少会和解。在阿纳姆动物园里，公猿在将近半数的冲突之后都会寻求和解，母猿只有五分之一。野外观察也发现了类似的差异。公猿经常在争吵与和解之间循环反复，母猿则倾向于预防冲突。母猿与公猿不同，总是极力维持亲密关系的和谐，例如母子关系和友谊关系；但是，与对手则不惜彻底撕破脸。我最近一次到阿纳姆动物园，就发现嬷嬷与瑰芙仍然互相梳理毛发，似乎时间在这里静止了一样：它们早在三十年前就已经是好友了。我记得有过几次，嬷嬷偏好公猿当中的一名政治“候选人”，瑰芙则偏好不同人选。让我感到惊讶的是，它们表面上看起来却似乎完全没有注意到对方的不同选择。公猿为了权力互相斗争的时候，瑰芙虽然加入了与嬷嬷对立的阵营，嬷嬷却会刻意避开而不和它正面冲突。嬷嬷在社群里具有毫无争议的优势地位，对于不遵从号令的母猿也从来不假颜色，因此它对瑰芙的宽厚也就特别令人吃惊。

但另一方面，母猿可能会算尽心机陷害对方，一个鲜明的例子就是假装和解的行为。这种做法的目的，是以虚伪的表象引诱对手入彀。佩丝特是一只壮硕的年长母猿，它曾经追逐另一只年轻对手，只差一点而没抓到对方。受害者逃脱之后，先是尖叫了一阵子，然后坐在地上，粗重地喘着气。这场冲突似乎已到此为止。过了十分钟，佩丝特从远处向这只年轻母猿做出友善的举动，伸出一只张开的手。年轻母猿先是犹豫了一会儿，然后以典型的怀疑姿态慢慢接近佩丝特，途中一再停顿，转头看看社群其他成员，而且咧嘴露出紧张的神情。佩丝特维持着友善的举动，在年轻母猿接近身边的时候，还加上了轻柔的喘息声。轻柔的喘息声带有特别友善的意味，通常在喘息之后接着就是亲吻，而亲吻则是黑猩猩主要的和解行为。不过，佩丝特却在这时突然扑上去，一把抓住对方，狠狠咬了一口，然后年轻母猿才挣扎着逃脱。

雄性黑猩猩的和解举动可能充满紧张，有时候也会失败（即重新展开争吵），但从来不会出现欺诈行为。公猿毫不隐瞒彼此之间的紧张关系。在关系紧密的好友之间——例如合作共治期间的叶伦与尼奇——其中一只公猿可能会做出令朋友不快的行为，比如诱引迷人的母猿。这时候，恼怒的一方就会竖起毛发，摇动上身，轻轻发出呼声，表达内心的不满。另一只公猿如果不接受这种抗议行为，两只公猿就会爆发冲突，但通常会在事后迅速取得和解。雄性黑猩猩非常容易和好，雌性黑猩猩之间的紧张关系则通常流连不去。两只雌性黑猩猩很可能会一遇到对方就突然开始尖声叫嚷，但我这个观察者则全然不知这场冲突究竟从何而来。这类事件感觉上是有某种问题在酝酿，也许长达几天或几个星期之久，而我只是刚好目睹到火山爆发的那一刻。这种现象从来不曾发生在公猿之间，主要是因为公猿对于彼此之间的敌意或者意见不合，都会直率表达出来，因此问题总是能够“讲”开来，不论是采取什么样的方式。它们也许会因此产生肢体冲突，但至少情绪不会累积在心里。

雌性巴诺布猿比雌性黑猩猩远善于和解。由于雌性巴诺布猿的优势地位是集体共享，又仰赖规模庞大的同盟关系，因此必须互相团结；如果不精心维系相互之间的关系，就绝对不可能保有领导地位。相对地，雄性巴诺布猿的和解频率则低于雄性黑猩猩，这种现象的肇因同样是基于实际需求：雄性巴诺布猿不像雄性黑猩猩必须在狩猎、政治结盟和领域防卫等行为上密切合作，所以不像它们那样必须保持团结。因此，和解倾向是一种政治算计的结果，而且随着物种、性别和社会的不同而异。矛盾的是，攻击性的高低并不代表和解能力的强弱：攻击性比较高的性别也可能比较善于和解，比较崇尚和平的性别反而可能在和解方面的表现最差。所谓男人来自火星而女人来自金星的流行说法，让人觉得性别之间的差异似乎只有一个面向。不过，不论猿类还是人类，实际上都比这样的说法要复杂得多。

和解的主要原因不是为了获取和平，而是为了彼此共同的目标。这点可见于共同创伤的受害者身上。举例而言，世贸大楼发生"911 事件"之后，纽约市里不同种族之间的紧张程度随即降低了许多。在事发九个月之后，有人访问纽约市民对种族关系的看法，各种族人士的感觉都是正面多于负面。不过，就在一年前，大多数人却都认为纽约市的种族关系不佳。攻击事件发生之后，"同在一条船上"的心理促成了罕见的团结状态，让人比平常更容易接受别人，也更愿意和谐相处。种族的外集团突然间成了这个城市的内集团。

由探讨和解现象为何会出现在鬣狗、狒狒和人类等各种不同物种身上的理论来看，这种情形显然不无道理。互赖能够促成和谐。过去，生物学家曾经一度只关心胜败问题：胜就是好，败就是不好。各种动物都有"鹰派"与"鸽派"，"鸽派"通常难以生存。问题是，谁胜谁败并不是事情的全貌。许多动物的生存都仰赖合作，因此这种动物一旦挑起争端，所冒的风险就不仅限于眼前的冲突胜败。有时候，赢得争端很可能会失去朋友。社会动物为了生存，必须懂得扮演"鹰派"与"鸽派"的双重角色。现在的新理论都强调和解、妥协和良好关系的必要性。换句话说，修补关系不是因为心存善念，而是为了保持合作。

在一项研究里，科学家训练一群猴子共同合作。只要两只猴子一起走到爆米花机器前，就可以吃到爆米花。如果是一只猴子单独前来，就什么也得不到。它们马上领会了这一点。经过这项训练之后，科学家设法在这群猴子之间引发争吵，以便观察它们的和解速度有多快。两只猴子双双依赖的现象，大幅提升了它们的和解比率。猴子一旦需要互相依赖，显然就懂得了维持良好关系的优点。

明显可见，人类对于这项原则也非常熟悉。实际上，欧洲于20世纪60年代创立欧洲共同体，后来又演变为欧洲联盟，就是基于这样的理想。欧洲经过数百年来的战火蹂躏之后，深具远见的政治人物于是指出，发展国家之间的经济关系也许可以解决这个问题：如此一来，发动战争的代价就会变得太高。正如猴子在训练之下必须共同觅食，欧洲国家现在也必须在经济上互相依赖。这项战争的反诱因至今已经维持了半个世纪以上。

类似建构欧洲联盟这种解决冲突的务实手段，是男性特有的行为。这么说不是出于男性沙文主义。我也知道一旦追求和平不成，最糟的暴力行为通常都来自男性。关于不同性别如何化解歧见的研究极少，但是有一项研究把焦点放在儿童的游戏上，结果发现两性相较之下，女孩共同玩耍的群体较小，而且竞争性也比较低。不过，女孩玩游戏的持续时间平均而言并不长，因为女孩不如男孩那么善于解决纷争。男孩不时争吵，像小律师一样争论着游戏规则，但从不会因此结束游戏。短暂中断之后，游戏又会继续进行。女孩则是一旦吵架，游戏就无法继续进行下去，她们不会设法寻求玩伴之间的和解。

女孩与男孩争吵的本质也不同。假设甲走向乙，结果乙掉头就走，对甲毫不理睬。你能想象男孩子把这种行为视为吵架吗？他们只会单纯把注意力转向其他事情上。不过，这种行为对于女孩而言却是难以忍受的，造成的情绪冲击可能延续长达几个小时或数天之久。芬兰一个研究团队观察校园里的争吵情形，发现女孩争吵的案例远少于男孩。这点并不令人感到意外。不过，研究人员在放学的时候，询问每个孩子在这一天内是否曾与同学争吵，结果却发现男女的数字差不多相等。女孩之间的敌对行为经常难以察觉。在《猫眼》（*Cat's Eye*）这部小说里，玛格丽特·阿特伍德（Margaret Atwood）把女孩彼此折磨的方式，与男孩之间直截了当的竞争作了对比。书中主角抱怨：

> 我想告诉哥哥，请他帮忙，可是要告诉他什么呢？科迪莉亚根本没做出什么看得见的行为啊。如果是像男生那样追逐取笑，哥哥就会知道该怎么办，可是我没有被男生这样欺负。一碰到女生拐弯抹角的方式和窃窃私语的行为，他就一点办法都没有了。

芬兰的研究人员指出，这种细腻的敌意行为所造成的影响会萦绕不去。他们发现女孩之间龃龉的持续时间比男孩还长。如果问儿童认为自己对彼此的怒气可以持续多久，男孩的回答都是几小时，有时候是几天，女孩却总是认为自己一辈子都原谅不了对方！心存怨恨会腐蚀人际关系，有一名游泳教练说她就是因为这样，才把训练对象从女选手改为男选手，她觉得和男性合作轻松愉快得多。她指出，如果有两名女选手在训练一开始时吵了一架，两人在此后这一年内大概都会积怨在心，以致不断发酵，损及队伍的团结。另外，争吵对年轻男性而言则有如家常便饭，但他们只要晚上一起喝瓶啤酒，第二天就会完全忘了前一天的争执。

对于男孩与男人而言，竞争与敌意无损于良好的关系。在《男女亲密对话》（*You Just Don't Understand*）里，语言学家德博拉·坦嫩（Deborah Tannen）提到，男人常在充满敌意的对话之后，接续友善的闲聊。男人借助冲突，协商彼此的地位，对于互斗乐在其中，甚至朋友之间也是如此。冲突一旦升高，男人经常会在事后开个玩笑或者道个歉而取得和解，就这样交替于友谊和轻微敌意之间，维系彼此的关系。举例而言，生意人在会议上也许会互相叫嚣威吓，在洗手间里遇到的时候，却可能打个哈哈一笑了之。“对事不对人”——这就是男性在尖锐对立之后经常说的话。

如果把冲突比喻为坏天气，那么女人总是尽量避免出门，男人则是买把雨伞。女人善于避免冲突，男人善于事后和解。女性的情谊通常显得比较深厚亲密，男性的友谊则较以活动为主，例如一起观看比赛。因此，女人也就认为冲突会对自己珍惜的情谊造成威胁。如同阿纳姆动物园里的嬷嬷与瑰芙，女人总是竭尽全力避免冲突。女性在这方面非常擅长，由她们享有的长久情谊即可看出这一点。不过，正因为关系非常深厚，所以一旦发生争吵，她们也就没办法说“对事不对人”。对于女性而言，一切事物都与个人紧密相关。因此，女人之间的龃龉一旦浮出水面，就很难像男人一样取得和解。

居中调解

在圣迭戈动物园，巴诺布猿社群的雄性领袖维农，经常会把卡林德这只年轻公猿驱逐到干涸的壕沟里。维农的行为看起来似乎是要把卡林德赶出社群之外。不过，这只年轻公猿总会利用垂挂在壕沟旁的一条绳子爬回来，然后再次遭到驱逐。有时候，连续这么来来回回十几次之后，维农就会放弃，反而用手抚弄卡林德的生殖器，或者玩一场粗暴的挠痒痒游戏。如果没有这样的友善接触，卡林德就不可能获准回到社群里，因此，它从壕沟爬出来之后，第一件事就是待在老大身边，等待这种和善的信号。

不过，巴诺布猿当中比较激烈而且戏剧性的和解行为，总是出现在母猿之间。母猿可能前一刻还在吵架，下一刻就开始摩擦彼此的生殖器。巴诺布猿的和解总是伴随着性行为，而且这种行为也可以用来事先预防冲突。埃米·帕里什（Amy Parish）在圣迭戈动物园观察食物分配，结果发现，雌性巴诺布猿总是会先接近食物，一面大声高呼，接着互相从事性行为，然后再拿取食物。因此，它们的第一反应不是进食或争抢食物，而是先从事热烈的身体接触，借此平抚情绪，并且为后续的分享铺路。这种行为称为“庆祝”，但是看到巴诺布猿的行为，不免让人觉得“纵欲”一词更加恰当。

圣迭戈动物园里，曾经发生了一件颇具启发性的事件。巴诺布猿在那天收到一堆芹菜芯当午餐，随即全部被母猿接收。埃米正在拍照，所以她不断做出各种手势，吸引巴诺布猿转过头来面向镜头。不过，持有最多食物的洛蕾塔显然以为埃米在乞求食物，先是冷落了她大约十分钟，然后突然站起身来，把手上的芹菜分出一半，丢给壕沟外的埃米。由此可见，这群雌性巴诺布猿有多么把埃米当成自己人看待。它们从来不曾这么对待我，因为猿类对人类两性分得非常清楚。埃米后来休了一阵子产假之后，又回去看她的这些巴诺布猿朋友。她想让它们看看她的儿子。猿群中最年长的母猿稍微瞥了她怀中的婴儿一眼，就跑进邻近的一个笼子里。埃米以为这只母猿生气了，但它其实是去抱它自己的新生儿。它随即回到外面来，把自己的幼子抱在玻璃前面，好让两个婴儿能够互相对看。

黑猩猩的庆祝行为非常喧闹。在动物园里，管理员如果提着装满食物的桶前来，黑猩猩就会庆祝一番；在野外，庆祝行为则是发生在捕捉到猎物的时候。黑猩猩会聚在一起，互相拥抱、抚摸、亲吻。它们和巴诺布猿一样，欢庆的举动也发生在进食之前。庆祝行为包括大量的身体接触，从而形成宽松的气氛，于是所有成员都能分得一份食物。不过，我看过黑猩猩最欢乐的庆祝活动却与食物无关。在阿纳姆动物园，这种现象每年春天都会发生一次，也就是黑猩猩听到室外大门首次开启的时候。它们凭借声音就可辨认建筑物里的每一扇门。冬季五个月都窝在暖器空调的建筑物里，它们到了春天已经迫不及待要到草地上放松一番。一听到大门开启的声音，整群黑猩猩就会齐声发出震耳欲聋的尖叫。到了户外，这样的尖叫声仍然持续不断，同时也会以一个个小群体为单位，分散到岛屿各地，在彼此的背上又跳又捶。整个社群充满了欢庆的气氛，犹如新生命的第一天。它们的脸在太阳底下恢复了红润的色泽，所有的紧张关系也都在春季的空气中随风而逝。

庆祝行为显示了欢乐时刻对于身体接触的需求。这是所有灵长类动物的典型需求，人类也很容易理解。我们从学校毕业，或者看到自己支持的运动队伍获胜，就会伸手互相抚触；在丧礼或灾难之后的悲痛时刻，也一样会寻求彼此的抚慰。这种身体接触的需求是与生俱来的。有些文化鼓励人与人之间保持距离，但一个社会如果完全没有身体接触，就不可能算是真正具有人性的社会。

其他灵长类动物也懂得这种身体接触的需求。它们不但为自己寻求这样的接触，也会鼓励别人这么做，改善紧张的关系。最简单的例子，就是一只年轻母猿代为照顾另一只母猿的婴儿。婴儿只要突然开始哭泣，这只年轻母猿就会赶到婴儿的母亲身边，把婴儿交给它，知道这是平抚婴儿情绪最有效的方法。比较复杂的鼓励接触行为，则可在雄性黑猩猩身上观察到。雄性黑猩猩如果在冲突之后未能取得和解，有时候就会互相坐在距离几米远的地方，似乎等着对方先表态。它们心中的不安明显可见，因为它们会一再四处张望，或者仰望天空，或者俯瞰草地，或者看着自己的身体，但就是刻意不和对方的目光接触。这样的僵局可能延续达半个小时以上，但可由第三方介入化解。

在这种情况下，一只母猿会走到其中一只公猿身边，帮它梳理一下毛发，然后再慢慢走向另一只公猿。第一只公猿如果跟着走过来，就会跟在母猿身后，完全不看另一只公猿。母猿有时候会转头看看，也可能会回到第一只公猿身边，拉拉它的手臂，要求它跟上。母猿在第二只公猿身边坐下来之后，两只公猿就会分别从两边梳理它的毛发，然后母猿就走开，留下两只公猿互相梳毛。这时候，两只公猿会发出更大声的喘息、咕哝和咂嘴的声音，表示自己非常享受彼此的服务。这种中间人的协调行为被称为“调解”，可以让互相竞争的公猿取得和解，同时各自又不必采取主动，也不必目光接触。或许这样可以让他们不必拉下面子。

调解行为借助调和争吵双方的关系，从而促进社群的和平。奇特的是，只有母猿会从事调解行为，而且必须是最年长、地位最高的母猿。这一点不令人感到意外，因为如果是公猿出面，争吵的双方一定会认为它是要加入战局。由于雄性黑猩猩善于结盟，因此不可能维持中立。另外，如果是年轻母猿出面，尤其是生殖器肿胀的母猿，争吵的双方就会从性的角度看待它的介入行为，如此一来也不免进一步导致紧张程度升高。在阿纳姆动物园的黑猩猩社群里，嬷嬷是首屈一指的调解者：所有公猿都不敢对它置之不理，也不敢冒着惹它生气的风险轻启争端。

在其他黑猩猩社群里，雌性领袖同样具有化解公猿争执的手段与权威。我曾经多次看过其他母猿似乎鼓励雌性领袖出面调解。它们一面走向雌性领袖，一面频频回顾不愿和解的公猿，似乎知道自己无力劝合，却希望雌性领袖介入。就这方面而言，母猿显然具有促成和解的能力，而且这种能力还相当高深。但必须注意的是，它们的调解行为只针对公猿，因为公猿愿意接受调解，但母猿却可能不愿意。我从来不曾看过两只母猿争吵之后获得其他母猿的调解。

人类如果没有中间人居中调停，更不太可能和平共存。任何社会不论大小都一样。利益冲突的调和早已形成社会习俗，也受到各种社会影响力引导，包括长辈、外交、司法、和解宴会以及财物赔偿。举例来说，马来半岛的舍麦人（Semai）会举行“贝卡拉”(becharaa)，也就是在酋长家中邀集争吵的双方，连同他们的亲戚与社群的其他成员共同聚会。舍麦人知道争吵的代价有多么大：他们的俗语说“争吵比老虎还可怕”。贝卡拉先由长老的演说开场，村中长老陆续发言，长达几个小时，宣传社群内部互相依赖与维持良好关系的必要性。争吵通常涉及严肃的事情，例如外遇和财产问题，解决方式则可能是通过长达数天的讨论，由全体社群成员探讨冲突双方可能具有的各种动机、问题发生的原因，以及原本可以采用的预防方法。会议最后，酋长会判定冲突的其中一方或双方以后不得再犯，因为这样的行为可能会危及全体社群。

公益绝对不容小觑。滚石乐队差点解散的时候，吉他手基思·理查兹曾对主唱米克·贾格尔说道：“兄弟，这可不只是我们两个人的事情呀。”

驮罪而走的羊

俗话说：“胜利人人争认，失败无人承担。”勇于承担错误并不是我们的强项。在政治上，我们对于推卸责任的行为早已习以为常。既然没有人愿意承担罪过，因此罪责总是不断漂移。这是一种化解争端的丑陋方式：不通过和解、庆祝、调解，而是把上头的问题推给底下承担。

每个社会都有替罪羊，但据我所知，最极端的案例是在刚建立不久的猕猴社群里。这种猴子具有严格的阶级制度。高阶层成员在争取地位的过程中不免产生严重冲突，这时候最简单的做法，就是把怒气共同发泄在低阶层成员身上。一只名叫布莱克的母猴经常因此遭到攻击，于是我们就把它每次蜷缩避难的地方称为“布莱克角落”。它蜷缩在那里，社群的其他成员则聚集在它身旁，通常只是哼气威吓，但有时候也会咬它或是拔扯它的毛发。

我从应付灵长类动物的经验中得知，因恻隐之心而救走替罪羊，是完全徒劳的行为：第二天马上会有另外一个成员取而代之。这是它们纾解紧张关系的必要渠道。不过，布莱克产下第一个婴儿之后，一切就改观了。原因是雄性领袖对这只幼猴爱护有加。社群里的其他成员把暴行同样加于布莱克的亲属，所以也会对这只幼猴哼气威吓。不过，这只幼猴因为享有高层保护，所以完全无须畏惧，反而对身边的骚动显得困惑不解。布莱克很快就学会，遇到麻烦的时候把儿子带在身边，因为这样其他猴子就连它也不敢碰。

替罪羊的制度之所以如此有效，就是因为这样能够一举两得。第一，这种制度能够纾解高阶层成员的紧张关系。攻击无辜无害的旁观者，显然比互相攻击来得安全。第二，这么做可让高阶层成员合作追求同样的目标。通过威吓替罪羊，高阶层成员即可培养彼此之间的情谊，有时候爬到彼此身上，互相拥抱，表示它们团结一致。这当然都只是装腔作势而已：灵长类动物总是会挑上最没有分量的对手。有一个猴类社群，所有成员甚至会跑到水池去威吓自己的倒影。不同于人类与猿类，猴类并不懂得倒影就是自己的影像，所以倒影对它们而言就是一个恰好不会反击的对手。阿纳姆动物园里的黑猩猩另有一种发泄渠道。紧张程度一旦升高到临界点，其中一只黑猩猩就会开始朝着隔壁的狮子和印度豹野生动物园区咆哮。

那些大猫是最理想的敌人。不久之后，所有黑猩猩就都会一起朝那群猛兽高声吼叫。当然，它们和那群猛兽中间隔了一道壕沟、一堵围墙，还有一小片森林，所以绝对安全无虞。叫嚣一阵子之后，它们就会忘却原本的紧张关系了。

组织健全的社群通常不会把罪责全部推到单一个体身上。实际上，社群里如果没有单一的替罪羊，则代表社会结构已经趋于稳定。不过，专家所谓的敌意转移行为，不一定会把对象全都集中于社会底层成员。老大威吓老二，然后老二就会找老三出气，同时一面瞥看老大的反应，因为理想的结果是老大和老二站在同一阵线。敌意转移行为可以传递达四五层之后才逐渐消退。这种行为的激烈程度通常不高，大概就等于叫骂或摔门的举动而已，但仍然足以让高阶层成员抒发闷气。而且，社群里的所有成员也都知道上面要找人发泄，所以只要一看到高层出现紧张的征象，低层成员就会纷纷藏匿起来。

“替罪羊”这种说法源自《旧约圣经》，原本指的是赎罪日祭典上两头羊的其中一头。第一头羊必须牺牲献祭，第二头羊则放生（驮罪而走的羊）。这第二头羊在头上承担了所有人的一切恶行与罪过，然后才放到旷野去——旷野同时象征灵性的蛮荒。这就是那时候的人摆脱罪恶的方式。《新约圣经》也同样把耶稣描述为“神的羔羊，背负世人罪孽的”（《约翰福音》第1章第29节）。

对现代人来说，替罪羊代表了不当的妖魔化、中伤、指控，以及迫害。犹太大屠杀是人类最骇人听闻的替罪羊行为，但找人泄愤的案例其实包括各式各样的做法，不论是中古世纪的猎巫运动，球迷在支持的球队输球之后愤而暴动，还是工作上遭遇挫折之后的家暴举动。这种行为的主要元素包括受害者全然无辜，还有加害者以猛烈的方式纾解焦虑，而这两项元素不论在人类还是其他动物中都非常相似。最典型的例子，就是大鼠遭遇疼痛之后产生的攻击性。如果把两只大鼠放在铁架子上给予电击，它们一感受到疼痛就会立即攻击对方。就像人用铁锤敲到自己的手指之后常会迁怒别人，大鼠也会毫不犹豫地“怪罪”别人。

我们把各种象征加在这种行为上，并把肤色、宗教信仰或者口音等各种条件当成挑选受害者的根据。我们也绝不承认找寻替罪羊的行为其实是自欺欺人。就这方面而言，我们的心思比其他动物还要复杂。但无可否认的是，找寻替罪羊的行为仍是人类最根本、最强烈，也最不受意识察觉的心理反射作用，同时又是其他许多动物所共有的，可见这种心理机制很可能深植于动物的本性当中。

神话里的俄狄浦斯，在底比斯城的社会动荡期间以替罪羊的身份而死。当地人把长久的干旱归罪于他，而他正是最理想的受害者，因为他是在科林斯长大的外来者。同样的情形也适用于法国的玛丽皇后身上。政治不安加上她的奥国出身，就使她成为最合适的目标。今天，微软是网络安全漏洞的替罪羊，非法移民是失业率高升的罪魁祸首，中情局也成为伊拉克境内没有找到大规模毁灭性武器的众矢之的。

伊拉克战争本身就是一个很好的例子。我和所有美国人一样，也对纽约遭受的恐怖攻击深感震惊。除了刚开始的恐惧和悲伤，愤怒的情绪在不久之后也随之出现。我不但感觉得到愤怒充斥于周围的环境，也感到愤怒从我体内涌出。我不确定世上其他地区的人是否也有这种感觉：他们也许同样会感到恐惧和悲伤，但大概不会觉得愤怒。由此即可了解美国的反应为何引起其他各国的强烈反对。国际社会在一夕之间突然必须面对一头受伤发狂的猛熊，这头熊因为遭人踩到尾巴而从沉睡中惊醒。就像一首流行歌曲所唱的，一记偷袭惹得美国怒极攻心，肝火烧得比国庆焰火还旺。

痛击阿富汗之后，这头盛怒的熊又继续寻找另一个更实质的目标，结果就看到了萨达姆·侯赛因。这个家伙不但没人喜欢，更深受自己的人民痛恨，而且竟然还敢扮鬼脸挑衅全世界。尽管没有证据证明萨达姆政权与“911 事件”有关，轰炸巴格达仍然大幅纾解了美国人心中的抑郁，因此媒体也就乐得大敲边鼓，民众也在街头上挥旗欢庆。不过，一旦发泄过后，疑虑也就开始浮现。18 个月后，民意调查显示大多数美国人都认为这场战争是个错误。

归咎他人无助于解决问题，却可有效纾解压力，恢复神志的清醒。诚如美国职业棒球传奇捕手约吉·贝拉（Yogi Berra）所言：“我打不到球绝不怪罪自己。我只怪罪球棒。”这是一种让自己置身事外的好方法，但我们对这种机制的运作方式所知却极为有限。只有一项研究以非常新颖的方式衡量了这种机制，但对象不是人，而是狒狒。灵长类动物学家提出一种衡量雄性狒狒是否成功的“指标”，也就是衡量血液里的糖皮质激素浓度（这是一种压力荷尔蒙，能够反映出个体的心理状态）。浓度低表示这只狒狒善于适应社会生活的高低起伏。对于雄性狒狒而言，社会生活充满了地位追逐、轻视冷落和各种挑战。研究发现，对狒狒而言，敌意转移倾向是一种极佳的性格特征。雄性狒狒一旦在冲突中落败，就会找其他小家伙出气。习于这么做的雄性狒狒，生活比较不受压力所苦。这样的狒狒在落败之后不会退缩在角落生闷气，而会立即把自己的问题转移到别人身上。

我听到有的女人说这是男性特有的行为，因为女人倾向于自己承担罪过，男人则不认为归咎别人有什么不对。与把自己压垮相比，男人宁可把责任推给他人。说来悲哀，人类竟与大鼠、猴类和猿类共同具备这种倾向，因而造成那么多无辜的受害者。这是一种深植于我们本性的策略，以牺牲公平正义的方式降低压力。

拥挤的世界

我年轻的时候，曾经问一个闻名世界的人类暴力专家对和解有多少了解。结果他训了我一顿，指称科学应该把焦点放在攻击行为的原因上，因为唯有了解原因，才能消弭后果。他认为我对冲突解决方式感兴趣，表示我把攻击行为视为理所当然的现象，而这正是他不认同的看法。他的态度使我想到了反对性教育的人士所持的理由：何必浪费时间改善本来就不该存在的行为？

自然科学比社会科学直截了当得多。自然科学没有禁忌的议题。只要一件事物存在，而且可以研究，那么这件事物就值得研究。自然科学就是这么简单。和解行为不但存在，而且普遍见于社会动物当中。我和那位暴力专家刚好相反，我认为要抑制攻击行为，唯一的希望就是进一步理解我们适应这种行为的天生能力。把注意力完全放在问题行为上，就像消防员只忙着了解火的特性，对水却一无所知。

科学家经常提到拥挤是引起攻击行为的肇因，可是这个肇因其实不太重要，因为我们天生就有抑制和平衡攻击性的机制。19 世纪的英国人口统计学家马尔萨斯指出，人口成长速度自然会因为犯罪和贫穷现象的增加而减缓。心理学家约翰·卡尔霍恩（John Calhoun）因此产生灵感，进行了一项噩梦般的实验。他把一群数量不断增长的大鼠塞入一个小笼子里，结果观察到，这些大鼠在不久之后就出现性攻击以及互相杀害吃食的行为。一如马尔萨斯的预测，大鼠数量的增长因此受到了自然抑制。卡尔霍恩目睹这种混乱以及行为偏差的现象之后，创造了“行为沦丧”（behavioral sink）一词，表示大鼠的正常行为就这么沦入了万劫不复之地。

自此以后，街头上的帮派随即被人比拟为鼠群，市中心是行为沦丧的臭水沟，都市则是动物园。专家提出警告，世界的拥挤程度如果继续提高，终将陷入无政府状态或独裁统治。除非我们减缓繁殖速度，否则人类的命运将无可转圜。这类观点大幅渗入主流思维当中，以致现在几乎所有人都认为，拥挤是人类暴力难以根除的一大原因。

灵长类动物的研究原本也支持这个骇人的推测。在印度，科学家说都市里的猴子攻击性高于森林里的猴子。其他科学家也声称，动物园里的灵长类动物暴力现象非常严重，社群领袖横行霸道，而且社群里的社会阶级体系乃是圈养造成的结果，野生灵长类动物的社群则充满了祥和与平等。一项拥挤现象的研究甚至借用了通俗的夸饰用词，提到狒狒的"贫民窟暴动"景象。

我曾经在威斯康星州麦迪逊的亨利维拉斯动物园（Henry Vilas Zoo）里研究猕猴。那时候我们曾经收到民众抱怨，指称动物园里的猴子总在吵架，可见我们一定是把太多猴子关在一起。不过，这些猕猴在我看来却完全正常：我从来不曾见过哪一群猕猴不会拌嘴吵架。此外，由于我生长在人口密度高居世界前茅的国家，因此也对拥挤现象与攻击行为的关联性一向抱持质疑的态度。我完全看不出人类社会里存在这种关联性。于是，我设计了一项大规模的研究，观察不同环境中的猕猴所表现出来的行为。研究对象的猕猴都在其特定的环境里生活很长一段时间，通常长达好几个世代。其中最拥挤的群体生活在笼子里，最不拥挤的群体则生活在一座有树林的庞大岛屿上。岛屿上每只猴子平均享有的空间，比笼子里的猴子多出了六百倍。

令人意外的是，我们第一个发现乃是密度根本不影响公猴的攻击性。实际上，最高的攻击行为比率出现在放养的公猴身上，不是圈养的公猴。生活在拥挤环境中的公猴常帮母猴梳理毛发，母猴也常帮公猴梳理毛发。梳毛具有抚慰效果：猴子在同伴为它梳毛的时候，心跳会随之减缓。母猴的反应则不同。雌性猕猴各自归属于亲属群党之中，又称为母系群体。由于这些群体互相竞争，因此拥挤的生活环境就会引起摩擦。不过，母系群体之间不只攻击行为一如预期增加，梳毛行为也随之增加。由此可见，母猴都努力帮母系群体以外的同伴梳毛以缓解紧张关系。于是，拥挤现象对猴子的影响，也就比一般人想象的低了许多。

我们谈到“应对”，意思是说灵长类动物有各种方法消除空间缩小所带来的影响。黑猩猩也许因为智力较高，所以它们的情况更为复杂。我还记得在阿纳姆动物园里的一年冬天，那时刚刚蹿起的年轻公猿尼奇，似乎已准备要挑战现任的雄性领袖路维特。不过，由于那里的黑猩猩在冬季都关在一座室内的大厅里，因此对抗现任领袖等于是自寻死路。毕竟，路维特深受母猿的拥护。尼奇如果敢和路维特作对，社群里的母猿一定会帮路维特包围它。不过，这群黑猩猩一旦放到户外之后，状况就发生改变了。雌性黑猩猩的移动速度比雄性慢，因此尼奇在户外的广大岛屿上便可轻易回避母猿的攻击。实际上，在阿纳姆动物园里，权力斗争全都发生在户外，从来不曾发生在室内。我们知道黑猩猩具有未来的概念，因此它们确实有可能会耐心等待，等到条件对自己有利的时候才兴风作浪。

这种情感控制能力也可见于关在拥挤环境里的黑猩猩身上。为了避免冲突，它们会降低自己的攻击性。这种情况下的黑猩猩，有点像是人类搭乘电梯或者公车的时候，为了减少摩擦，就会避免大幅度的肢体动作、目光接触和大声说话。这类行为只是小规模的调整，但整体文化也可能对有限空间产生适应变化。在地狭人稠的国家里，居民通常都比较强调平静、和谐、顺从、轻声细语等特质，而且就算墙壁薄得像纸一样，他们还是会尽力尊重他人的隐私。

套用生物学家的说法，我们适应特定社会生态的复杂能力，即可说明固定面积里的人口数为何与谋杀率无关。有些杀人案件比率极高的国家，如俄罗斯和哥伦比亚，人口密度其实非常低；至于谋杀率低的国家，也包括了人口密度极高的日本和荷兰。这点也适用于都市地区，也就是大多数犯罪案件的发生地。东京是世界上人口密度最高的大都会城市，洛杉矶的人口分布则相当分散。然而，洛杉矶平均每年每 10 万人中就有 15 起谋杀案，东京却是少于 2 起。

世界在 1950 年共有 25 亿人口，现在达到约 65 亿。根据统计，两千年前的全球人口数约为 2 亿至 4 亿，因此这样的人口增加速度不可谓不快。如果拥挤现象确实会引发攻击行为，我们现在一定早就陷入了全球大动乱。所幸我们继承了源远流长的社会动物传统，能够自我调整以适应各种状况，包括不自然的环境在内，诸如拥挤的畜栏、城市街道，以及购物中心。这样的调整可能不容易，而且阿纳姆动物园的黑猩猩在每年春天的欢庆行为，也显然表示它们比较喜欢宽阔的生活环境。不过，与其陷入卡尔霍恩的大鼠实验那种情境，调整适应绝对是较佳的选择。

但我应该要补充一点：卡尔霍恩的实验结果可能不完全是拥挤造成的。由于他在笼子里只装了少数的喂食器，因此，竞争作用在实验结果中可能也扮演了相当重要的角色。这是一个警讯。在这个人口愈来愈多的世界里，人类虽然拥有被低估的拥挤应对天赋，但拥挤若是再加上资源稀少，就会造成完全不同的局面，很可能导致马尔萨斯预见的那种犯罪与贫穷盛行的社会。

不过，马尔萨斯的政治观却是极度冷酷无情的。他认为政府如果帮助穷人，将会影响这些人应当大量死亡的自然进程。他说，人没有权利获取自己买不起的生活必需品。马尔萨斯的观点促成了一种毫无同情心的思想体系，称为社会达尔文主义（Social Darwinism）。根据这种想法，自利乃是社会存续的根源，因此强者也就可以牺牲弱者以获取进步。这种对于资源集中在少数人手上的现象赋予正当理由的论点，后来也传播到新大陆上，于是洛克菲勒就把企业成长描述为“只不过是制定出一道自然的法则和一套上帝的法则”。

演化论如此广泛流传又经常遭到扭曲，难怪达尔文主义与物竞天择都已被人等同于毫无节制的竞争。不过，达尔文自己绝非社会达尔文主义者。恰恰相反，他认为人类本性与自然界都有仁慈存在的空间。我们迫切需要这种仁慈，因为在这个人口愈来愈多的世界里，真正重要的问题不在于我们能否应对拥挤的状态，而是在资源的分配上能不能合乎公平正义。我们会全力投入竞争，还是会从事人道的行为？在这方面，我们可以从人类的近亲身上学到若干重要的经验教训。它们告诉我们，同情心不是一种新近出现、违反自然的弱点，而是一股强大的力量，和其所亟于克服的竞争倾向一样属于我们本性当中的一部分。

第五章

仁慈：怀有道德情操的动物

不论是什么动物，只要天生具有鲜明的社会本能……那么它们的智力一旦发展到和人一样高，或者将近这么高的程度，就必然会发展出道德观与良心。

——查尔斯·达尔文（Charles Darwin）

为什么我们的劣根性算成过去身为猿类所留下的包袱，仁慈就算成人类独有的特质？我们为什么不该认为，自己的“崇高”特质也继承自其他动物？

——斯蒂芬·杰伊·古尔德（Stephen Jay Gould）

自从我上次见到罗莉塔，至今已经过了 11 年。我走到它的笼子前面，一喊它的名字，它就随即冲过来以喘息低呼声向我致意。黑猩猩绝不会对陌生人表现出这样的行为。当然，我们都记得对方。它以前生活在耶基斯野外观测站的时候，我们每天都会见面，而且相处得非常愉快。

罗莉塔在我心目中非常特别，因为它曾经做过一个简单而迷人的举动，明确显示出猿类被人多么低估。刚出生的幼猿很难看得清楚，因为只不过是深色的一团小不点儿，依附在母亲深色的肚皮上。不过，我却很想看看罗莉塔在前一天才刚产下来的婴儿。我把它从社群里唤出来，用手指着它的肚子。罗莉塔抬头看看我，然后坐了下来，用自己的左右手分别抓住幼猿的左右手。这么说听起来很简单，可是因为幼猿攀附在它肚子上，因此它必须交叉双臂才能做到这一点。这个动作就像一般人脱下T恤的时候，会先交叉双臂抓住衣服的下摆一样。接着，它慢慢把婴儿举到半空中，一面把它旋转过来，展示在我面前。这时候，幼猿垂吊在母亲手上，正面朝向我，而不是罗莉塔。不过，婴儿最讨厌被抓离温暖的腹部，于是这只幼猿皱了皱眉，呜咽了几声，罗莉塔只好赶紧把它抱回怀中。

这个优雅的举动，证明了罗莉塔知道我比较想看婴儿的面貌，而不是背部。能够采取别人的观点，代表了社会演化上的一大跃进。我们的金科玉律“己所欲，施于人”，就是要求我们设身处地为别人着想。我们认为这是人类独有的能力，但罗莉塔却证明了我们并非唯一。有多少动物能够做到这一点？我先前已经提过巴诺布猿库妮怎么对待一只受伤的鸟儿。为了帮助那只鸟儿飞翔，库妮的行为显示它懂得这个与它自己完全不同的动物有什么需求。巴诺布猿能够推想别人的需求，这种例子不胜枚举。

其中一个例子和吉多哥有关。它患有心脏病，身体虚弱，完全没有成年雄性巴诺布猿该有的活力与自信。它刚被带到密尔沃基县动物园（Milwaukee County Zoo）的时候，身处陌生的建筑物里，完全不懂得管理员的命令。有人要求它从隧道的一边走到另一边，它却完全不知道该到哪里去。不久之后，其他巴诺布猿便前来帮忙。它们走到吉多哥身边，拉起它的手，带着它到管理员要它去的地方，可见它们不但了解管理员的意图，也知道吉多哥的问题在哪里。自此以后，吉多哥就开始依赖它们的帮助。它如果觉得自己迷路了，就会发出求救呼声，然后其他巴诺布猿就会随即过来抚慰它，帮它带路。

动物懂得彼此帮助绝非新发现，但这种现象却令人难以理解。如果适者生存是唯一的重点，动物不是应该避免做出对自己无益的事情吗？为什么要帮助别人呢？对此有两种主要理论。第一，动物演化出这种行为原本是为了帮助亲属和后代，也就是与自己基因相连的个体。如此一来，帮助别人的行为就有助于自己的基因广为散播。这项“血浓于水”的理论可以解释蜜蜂的自我牺牲行为，也就是在螫刺侵入者之后即为自己的蜂巢与女王捐躯的现象。第二种理论则是依循“礼尚往来”的逻辑：动物如果帮助懂得回报的对象，双方都可由此获益。这种互助理论可以解释政治结盟行为，比如尼奇与叶伦通过互相支持而共享权力与性的优势。

这两个理论探讨的都是行为的演化，却没有说明实际动机。演化作用仰赖的是一项特质经过数百万年之后胜出的结果，动机则是当下的产物。举例而言，性有助于繁殖，但动物却并非为了想要繁殖而交配。它们不懂得两者之间的关联：性冲动与性之所以存在的理由是彼此分开的。动机有其自己运作的方式，因此我们才会称之为偏好、欲望或者意向，而不谈动机促成的行为对生存有什么重要性。

以动物园里帮助吉多哥的那些巴诺布猿为例。它们和它显然没有血缘关系，而且以它身体那么衰弱的状况，它们也不可能想要从它身上获得什么帮助。它们可能只是单纯喜欢吉多哥，或者同情它的处境。同理，巴诺布猿当初演化出帮助行为，绝非为了裨益巴诺布猿以外的其他动物，但库妮却还是对那只鸟儿表达关切。一种倾向一旦存在，就有可能不受原始肇因的束缚而自由发挥。2004 年，加州罗斯维尔一只名叫杰特的黑色拉布拉多犬，看到自己最好的朋友——一名男孩——即将遭到响尾蛇攻击，于是奋不顾身跳到男孩身前，自己挨了响尾蛇的那一咬。把杰特称为英雄确实一点也不为过。它当时想到的完全不是自己，它是个实实在在的利他主义者。

由此可见，动物愿意冒多么大的风险帮助别人。男孩的家人感激之余，花费了四千美元请兽医输血救治他们的宠物。动物园里的一只黑猩猩就没那么幸运了。这只黑猩猩因为另一只母猿不小心把婴儿掉入水中，随即跳下水去救它，结果双双溺毙。猿类不会游泳，因此跳进水中其实需要难以想象的勇气。

利他行为在人类当中极为常见。我在亚特兰大看的报纸，每个星期都会刊出“为善不欲人知”的故事，由一般民众讲述自己获得陌生人帮助的经历。一名老妇人写道，有一天她 88 岁的丈夫正要出门，结果发现一棵高大的松树刚好倒在他们的车道上。这时候，一个驾驶小货车的陌生人刚好路过看到了这个情形，便停下车拿出车上的链锯，把松树切成了几段，移到路旁，清理了这对夫妇的车道。老妇人出门要付钱感谢他的辛劳，结果那个人已经离开了。

别以为帮助陌生人没什么困难。莱尼·斯库特尼克（Lenny Skutnik）在 1982 年跳进冰冷的波托马克河，救助了一名坠机受难者，或是第二次世界大战期间帮忙藏匿犹太家庭的欧洲平民，其实都冒着非常大的风险。发生地震的时候，常可看到有人冲进倒塌或起火的房屋里把陌生人救出来。这些人也许会因此在新闻报道中获得称扬，但这绝不可能是他们救人的动机。只要是头脑正常的人，绝对不会为了电视上短短一分钟的荣耀甘冒生命危险。“911 事件”发生之后，纽约市也出现了许多不欲人知的英勇行为。

不过，虽然人类和其他社会动物偶尔会不计利害帮助别人，我仍然认为这种倾向是源自互助互惠和帮助亲属的天性。英勇的狗杰特很可能把男孩视为自己家族中的一员。早期人类社会必然是"最仁慈者生存"的环境，善于帮助家人并且懂得互惠的人，一定也比较容易存活下来。这种倾向一旦存在，范围也就逐渐扩大。发展到某个程度之后，同情别人这种行为本身就成了目标，从而成为人类道德规范的重点，也是宗教里的关键面向。因此，基督教敦促我们爱邻人如同爱自己，为赤裸的人穿上衣服，为穷人提供食物，并且照顾生病的人。令人欣慰的是，宗教强调仁慈其实只是落实人类原有的本性。宗教不是改变人类行为，只是彰显原本就已存在的能力。

可不是吗？毕竟，人类如果没有仁慈的本性，道德的种子就不可能在我们身上开花；这就像我们不可能训练猫去叼来报纸一样。

动物的同理心

曾经有一个大国的总统非常善于做出一种奇特的面部表情。在几乎不可控制的情绪下，他会咬自己的下唇，然后向听众说："我感受得到你们的痛苦。"这个举动是否发自真心并不是重点，重点是人类能够体会别人的苦处。感同身受的同理心是我们的本能，缺乏同理心的人在我们看来，不是心理有问题，就是非常危险。

看电影的时候，我们总是忍不住把自己化身为银幕上的人物。我们看到他们搭乘的巨大船只沉没，就跟他们一起陷入绝望；我们看到他们注视着久别重逢的爱人，也会一起为之雀跃。尽管我们只是坐在椅子上盯着银幕看，但所有人却都感动得泪流满面。我们都知道同理心是什么现象，但这种心理现象却经过相当长的时间才终于获得认真看待，成为严肃的研究题目。对于讲求实际的科学家而言，同理心的议题过于温情，因此过去总是和心电感应以及其他超自然现象混为一谈。

时代已经改变了。不久之前，在儿童同理心研究先驱卡罗琳·察恩—瓦克斯勒（Carolyn Zahn-Waxler）来访的时候，我的黑猩猩也表达了这一点。卡罗琳和我一同走访耶基斯的黑猩猩社群。那群黑猩猩中，有一只非常喜欢人类的母猿，名叫泰伊。它对人类的兴趣其实更甚于自己的同类。每次我站在高塔上俯瞰它们的圈养区，它总是会冲过来以大的呼噜声向我打招呼。我总会回应并且和它说话，然后它就会坐下来盯着我看，直到我离开为止。

不过，这一次我却只顾和卡罗琳讨论，完全没有注意泰伊。就这样，它于是以大声尖叫打断我们的谈话，吸引我们的注意。泰伊不断殴打自己，黑猩猩发脾气的时候常会这么做。不久之后，其他黑猩猩都纷纷围绕在它身边，把手搭在它身上，亲吻它，或轻轻拥抱它以示安慰。我随即了解它为什么会这样大肆吵闹，于是赶紧向它打招呼，远远朝它伸出我的手。我向卡罗琳说，这只黑猩猩因为我没有打招呼，所以觉得遭到冷落。卡罗琳对于这种行为模式非常熟悉。泰伊一直带着紧张的笑容看着我，最后才终于冷静下来。

这起事件最值得注意的，不是泰伊对我的无礼感到生气，而是黑猩猩社群其他成员的反应。这就是卡罗琳在儿童身上研究的行为。这些黑猩猩都努力抚平泰伊的苦恼。实际上，卡罗琳的研究对象虽然不是动物，却证明了动物也有这种能力。她的团队到观察对象的儿童家里，请他们家人装出悲伤（啜泣）、疼痛（喊出“噢”），或者身体不适（咳嗽或难以呼吸）的模样，然后观察儿童会有什么反应，结果发现刚满周岁的幼儿就已懂得安慰别人。这是儿童发育过程中的一大里程碑：他们认识的人遭到痛苦的经历，引起他们关怀的反应，例如轻拍受害者或者揉按对方的伤口。由于同情的表现几乎可见于所有人身上，因此，同情心也就和幼儿站立步行一样，是自然出现的。

不久以前，科学家还认为同理心需要有语言才能存在。不知道为什么，许多科学家都认为语言是人类智力的来源，而不是人类智力的产物。由于一岁幼儿的行为显然超越了其口语能力，因此，卡罗琳的研究也就证明了同理心的发展早于语言。这点对于动物研究非常重要，因为这种研究的对象必然都是没有口语能力的生物。卡罗琳的研究团队发现家庭宠物，例如狗和猫，也都和儿童一样会对装出痛苦模样的家庭成员表示关怀。这些动物会流连在受害者身边，把头靠在它们怀里，表现出像是忧心的神情。若以观察儿童的相同标准来判断，这些宠物显然也是表现出了同理心的行为。

这种行为在猿类身上更是鲜明可见，有人将其称为“慰问”。我们观察黑猩猩的慰问行为，方法就是等待社群里发生争吵，事后再注意旁观的黑猩猩会不会前去抚慰落败的一方。旁观的黑猩猩经常会拥抱受害者，并且帮它梳理毛发。幼猿如果不小心从树上摔下来，通常都会大声尖叫，然后其他成员就会聚集在它身旁，把它抱在怀里。这就是宾提在布鲁克菲尔德动物园看到男孩跌落的反应。一只成猿如果与对手打架落败，独自坐在树上尖叫，社群里的其他成员就会爬到它身边抚摸它，缓和它的情绪。慰问是猿类最常见的一种反应。我们认得这种行为，原因是猿类从事慰问的方式和我们一样，唯一的例外是巴诺布猿偶尔采用的性行为慰问方式。

同理心的反应非常强烈，比一般人认为猿类喜爱香蕉的欲望还要强烈。最早提出这项说法的是19世纪初期的俄国心理学家纳杰·拉季吉娜—科茨（Nadie Ladygina-Kohts）。她饲养了一只名叫佑尼的年轻黑猩猩，每天都必须应付它不规矩的行为。科茨发现，唯一能够让佑尼从屋顶上下来的方法，就是利用佑尼对她的关怀：

我如果装哭，闭上眼睛啜泣，佑尼就会立即停止玩耍或者其他一切活动，从房子最遥远的角落忧心忡忡地跑到我身边。平常它若是待在屋顶上或是笼子里的天花板上，我不论怎么呼叫请求它下来，它都不会理我。我一旦装哭，它就会在我身边跑来跑去，似乎在寻找是谁欺负了我。它看着我的脸，用手掌温柔地托住我的下巴，用手指轻轻抚摸我的脸，像是想要了解发生了什么事。

在最简单的程度上，同理心这种能力是个体能够受到其他个体或生物的状态所影响。这种能力可以只是身体动作，例如我们模仿其他人的行为。别人如果把手臂放在头的后面，我们也会跟着这么做；在会议上也会随着别人交叠双腿、前倾后仰、梳整头发、手肘撑在桌上，等等。这是我们无意识的举动，而且我们特别容易模仿自己喜欢的同伴。这就是为什么长久生活在一起的伴侣通常很相像，举止和肢体语言都和对方一样。研究人员懂得身体模仿的力量，即可操控人们对彼此的感觉。研究人员如果要求一个人持续做出和我们不同的身体姿势，我们就比较不容易对这个人产生好感；如果一个人模仿我们的每个动作，我们就比较容易喜欢他。如果有人说他们“合得来”，或者坠入了情网，他们其实在潜意识里也受到了彼此反射性的身体模仿所影响，以及其他表示彼此开诚布公的细腻信号，例如双腿张开或贴合，手臂举起或抱胸等。

小时候，我会不自主模仿别人的身体动作，尤其是与别人积极合作的时候，例如从事体育活动。我一度察觉到这种现象，于是试图抑制这种倾向，但是却做不到。我有一张在排球场上拍的照片，照片里我跳在半空中，做出击球的动作，可是当时真正击球的人其实是我的一个兄弟，我只是做出自己认为他应该做的动作。这种倾向在喂食婴儿的父母身上最容易看见。成人把一匙黏稠的食物送到婴儿面前，总是会张开自己的嘴巴，可是实际上应该是婴儿张嘴。接着，父母也会和婴儿一起做出伸长舌头接取食物的动作。同样，孩子长大之后，在学校里演出话剧，坐在台下的父母也一样会张嘴默念孩子要说的台词。

身体同化行为在动物身上颇为常见。我一个朋友曾经跌断右腿，裹上石膏。几天后，他养的狗也开始拖着右脚跛行。兽医仔细检查狗之后，却发现不出任何问题。几个星期后，我的朋友拆下了石膏，结果那只狗又恢复了正常。在阿纳姆动物园的黑猩猩社群里，路维特曾经在一场打斗中伤了一只手。于是它改用手腕撑在地上，以古怪的姿势蹒跚而行。不久之后，社群里的所有年轻黑猩猩都开始用同样的方式走路。路维特的手伤痊愈之后，那些年轻黑猩猩还继续维持这种姿势长达好几个月之久。凯蒂·佩恩（Katy Payne）曾经描述过大象较为直接的身体同化行为："有一次我看到一头母象看着自己的儿子追逐一群逃窜的牛羚，而在原地以细微的动作舞动着自己的鼻子和脚。我也曾经一面看着自己的孩子表演，一面舞动自己的身体——而且，我忍不住要告诉你，我有一个孩子是马戏团里的空中飞人。"

猴子如果看到其他猴子抓痒，就会做出同样的动作；猿类看到影片里的猿类打呵欠，也会跟着打呵欠。人类也是一样，而且模仿的对象还不限于自己的同类。我曾经参加过一场投影片放映会，其中满是动物打呵欠的照片，结果我就发现观众都纷纷打起了呵欠，而我自己也是一样连嘴巴都闭不起来。意大利帕尔马大学的一个研究团队，最早指出猴子有一种特殊的脑细胞，不但在猴子本身用手抓住物体的时候会出现活化，即便只是看到别人这么做也一样会有同样的反应。由于这种细胞的活化条件不只包括个体自身的动作，也包括看到别人的动作，因此称为镜像神经元，或是"有样学样”神经元。由此可见，社会动物的互相交流存在于非常基本的层次上，远甚于科学家以前的猜测。我们天生就会和身边的人产生联结与共鸣，包括情感在内。这是一种完全自动发生的现象。我们如果观看脸部表情的照片，就会不自主模仿起照片里的表情。就算一张照片只出现几毫秒的时间，没有受到意识的察觉，我们还是一样会模仿其中的表情。我们意识上虽然没有察觉这个表情，脸部的肌肉仍然一样会予以呼应。我们在日常生活中也会这么做，就像路易斯·阿姆斯壮演唱的那首经典歌曲：“你一笑……全世界都跟着你笑了起来。”

既然模仿与同理心都不需要语言也不需要意识，因此简单的感同身受现象会存在于各式各样的动物身上，也就不令人感到意外了。即便是饱受诋毁的大鼠也一样具有这种能力。早在 1959 年，就有一篇论文取了一个颇具争议性的标题：“大鼠对其他个体遭受痛苦的情感反应”。文中指出，如果大鼠按压杠杆获取食物的时候，同时会造成身旁另一只大鼠遭到电击，它就不会继续按压那根杠杆。大鼠为什么要理会另一只动物在通电栅板上痛苦跳动的现象，为什么不继续吃它自己的食物就好？在古典实验里（基于道德理由，我不愿意重做这样的实验），猴子的抑制现象更为强烈。一只猴子发现自己只要拉动把手取食，就会导致另一名同伴遭受电击，结果此后五天都不再去取用食物。另一只猴子的反应更长达 12 天。它们宁可自己挨饿，也不愿造成别人的痛苦。

在这些研究里，比较可信的解释不是动物关心其他个体的福祉，而是自己会因为别人的痛苦而感到痛苦。这种反应对于生存相当有利。毕竟，如果其他人表现出恐惧和痛苦，你很可能也应该要感到担忧。地面上的一群鸟中，如果有一只鸟突然振翅飞起，其他鸟儿就算不知道发生了什么事，也都会跟着飞走。不跟着走的就可能成为猎物。这就是恐慌在人群当中散播速度非常快的原因。

我们天生就不喜欢看到或听到别人的痛苦。举例而言，幼童一旦看到另一个孩子跌倒哭泣，通常也会跟着难过流泪，跑到母亲身边要求抚慰。他们并不担心另外那个小孩，而是受到那个小孩表现出来的情绪所影响。小孩长大之后，开始懂得自我与他人的区别，才会把受到别人影响的情感和自己本身的情感区分开来。不过，同理心的发展没有这样的区别，也许就像是一条弦的振动会引起另一条弦的共振一样，形成共鸣的声响。情感表现通常会引起别人相同的感受。一个人笑，其他人也随之感到心情愉悦；育婴室里一个婴儿哭泣，也会引起所有婴儿跟着哭泣，这些都是常见的景象。我们现在知道，情绪感染的机制存在于大脑当中非常古老的部位，大鼠、狗、大象、猴子的脑部都具有这种机制。

设身处地

人类在不同时代各有认定自身独特性的不同说法。我们认为自己与众不同，因此不断寻求各种证据证明这种看法。最早的可能是柏拉图，他曾把人定义为唯一赤裸无毛而且以两足行走的动物。这种说法听起来颇为正确，直到第欧根尼抓着一只拔了毛的鸡走进讲堂，抛在地上，然后说："这就是柏拉图的人。"此后，柏拉图就又加上了"还有宽大的指甲"这个条件。

许久之后，又有人认为制作工具是人类特有的能力，于是就有一本书的标题取为《人类：工具制造者》(*Man the Tool-Maker*)。这个定义通行了一阵子，但后来发现黑猩猩也懂得把树叶嚼成一团做成海绵，或是把树枝上的叶子拔光，当成棍子使用。甚至也有人观察到，乌鸦把铁丝拗折成钩状，用来钩出瓶子里的食物，人是工具制造者的定义就此崩解。接着出现的说法是语言，一开始的定义是符号沟通能力。不过，后来语言学家听说猿类具有手语的能力，便扬弃符号说，改为强调句法。人类在宇宙中的特殊地位一再变动不休。

当前认为人类独有的特质与同理心有关。这种特质不只是情感上的联结，因为其他动物也一样具有这种现象。所以，人类的独特之处乃是一种心智解读能力，也就是说人类有能力认知其他人的心理状态。你和我如果在一场派对上碰面，而且我认为你相信我们以前从来不曾见过面（虽然我确信我们曾经见过），这就表示我知道你心里在想些什么。懂得采取别人的观点，彻底改变了心智之间的交流方式。有些科学家声称这种能力只有人类才有，但反讽的是，心智解读理论原本却是起于20世纪70年代的灵长类动物研究。在一项研究里，一只名叫莎拉的黑猩猩如果看到一个人打不开锁住的门，就会从许多图片里挑出钥匙的图片；要是看到一个人跳着想要摘取香蕉，它就会挑选一个人爬到椅子上的图片。研究人员因此论断莎拉能够认知别人的意图。

自从这个发现之后，便出现了许多与心智解读理论有关的儿童研究，至于灵长类动物研究在这方面则是有起有落。若干猿类实验招致失败，于是有些人因此论断猿类完全不具备心智解读能力。不过，负面结果其实很难诠释，就像俗语说的："缺乏证据不足以证明一件事物不存在。"在猿类与儿童的比较当中有一个问题，就是实验人员毕竟都是人类，所以，就只有猿类会面临物种不同的障碍。而且，谁说猿类一定认为人类会和它们受限于相同的法则？在它们眼中，人类一定像不同星球上的生物。

举例而言，我在不久之前接到助理的电话，说萨可和其他黑猩猩打架受了伤。第二天，我走到萨可面前，要求它转过身去。它从小就认识我，所以很合作地转身让我看它背后的伤口。只要从萨可的观点想想这件事，就可以发现我的举动在它眼中看来有多么不寻常。猿类是非常聪明的动物，总是想要理解身边发生的事情。可想而知，萨可一定对我为什么知道它受伤而深感纳闷。

我们在它们眼中如果像是无所不知的神明，那我们岂不是不适合从事心智解读理论的实验？毕竟，心智解读理论探讨的就是眼见而知的现象，而且这类实验又大多都是测试猿类对人类心智的理解。

我们应该把焦点放在猿类对猿类心智的理解才对。有一位极富创意的学生，名叫布赖恩·黑尔（Brian Hare），他把人类实验者排除在外，结果发现猿类如果看到隐藏起来的食物，就会知道其他成员看不见这些食物。黑尔测试了我们的黑猩猩，方法是引诱一只低阶层成员在高阶层成员面前捡取食物。结果，这只低阶层黑猩猩选择捡拾对方不可能看见的食物。换句话说，黑猩猩知道别人知道些什么，而且会利用这种信息谋取自己的利益。如此一来，关于动物是否具备心智解读能力的问题，又再次没有了定论。由于这项辩论一直绕着人类与猿类打转，因此后来出现的一项发展也就颇令人感到意外：京都大学一只僧帽猴，在不久之前以优异成绩通过了许多眼见而知的测验。只要有少数几项这种正面的结果，即可对先前的负面实验结果画上一个大大的问号。

我不禁联想到，在耶基斯灵长类动物中心将近百年的历史上，心理学家曾有一段时间在黑猩猩身上尝试斯金纳实验。其中一项策略是不让动物进食，直到它们的体重下降到原本的80%。在大鼠和鸽子身上，这种做法都会增进它们执行任务以获取食物的动机，但是在猿类身上却没有得到这样的结果。实验的猿类在挨饿之后，都变得过于抑郁而且过度执迷于食物，以致无法把注意力放在实验人员赋予它们的任务上。灵长类动物要精通一件事情，必须先能乐在其中。那些大鼠心理学家的严苛做法在耶基斯中心里制造了紧张关系，包括工作人员忧心之余偷偷喂食黑猩猩的行为。后来，研究人员向中心主任抱怨那里的黑猩猩不够聪明，主任于是怒上心头，说出了这句名言："没有愚蠢的动物，只有不完备的实验。"

一点都没错。要探究猿类的智力，唯一的方法就是设计出能够吸引它们投入智力与情感的实验。在几个杯子里藏一些食物，根本吸引不了它们的注意。它们关切的是社会状况，而且是与它们亲近的个体有关的社会状况。救助遭到攻击的婴儿，以计谋打败对手，避免和领袖冲突，以及和伴侣偷偷幽会，这才是猿类喜欢解决的问题。罗莉塔把它的婴儿转过来面向我，库妮试图救助那只鸟，其他巴诺布猿拉着吉多哥的手带路，这些例子都显示，猿类懂得采取别人的观点解决实际生活上的问题。就算这些例子都只是单一现象，我还是认为它们极其重要。单一事件可以具有深刻的意义。毕竟，一个人在月球上踏出一步，就足以让我们声称登上月球是人类能力所及的事情。因此，如果有一名经验丰富又可靠的观察者提出一项值得注意的事件，科学界也绝对不该置之不理。更何况，关于猿类能够采取别人观点的例子，并不止一件两件，而是相当多。且让我再多举几个例子。

在圣迭戈动物园，巴诺布猿原本的圈养区周围有一道两米深的壕沟，园方有一次为了清理而把壕沟里的水全部放掉。管理员清洗了壕沟，并把巴诺布猿放出室外之后，就准备打开闸门重新把水注入壕沟里。这时候，年长公猿柯考威跑到窗户边，一面尖叫一面猛力挥动手臂想吸引管理员的注意。经过这么多年，柯考威早已对壕沟的清理程序非常熟悉。结果，原来是有几只年轻的巴诺布猿跑到没水的壕沟里却爬不出来了。管理员于是架了一把梯子让它们脱困，只有最小的一只爬不上来，最后柯考威把它拉了上来。

这个案例和我十年后在同一个地方的观察相符。这个时候，园方考量到猿类不会游泳，早已不再向壕沟里放水，而且还在壕沟边垂挂着一条铁链，让巴诺布猿可以自由跑到壕沟里玩耍。不过，雄性领袖维农如果到壕沟里去，另一只名叫卡林德的年轻公猿有时候就会赶紧把铁链拉起来，然后张开嘴巴俯瞰着维农，脸上露出玩耍面容，一面拍打壕沟的边墙。它脸上的表情就等于人类的笑容：卡林德在取笑它们的老大。有几次，社群里唯一的另外一只成猿洛蕾塔会赶上前去救援它的伴侣，把铁链重新垂下去，然后站在旁边守候，直到维农爬上来为止。

这两项观察结果都显示，巴诺布猿懂得采取别人的观点。管理员把水注入壕沟，虽然完全不会影响到柯考威，但它似乎知道这么做会有害于壕沟里的小猿。卡林德与洛蕾塔似乎都知道，那条铁链对于身在壕沟底下的人有什么用处，于是卡林德便借此戏弄对方，洛蕾塔则是提供帮助。

一年冬天，阿纳姆动物园的猿类管理员清理完大厅，还没把黑猩猩放出室外，先把圈养区的所有橡胶轮胎用水冲过，然后一一挂在一根架在攀登架上的横木上。克隆对其中一个里面还有水的轮胎颇感兴趣，可是这个轮胎却挂在尾端，前面还另外挂了六七个沉重的轮胎。克隆不断拉扯它想要的那个轮胎，可就是没办法取下来。它把轮胎往后推，却被攀登架挡住，一样拿不下来。它就这样尝试了十分钟，完全没人理会，唯一例外是七岁大的杰奇，它小时候曾经受过克隆的照顾。

克隆最后终于放弃，走到一旁，这时杰奇随即走到轮胎前面，毫不犹豫地把第一个轮胎推下横木，接着又把其他轮胎一一推下来。到了最后一个轮胎，则是小心翼翼地取下，以免里面的水泼出来，然后把这个轮胎直立放在它的阿姨面前。克隆对于它的贴心举动没有特别表示。等到杰奇离开的时候，它已经开始用手舀起轮胎里的水了。

杰奇帮助阿姨的举动没有什么特殊，特殊的是它就像当初心智解读实验里的莎拉一样，正确猜想到了克隆要的是什么。它了解克隆想要追求的目标，这种行为称为目的性协助，是猿类的典型行为，但在其他大多数动物身上却极为罕见，或者根本不存在。

我们在库妮与鸟儿的案例里已经看过，猿类也会关怀其他种类的生物。这种说法听起来也许颇为矛盾，因为野生黑猩猩也会以残暴的手法杀害、啃食猴子。不过，这种现象真有那么难以理解吗？我们自己的行为也充满了矛盾。我们深爱宠物，可是也会屠杀动物（有时候是和我们宠物同种类的动物）。因此，我们也就不该对黑猩猩偶尔关怀弱小动物的行为感到惊讶。有一次，耶基斯中心的工作人员，在黑猩猩圈养区周围的森林里捕捉一只逃脱的猕猴，我当时就注意到整群黑猩猩都全神贯注地观看这起事件。工作人员本来想要引诱那只猴子回到园区内，可是没有成功。接着，那只猴子爬到了树上，于是状况变得颇为危险。这时，我听到年纪还小的毕扬突然发出一声哀号，并抓着身边一只年长母猿的手。毕扬发出哀号，是因为看到那只猴子攀在树的低处的一根枝条上：它刚遭到镇静标射中，工作人员则是张开网子等在树下。毕扬自己虽然从来不曾遭遇过这种状况，却似乎能够对猴子的处境感同身受。就在猴子跌入网中的时候，它又呜咽了一声。

在重大的情感时刻，猿类能够设身处地想象别人的感受，很少有动物具备这种能力。科学家也曾想在猴子身上找出慰问的能力，但结果都空手而归。他们在猴类身上搜集的资料，和我们在猿类身上搜集的资料一样，但是却没有任何发现。猴子即便看到自己的孩子被咬，也不会做出抚慰的举动。猴子会保护自己的后代，但是不会像母猿那样，在孩子难过的时候加以怀抱抚慰。猿类就是因为具有这种行为而与人类非常相像。猿类与人类为什么和其他动物不同？其中一部分答案可能是自我意识的程度较高。除了慰问以外，科学家在更早之前就已经发现，猿类还有一种其他动物没有的能力。除了人类以外，猿类是唯一认得自己倒影的灵长类动物。测试自我认知的方式，就是在实验个体不知道的情况下，在它脸上无法由眼睛直接看到的地方点上一滴墨汁，譬如眉毛上方，然后再让它照镜子。猿类看到自己的倒影之后，就会用手擦拭脸上的墨汁，并且检查擦拭过后的手指，由此可见，它们知道镜子里的墨点实际上在自己的脸上。猴子就没有这种联想能力。

我们每天早上刮胡子或化妆的时候，必须依靠这种能力。把镜子里的影像视为自己，对我们而言是完全合乎逻辑的行为，可是我们不会期待其他动物这么做。想想看，你的狗如果经过玄关的镜子，突然停下脚步，就像我们看到不寻常的事物那样，我们将会多么吃惊！想象你的狗歪着头看着镜中的自己，然后甩头让翻折起来的耳朵落回原位，或者取出卡在毛发里的一根细枝。狗从来不会这么做，可是猿类就会这样注意自己。我在夏天常会戴着太阳眼镜走到我的黑猩猩面前，这时它们就会看着我的眼镜扮出各种鬼脸。它们都会把头转向我，等我把眼镜拿下来之后，更会把我的眼镜拿到面前当镜子照。母猿会转身照自己的臀部——鉴于这个身体部位的吸引力，这个举动其实颇为合理——而且大多数猿类都会张开嘴巴检查口腔，用舌头碰触牙齿，或者根据镜子的倒影用手指剔牙。有时候它们甚至会“装点”自己。德国一座动物园里，一只名叫苏玛的红毛猩猩拿到一面镜子后，就把笼子里的生菜和甘蓝菜堆叠起来，放在自己头上。它看着镜子仔细调整自己的蔬菜帽，那种举动看起来就像是准备参加婚礼一样呢!

自我认知会影响我们和别人的互动。儿童约在18～24个月大的时候，开始认得镜中的自己，这时候他们也会发展出针对别人需求提供帮助的能力。这样的发展与人类演化过程一致：自我认知与高度的同理心，也共同出现在后来演化成人类与猿类的动物身上。美国心理学家戈登·盖洛普（Gordon Gallup）早在数十年前就预测这两项能力之间具有关联性，他同时也是最早使用镜子测试灵长类动物的科学家。盖洛普认为同理心必须伴随着自我认知，其运作方式也许是这样的：为了帮助别人，我们必须先把自己的情感与处境和其他人区分开来。我们必须能够把别人视为独立个体。这种自我与他人的分别让我们得以认知镜中的影像，因为镜中影像的举动和我们一模一样，不是独立的个体。如此一来，我们即可推断镜中的影像一定代表了我们自己。

不过，谈到这种能力时，我们也不该把其他动物排除在外。许多动物都深具社会性，也非常善于合作，因此也具备高度的同理心。立即联想到的两种动物就是大象与海豚。大象会用长鼻和象牙举起衰弱或死亡的同伴，也会发出低沉的声音抚慰苦恼的幼象。海豚会咬断渔叉的绳子拯救同伴，或是把身陷鲔鱼网内的同伴拖出来，也会把生病的同伴顶在水面上以免溺毙。海豚并且会以同样的方式帮助人类。不久之前就曾有报道，新西兰海岸边有几只海豚，将四名游泳者推离一条将近三米长的大鲨鱼。

大象与海豚竟然也会从事这种类似猿类的慰问与目的性协助行为，令人不禁想知道它们对镜子的反应如何。同理心与自我认知的关系也同样存在于这两种动物身上吗？我们还不知道大象对镜子的反应，但海豚是目前唯一证实具备认知镜中倒影能力的非灵长类动物，这绝对不是巧合。研究人员在纽约水族馆的瓶鼻海豚身上点上墨汁，结果它们在镜子前面徘徊的时间就比平常长。它们一游到镜子前方（镜子和研究人员为它们点上墨汁的地方有一段距离），第一件事就是转身观看身上的墨点。

同理心在动物当中极为常见，包括看到别人打呵欠就跟着打呵欠的身体模仿行为，乃至因为察觉别人的恐惧或喜悦，产生同样感受的情绪感染现象。程度最高的同理心表现，则是感同身受和目的性帮助。同理心的发展也许在人类身上达到了巅峰，但其他若干动物——特别是猿类、海豚和大象——却也落后不远。这些动物也懂得别人的困境，能够提供最佳的协助。它们会垂下铁链让对方爬出壕沟，把同伴托在水面上以便呼吸，并且拉着手引导迷失了方向的社群成员。

也许它们不懂得人类的金科玉律，但显然遵循无误。

斯波克的世界

> 寇克舰长：斯波克先生，如果你是电脑，一定会非常杰出。
>
> 斯波克：舰长，您真是过奖了！

想想看，如果世界上的生物都像《星际迷航》里的斯波克先生那样逻辑至上，情感一旦偶尔出现，一定没有人知道该怎么反应。这样的生物只明了语言内容，却捕捉不到语调的变化，也绝对不可能从事人类之间等同于猿类梳理毛发的行为：闲聊。他们彼此之间没有任何自然的联结，要了解对方只能通过大量的问答。

科学界有许多文献都把焦点完全放在演化过程中残暴竞争的一面，描绘出来的人类就像是生活在斯波克式的自闭宇宙里。这些文献指出，人只有在压力下才会表现仁慈，道德规范更只是一层薄膜，掩盖了我们自私的天性。不过，有谁真的活在这种世界里呢？人类如果真是一群食人鱼，只不过为了讨好别人才假行仁慈，绝对发展不出我们现在赖以生存的这种社会。食人鱼对彼此毫不关心，所以根本没有我们所知的这种道德规范。

互相信赖才是关键所在。人类社会是一套支持体系，弱者不一定只能坐地等死。哲学家阿拉斯戴尔·麦金太尔（Alasdair MacIntyre）在《依赖性的理性动物》（*Dependent Rational Animals*）一书开头，就指出人类脆弱的程度。在人生中的许多阶段，不但在幼年与老年，而且包括其他许多时间，都需要别人的照顾。我们天生就需要其他人的陪伴，既然如此，西方宗教与哲学为什么总是把注意力放在灵魂而不是身体上？在这些思想的描绘里，人类明智理性，充分掌握自己的命运；绝不是病弱、饥饿、好色的模样。在西方宗教与哲学里，人类的肉体与情绪都只能算是弱点。

在一场关于人类未来的公开辩论中，一位备受敬重的科学家一度预测指出，再过几个世纪，人类科学将可完全掌控情感。他似乎相当期待这一天的来临！不过，要是没有情感，我们将不会知道该怎么做出人生中的各种选择，因为选择基于偏好，而偏好仍来自情感。如果没有情感，我们将不再保存记忆，因为记忆吸引人之处就是其中的情感元素。没有情感，我们就不可能被别人感动，别人也不会被我们感动。我们会像海上航行的船只一样，擦身而过却毫无互动。

但我们实际上是肉体，生自其他肉体，接受其他肉体的哺喂，和其他肉体交合，寻求其他肉体的肩膀以求倚靠或哭泣，跋涉千里就只为了接近其他肉体。如果没有这样的联结，以及这些联结引起的情感，人生还有什么值得留恋呢？这么一来，我们怎么可能快乐，更何况快乐也是一种情感表现？

麦金太尔指出，我们已经忘却了自己的基本需求其实就是动物的需求。我们颂扬理性，但在真正关键的时刻，理性却不大派得上用场。试过向青少年子女说理的父母都知道，逻辑的说服力其实非常有限，在道德面向上尤其如此。想想看，如果有个外星顾问建议我们，立即处死罹患流感的人，指称这么做将可拯救更多人免于在流感的肆虐之下丧生。借助这种方式防微杜渐，将可拯救大多数人的性命。不过，这么说虽然合理，但我怀疑有多少人会真的选择这种做法。这是因为人类的道德意识奠基在社会情感上，其核心要素正是同理心。情感是我们的指南针。我们有强大的禁止力量，禁止我们杀害自己社群的成员，而我们的道德抉择也反映出这样的感受。

同理心是人际关系的产物，由别人在我们身边的举止和话语所引起，而不来自客观地评估。阅读别人在困境中挣扎的报道，和实际上跟那个人同处一室聆听他的故事，是完全不同的体验。阅读文字也许会引起少许的同情，但很容易就会抛在脑后。为什么？如果是理性的道德主体，这两种情况应该没有任何差别才对，但我们演化而来的道德倾向却需要和别人直接互动，必须能够听到、看到、摸到、闻到对方的存在，而且，必须实际置身于他的环境里，才能理解他的状况。对于别人的面部表情与肢体动作传达出来的情感信号，我们非常敏感，同时会以自己的表情做出回应。活生生的人能够深深触动我们的心弦，抽象的问题绝不可能造成这样的现象。英文里的“empathy”（同理心）一词衍生自德文的“einfühlung”，意指“感受别人的内在”。

我举的流感例子显示，我们宁可放弃追求最大多数人的最大福祉（追求这种目标的道德哲学学派称为“功利主义”），也不愿违反人类基本的禁止条件。至于康德声称，人类乃是经由“纯粹理性”

建构出道德规范，这种说法的问题更大。乔舒亚·格林（Joshua Greene）这位喜好神经科学的年轻哲学家为了探究这个问题，找来许多实验对象，一面要求他们做出道德两难的抉择，一面扫描他们的大脑。其中一项难题的内容如下：你驾驶一辆没有刹车的电车，一路冲向轨道上的分叉。你发现左边的轨道上有五名工人，右边只有一名工人，而且你只能切换开关决定电车开向哪边，但没办法把电车停下来，你会怎么做？

答案很简单。大多数人都会选择开向右边，这样只会害死一名工人。不过，假如你站在一座桥上，俯瞰一条没有分叉的笔直铁道，发现有一辆电车全速冲向铁道上的五名工人。这时候，你身边站着一个体形硕大的人，如果把他推下桥，他就会摔落在电车前面，减缓电车的速度，让那五名工人有机会逃生。结果发现，一般人都愿意改变电车的行驶方向，撞死一个人而拯救五个人，却不愿刻意把桥上的人推下去，通过牺牲他而拯救那五名工人。这样的选择和理性无关，因为就逻辑上而言，这两个题目的答案应该一样：牺牲一人换来五人的性命。康德一定不会觉得这两个题目有什么不同。

在我们长久的演化历史上，我们只要动手杀害别人，就会对自己还有自己的社群造成直接冲击的后果。每个人都很重要，所以任何与人有关的事情都会激发我们的情感。格林的扫描结果发现，像要不要把人推下桥这样的道德抉择，都会触发大脑的一个区域，这个区域不但负责每个人自己的情感，也负责评估别人的情感。相对之下，与个人无关的道德抉择，则因为演化作用在这方面没有给予我们任何引导，也就只会触发决定日常事物的大脑部位。我们的大脑把切换电车上的开关这个问题视为中性的问题，就像决定今天要吃什么，或是几点该从家里出发才赶得上班机。

道德决策背后的动力是情感。这种决策触动的大脑部位，就是当初我们从冷血的爬虫类转为懂得哺育关爱的哺乳类动物的关键。我们天生有一个内建的罗盘，会告诉我们该怎么对待别人。合理化的解释通常出现在事发之后，这时候我们早已根据人类本性的先天反应做出了抉择。合理化的解释也许是为了要向别人说明自己行为的正当性，这样别人即可同意或反对，然后整体社会即可对特定的道德难题取得共识。社会压力就在这个时候出现，因为我们非常重视别人的赞同或反对。不过，这一切和“直觉反应”的道德意识比较起来，大概都只算是次要因素。

这样的说法也许会让康德学派的哲学家感到震惊，却符合达尔文认为道德观源自社会本能的看法。20 世纪初的芬兰人类学家爱德华·韦斯特马克（Edward Westermarck）追随了达尔文的脚步，懂得人类对自己的道德选择有多么缺乏控制力。韦斯特马克认为我们不是理性思考的产物，他说：“我们表达赞同与反对，都是因为没有其他选择。我们遭到火烧能够不觉得痛吗？我们能够不对朋友的感觉产生共鸣吗？只因为这些现象属于经验的主观领域，就会比较不必要，或者后果就会比较不强烈吗？”

在达尔文和韦斯特马克出现之前，强调道德情操的苏格兰哲学家戴维·休姆（David Hume）也曾经表达过类似的观念。在这之前，更有追随孔子的中国贤哲孟子。在流传后世的竹简上，孟子的著作让我们看到了太阳底下其实没有什么新鲜事。孟子认为人生性向善，是像水往下流一样的自然现象。他在谈到人类不忍看见别人受苦的一段话里，明确表达了这种思想：

> 今人乍见孺子将入于井，皆有怵惕恻隐之心。非所以内交于孺子之父母也，非所以要誉于乡党朋友也，非恶其声而然也。由

是观之，无恻隐之心，非人也。

值得注意的是，孟子提到的各种自私动机（例如希望获取答谢以及博取美名），都是现代文献详细描述的对象。当然，其中的差别就是孟子认为这种解释过于牵强，因为同情的本能是一股非常直接而且强大的力量。孟子表示，大众观感在其他时刻确实有可能影响我们的抉择，但不是在一个儿童即将跌入井里的时候。

我完全同意这样的看法。演化过程赋予我们真诚的合作本能，并且禁止我们伤害自己需要依赖的对象。我们确实会选择性地运用这些本能，但毕竟还是会受到它们的影响。我不知道人类内心深处究竟是善还是恶，但我可以确定的是，尽管斯波克先生智力过人，却绝不可能对道德难题给出令人满意的答案。他会以过于合乎逻辑的方式思考这种问题，一定会把桥上的人推下去，而对受害者的抗议以及我们的反感完全困惑不解。

慷慨必获回报

在一个怡人的傍晚，阿纳姆动物园的管理员把所有黑猩猩都唤回建筑物里，却有两只正值青春期的母猿拒绝进入室内。那时候的天气非常好，它们快乐地徜徉在空旷的岛屿上。根据动物园的规定，只要有一只猩猩没有进入室内，就不能开始喂食。这两只顽固的年轻黑猩猩导致社群里弥漫着不安的情绪，它们过了几个小时才终于回到建筑物里，于是管理员把它们隔离起来，以免其他成员报复。不过，这么做只能为它们提供一时的保护。第二天早上一到室外，其他成员随即把前一天延迟开饭的怒气一股脑儿发泄了出来，一开始是集体追逐这两个祸首，追到之后更是把它们痛殴了一番。

那天晚上，这两只母猿就抢先进入室内了。

惩罚犯规者与道德规范的第二根基柱有关，也就是资源的问题。那两只母猿害得其他社群成员都必须饿肚子。我们现在谈的又是肉体，但是探讨的角度不一样。胃需要定期填入食物，于是带来竞争的结果。是否握有食物、抢夺、窃取、互惠、公平：这一切都与资源分配有关，也是人类道德规范的一大关切对象。

不过，我对道德规范的观点也许比较特殊，应该先说明清楚。在我看来，道德规范不是与帮助有关，就是与伤害有关，而且，二者也彼此相关。如果我看到你溺水却不帮忙，就等于是伤害你。我决定帮你或不帮你，不论怎么看都属于道德抉择。至于和帮助及伤害无关的事情，就算以道德议题的方式呈现出来，也不属于道德的领域，很可能只是习俗的问题而已。举例而言，我刚搬到美国的时候，最早经历的文化冲击，就是听到一位妇女因为在购物中心哺乳而遭到逮捕。我不了解这为什么算是冒犯他人的行为。我住处的当地报纸以道德理由说明这位妇女为何遭到逮捕，原因似乎与公序良俗有关。不过，由于自然的母爱行为绝不可能伤害任何人，因此她顶多是违反了社会秩序。儿童到了两岁，就已经懂得区分道德原则（例如“不可偷窃”）与文化规范（例如“不可穿睡衣上学”）。他们知道违反某些规定会伤害别人，但违反某些规定只是不符社会期待而已。文化规范因为不同的文化而异。在欧洲，裸露乳房不会引来任何特殊的目光，因为海滩上到处都看得到袒胸露乳的女子。不过，我如果说我家里有一把枪，所有人一定都会非常不谅解，觉得我是不是有什么问题。一个文化怕枪而不怕胸部，另一个文化则是怕胸部而不怕枪。习俗通常会套上严肃的道德外衣，但实际上和道德一点都不相干。

在“帮助与伤害”这种道德抉择里，食物和伴侣是两个非常关键的要素，而且二者都被拥有和交换的原则所规范。母猿最重视的是食物，尤其是在怀孕或哺乳期间（它们几乎不时交替于这两种状态之中）；公猿最重视的则是伴侣，因为它们必须依靠多只受孕的母猿，才能确保自己后代的繁衍。因此，猿类当中以性换取食物的交易经常呈现不平衡的状态，其实是合乎逻辑的现象：公猿求性，母猿求食。由于受和收几乎同时发生，因此这种交易也就成为一种简单形态的互惠。真正的互惠则稍微复杂一点。我们帮助别人经常会在几天或几个月后获得回报，也就是说我们仰赖信任、记忆、感恩，而且还有义务的感受。这是我们社会里根深蒂固的现象。所以，如果有人不具备互惠的观念，就不免令人深感惊讶。

假设我帮你把钢琴从公寓的狭窄楼梯上搬下来。三个月后，我自己也要搬家，于是我打电话向你说我也有一架钢琴。如果你以一句"小心搬唷"就想打发我，我可能会厚着脸皮提醒你，当初我曾经帮过你的忙。假如你还是不打算帮我，我可能就会明白提出礼尚往来的观念，但同时也会觉得说出这样的话实在非常尴尬。不过，如果你的回答是："喔，可是我不相信互惠这种东西！"那么我就实在不知道该怎么办了。这样的说法等于是彻底否定了人类的群体生活方式，也彻底否决了我们互相帮助的必要性。这么一来，谁还会想要和你来往呢？我们虽然知道人不一定都能够回报别人的帮助（例如你可能在我搬家的那一天刚好不在城里，或者你可能背部受伤了），但还是无法理解有人会直接否认投桃报李的行为。一旦否认互惠现象，就会遭到社会排斥：因为你欠缺了一种关键的道德倾向。

有人问孔子有没有一个字可以当成终身遵循之道，孔子沉默许久之后说："其恕乎！己所不欲，勿施于人。"这个简洁扼要的原则是人类社会普世共通的道理，生物学家对于这项原则的来源向来深感兴趣。我还记得1972年在乌得勒支大学和一群学生分析罗伯特·特里弗斯（Robert Trivers）的《互惠利他行为的演化》这篇论文，当时全班学生都充满了兴奋之情。我至今仍然非常喜欢这篇文章，因为特里弗斯在文中没有简化基因与行为之间的关系，而是深入剖析了情感与心理运作的现象。文章里区分了各种不同形态的合作，分类标准则是根据参与各方付出的代价和获取的利益。举例而言，立即获得奖赏的合作行为不能算是互惠利他行为。如果有十几只鹈鹕在浅塘上围成半圆形用脚赶鱼，所有参与的成员都可因此吃得到鱼。这种合作行为能够立即带来利益，因此在生物界普遍可见。另一方面，互惠利他行为必须先付出代价，事后才能获得回馈，所以也就比较复杂。

叶伦当初支持尼奇争取大位，不可能知道结果会不会成功，这是一场赌博。不过，尼奇一旦当上领袖之后，叶伦随即明白表示了他的欲望，在尼奇面前和母猿交配。其他公猿当然不敢这么做，但由于尼奇需要这只老公猿的支持，因此必须容许它享有这样的特权。这正是典型的互惠行为：一种对双方都有利的交易。我们分析了好几千起黑猩猩的结盟案例，也就是个体在争吵中互相支持的现象。最后得到的结论是，黑猩猩的互惠行为发展程度相当高，意思就是说，它们会支持帮助自己的对象。

它们也会从事负面的互惠行为：懂得报复。报复是互惠行为的反面。尼奇偶尔被盟友打败，就会在不久之后讨回公道。它会趁着这个盟友孤独无援的时候，截住对方的去路。由于其他盟友不在身边，这个受害者也就不免吃上好一顿苦头。由此可见，每一项选择都会造成多重后果，有好有坏。低阶层成员找高阶层成员报仇，风险自然极大，但如果后者早已遭到攻击，这很可能就是叫他付出代价的机会。报复只是时间早晚的问题。我在阿纳姆动物园工作期间接近尾声之际，已经对黑猩猩社群里的社会动态极为熟悉，甚至能够预测谁会在什么时候、以什么方式对自己的仇人落井下石。有一次我看到母猿德佩遭到另一只母猿吉咪攻击，身受重伤。几天之后，吉咪和众猿公认的雌性领袖嬷嬷动起手来，我就刻意等着看德佩会有什么反应。果然，德佩随即把握机会一解心中怨气，借此提醒吉咪不要随便树敌。

另一只母猿佩丝特，曾经帮助自己的公猿朋友路维特驱走尼奇。后来尼奇按照惯例找上佩丝特报复的时候，佩丝特自然伸手向就在旁边的路维特寻求帮助，但是路维特却完全没有出手保护它。尼奇离开后，佩丝特随即转向路维特怒吼狂叫，追着它跑遍整个圈养区。它的愤怒如果真是因为路维特没有回报它当初相助一臂之力的恩惠，即可见得黑猩猩的互惠行为确实也受到预期心理的规范，就和人类一样。

要了解黑猩猩的互惠行为，一个简单的方法就是观察它们分享食物的现象。野生黑猩猩会猎捕猴子，一旦抓到，就会把肉撕扯下来与社群成员共同分食。我在马哈勒山脉观察到的猎捕行为，就是遵循这种模式，所有公猿都在树上围着猴子的尸体讨食。抓到那只猴子的公猿紧握猎物不放，但过了一会儿，把一半分给了它最好的朋友，于是立即又有一群公猿围到它身边乞讨。整个过程总共花了两个小时，最后树上的每只公猿总算都分到了一份。生殖器肿胀的母猿会比其他母猿更容易讨到食物；至于公猿之间，抓到猎物的公猿则比较喜欢把食物分给共同参与猎捕的成员。雄性领袖如果没有参与猎捕行动，也可能分不到食物。这也是另一个互惠的例子：不论是谁，只要贡献了一己之力，就可以优先分享战利品。分享食物的行为最早出现的原因，很可能是为了鼓励猎捕者第二天继续投入猎捕行为：如果成果不共享，就不可能合作捕猎。

在加里·拉森（Gary Larson）的漫画里，我最喜欢的一幅是一群手拿着铲子的原始人，刚从森林里回来，一起抬着一根巨型胡萝卜。漫画底下的图说写道："早期的素食者狩猎归来。"那根胡萝卜大得足以喂饱整个部落。这幅漫画深具讽刺性，因为蔬菜绝对不可能对食物分享行为的演化过程有所贡献。灵长类动物在森林里采集的树叶与果实不但取之不尽，而且每个个体采集的量也不够分享。唯有难以获取的高价值食物，而且每次获取的量总是超过单一个体的食量，这时候分享才有意义。一般人围坐聚餐的时候，餐桌中央的主菜都是什么？是感恩节的火鸡，烧烤的乳猪，还是一碗沙拉？分享的行为可以追溯到人类早期的狩猎阶段，这也就是为什么分享现象在其他灵长类动物身上极为罕见。有三种灵长类动物最善于和家人以外的社群成员分享，分别是人类、黑猩猩和僧帽猴。这三者都热爱肉食，也从事集体捕猎行为，甚至成年雄性之间也会互相分享。由于雄性从事大部分的捕猎行为，因此这种分享现象也就颇为合理。

如果分享行为真的源自肉食习性，我们就不得不承认人类的道德规范是鲜血的产物。我们拿钱给乞讨的陌生人，送食物给饥荒地区的人民，或是投票赞成有益穷人的措施，这种行为的本能动机，其实源自于我们的祖先当初围绕在猎人身边乞讨食物的行为。早期的人类都渴望肉食，但只有力量或技巧过人的社群成员，才捕捉得到猎物。

食物分享行为正是研究互惠现象的理想对象。我不需要耐心等待自发性的事件，只要把食物拿给一只黑猩猩，即可观察它们如何通过点滴分享，让所有社群成员都得以雨露均沾。通过观察这个过程，即可断定其中哪一只黑猩猩在"服务市场"上有什么产品可供销售。这些服务产品包括政治支持、保护、梳理毛发、食物、性、抚慰，以及其他对别人有所助益的行为（当然，我没那么残忍，不可能拿活生生的猎物给它们，但它们偶尔也会在野外观测站抓到浣熊或猫。不过，由于它们都得到充足的喂食，也没有打猎的传统，所以不会吃这些动物）。我们提供它们的食物可能是西瓜，也可能是一大把带叶子的树枝，这样的食物量足供分享，但也很容易独占。分享行为不是源自这类食物，但这种倾向既已存在，就可以用素食食物加以衡量。

只要我们带着食物前往圈养区，黑猩猩就会展开“欢庆”活动，互相亲吻拥抱。这样的行为会持续几分钟，然后我就会将整把枝叶从观察塔上抛下去，例如抛给梅伊。梅伊是一只低阶层母猿，它会先环顾四周，然后再把食物捡起来。如果萨可在这个时候接近它，它就不会碰这些食物，而退到一旁，让萨可尽情享用。不过，如果它先到达现场并且捡起了这些食物，这些食物就是它的。这点非常值得注意，因为一般人总以为地位优越的个体就可以予取予求，黑猩猩的社会里可不是这样。珍妮·古道尔曾以惊讶的口吻提到，在她观察的黑猩猩里，雄性领袖也必须乞讨食物，这种现象称为“尊重所有权”。这种现象不适用于幼猿，它们手上的食物很快就会被其他成员抢走。不过，只要是成年黑猩猩，即便是社群里地位最低的成员，也可以保有自己的食物而不受骚扰。对于这种现象，我一样从互惠的角度提出解释。如果萨可要抢夺梅伊的食物，梅伊一定阻止不了它；不过，这起事件将会保存在梅伊的脑中，而这样对萨可绝对没有好处，因为它在许多事情上都不可能强迫别人帮它忙。如果它恃强凌弱得罪了母猿，一旦它和对手发生冲突，需要梳理毛发，想要别人帮它舔舐伤口，或是欲求性交的时候，还有谁会帮它？在服务市场上，每个人都有自己的筹码。

大多数分享行为都发生在非常平静的气氛之下。乞讨食物的黑猩猩会把手伸出来，手掌向上，就像人类社会中的乞丐一样。它们会呜咽哀求，但很少会发生冲突，除非拥有食物的成员要求某个对象离开它身边，这时候它就会用手上的食物敲打对方的头，或者对它尖声吠叫，直到对方离开为止。拥有食物的成员如果愿意分享食物，就会宽容其他成员的乞讨行为。乞讨者先是小心翼翼地伸手摘一片叶子，如果没有遭到阻止，就会尝试比较胆大的行为，例如拿走一整根枝条，或者折下一段枝叶。如果是朋友和家属，就不会这么拘谨。梅伊在分享方面比较慷慨，它有时候会把最好的枝条留下来自己食用（例如黑刺莓嫩枝与黄樟树枝），其他的全部送给别人。这不是因为它阶级低的关系，另一只名叫乔治亚的低阶层母猿就非常小气，以致其他黑猩猩根本懒得向它乞讨。乔治亚舍不得分享手上的食物，因此在社群里也不受欢迎。它自己如果想乞讨别人的食物，总是必须比其他成员恳求更久。但梅伊如果想要食物，只要走到握有食物的成员身边，就可直接取食。这正是互惠机制的美妙之处：慷慨绝对能够获得回报。

为了我们的计划，我们在早上记录黑猩猩之间梳理毛发的行为，再拿这些记录比较下午的进食状况。获取大量的观察结果之后，我们终于得以推断，食物的分享与先前的梳毛行为有关。举例而言，如果萨可帮梅伊梳理毛发，当天获得它分享几根枝条的几率就大幅增加，远高于没有帮它梳毛的日子。以前从来不曾有人在动物身上以数据呈现相隔几小时后的互惠现象，我们这项研究是有史以来的第一次。此外，这种互惠现象只纯粹发生在互相帮助的双方；也就是说，梅伊容许分享食物的对象，只限于帮它梳毛的萨可。

由于人类的行为也是如此，所以，这样的观察结果在我们眼中看来可能显得理所当然。不过，可别忽略了这种现象涉及的能力。其中一个能力是对先前事件的记忆。这点对于黑猩猩不成问题，因为它们可以记得一张脸达十年以上。梅伊只要记得萨可帮它梳毛的行为即可。第二个能力是为这个记忆染上特定色彩，以便触发友善的情感。在人类身上，我们称这种染色过程为“感激”，黑猩猩似乎也有相同的能力。它们有没有义务的感受，目前还不清楚。值得注意的是，以分享食物回报梳毛行为的程度，在个体之间也会因关系不同而有高低之分。关系密切的个体，例如梅伊与它的朋友或女儿，一次帮忙梳毛的行为并不会造成什么影响。由于它们在日常生活中有许许多多的交流，所以可能根本不会一一谨记在心。只有在关系较疏远的个体之间，例如梅伊与萨可，帮忙梳毛的行为才会被重视，并且特别予以回报。

这种现象在人类身上也没什么不同。在一场社会互惠研讨会的晚宴上，一名专家坦承，自己每天都在电脑上记录自己和妻子互相为对方帮了哪些忙。大家听到这句话之后都不禁一愣，思索着他这个行为。后来大家达成的共识是，这么做实在不聪明。朋友之间如果要明算账，彼此之间的施恩与受惠一定不可能完全相符，夫妻之间就更不用说了。那个人谈的是他和第三任妻子的相处情形，而现在他已经娶了第五任妻子，所以，我们的结论应该有其真实之处。关系亲近的个体对彼此的互相帮助根本不会多想，这种关系通常具有高度的互惠性，但也可能出现短暂的不平衡，有时候甚至可能出现长久的不平衡状态，例如朋友或配偶生病的时候。只有在比较疏远的关系里，我们才会把账算得清清楚楚。我们和黑猩猩一样，如果有个熟人或同事为我们帮了个忙，我们就会设法回报；但如果是自己最好的朋友，我们就不会为了一点小事互相回报。我们还是会感激好朋友的帮忙，但这种帮忙却属于一种深刻且富有弹性的关系当中的一部分。

我们就像是在港口记账的职员一样，对于所有财货和服务的进出都非常了解。我们有恩报恩，有仇报仇，在帮助与伤害这两点上，和周围的人大致维持平衡的状态。若非必要，我们并不喜欢失衡的情形，这也正是那两只年轻母猿遭到惩罚的原因：因为它们一时之间破坏了太多平衡。它们必须要学得一个教训，而且是孔子认为人生中最重要的一个教训。

无尽的感激

马克·吐温曾说："如果把一只挨饿的狗带回家，让它生活无虞，它绝对不会咬你。这就是狗和人最主要的差别。"

挖苦人类的缺点很有趣，尤其是和动物行为作比较的时候。实际上，马克·吐温这句话很可能蕴含了某些真理。我家里收养了几只流浪宠物，我必须承认，它们看起来似乎永远都对我们感恩不尽。当初在圣迭戈捡回一只骨瘦如柴的猫，全身满是跳蚤，现在它已是一只神采轩昂的雄猫，名叫迪亚哥。在我们养它的十五年间，每次喂它，它都一定会呼噜噜叫着撒娇，就算不饿的时候也是如此。它似乎比其他宠物都更懂得感激，也许是因为它年轻的时候曾经饿过肚子。不过，我不确定这样的表现是否能够称为"感激"，说不定它只是觉得幸福而已。迪亚哥可能不是感谢我们给它舒适的生活，只是比一般被宠坏的宠物更懂得享受食物的乐趣。

不过，请看看以下这起发生在猿类之间的事件。有两只黑猩猩在暴雨期间被关在遮雨棚外，沃尔夫冈·克勒（Wolfgang Köhler）这位德国工具研究领域的先驱刚好经过，看到这两只黑猩猩在雨中瑟瑟发抖，于是帮它们开了门。不过，这两只黑猩猩没有直接冲进干燥的室内，而是在狂喜当中给了克勒一个大大的拥抱，这样的行为显然才是感激。

我自己也有过这样的经验，这就必须再次谈到瑰芙与卢西耶，先前在第一章曾经描述过它们刚进入阿纳姆动物园黑猩猩社群的经过。我们把卢西耶交给瑰芙收养有两个理由。卢西耶的母亲是一只耳聋的母猿，名叫克隆。由于克隆先前抚养的子女都不免一死，所以我们不希望再由它抚养卢西耶。母猿必须借助幼猿表达满足或不适的声音，判断子女的状况。不过，克隆坐在自己的婴儿身上，却连尖叫声都听不到，它和子女之间的回馈链已经断绝。我们在卢西耶出生四天后就把它带走，但没有按照一般的做法把它交由人类家庭抚养，反而决定把它留在原本的社群里。在人类家庭长大的猿类会受到人类太多的影响，以致欠缺和其他猿类相处的技巧。瑰芙正是担任养母的理想对象，它本身泌乳不足，先前的子女已夭折，没有其他幼猿会与卢西耶竞争。此外，瑰芙对于黑猩猩宝宝非常感兴趣。我们甚至发现，如果克隆没有注意到婴儿在哭，瑰芙有时候也会跟着哭起来。

瑰芙每次遭遇子女夭折，就会陷入严重忧郁，表现出的行为包括摇动身体，紧抱自己，拒绝进食，并且发出令人心酸的哀号。我们教它用奶瓶喂食卢西耶的时候，它虽然很想把卢西耶抱在怀里，我们却没有交给它。这段训练过程一定让它深感挫折，因为它自己不能喝奶瓶里的乳汁，还必须通过栏杆喂食身在另一边的卢西耶。经过几个星期的训练之后，瑰芙的喂食动作终于达到我们的要求，我们才把蠕动不休的婴儿放在瑰芙夜间笼舍的茅草上。一开始，瑰芙只是不断盯着卢西耶的脸庞，但没有碰触它：它仍然认为这个婴儿属于我们所有。未经允许就抱别人的婴儿，在黑猩猩眼中是不当的行为。瑰芙走到我和管理员坐着观看它们的栏杆前面，亲吻了我们两人，来回看着卢西耶和我们，似乎在征求我们的同意。我们敦促它抱起婴儿，不断挥手指向卢西耶，说着："去，把它抱起来！"

最后，它终于把卢西耶抱了起来，而且从此成为一位关怀备至的母亲，用心抚养卢西耶，不负我们的期望。

几个月后，瑰芙重回社群的过程并不顺利。我们不但必须应付尼奇的敌意，卢西耶的生母也不太高兴。克隆多次试图把卢西耶从瑰芙手上抢走，我在这之前或之后都不曾再看到其他母猿表现过这种行为。不过，由于瑰芙的地位比较高，所以也就抵挡得住克隆的攻击，而且嬷嬷也帮了不少忙。自从我们抱走卢西耶之后，克隆就不曾见过它，难道现在还有可能认得它是自己的女儿吗？我原本抱着怀疑的态度，直到后来听说一个人类母亲的故事之后才改变了想法。这起事件发生在2004年。许久以前，费城一个十天大的女婴在一场火灾中失踪。不过，她的母亲不认为自己的孩子已经丧生，因为她在烧毁的住宅发现有一扇窗户开着，于是深信有人曾闯入她家中。多年后，这位母亲参加一个小孩的派对，结果在派对上看到一个女孩，随即认定是自己的女儿。她设法拔了几根这个女孩的头发，后来经过DNA检验，终于得以和已经六岁大的女儿团圆。一名邻居坦承自己当初偷取了婴儿，而且纵火毁屋灭迹。

这起奇特的事件可以证明，母亲对自己的婴儿观察得多么仔细（那位母亲说自己认得她女儿脸颊上的“酒窝”）。因此，克隆很可能也察觉得出卢西耶的身份。不过，我要说的重点是，瑰芙收养了卢西耶之后和我的关系出现了什么样的变化，而这就回归到感激的主题。我和瑰芙的关系原本颇为平淡，但在把卢西耶交给它收养之后——距今已经将近三十年——它每次看到我就会表现得极为亲昵。世界上没有另外一种猿类，会把我当成久别重逢的家庭成员般看待，更不会在我要离开的时候拉着我的手哀哀低鸣。我们的训练不但让瑰芙顺利养大了卢西耶，也让它得以用奶瓶抚养自己后来生下的子女。自此以后，它从来不曾忘却我们的恩情。

感激与施恩受惠的账目有关。因为感激，我们才会帮助过去帮助过我们的人。这是感激原本的功能，只是我们现在把这种感受的范围扩大，对美好的天气或健康的身体也都会心存感恩。感激是一种美德，这可能就是为什么感激的行为受到注意的程度远高于反面的报仇。报仇也和账目有关，却是欺凌受辱的账目。对于伤害自己的对象感到怨恨，也是普遍的现象，而且这种感受一样会转化成行为，变成报仇的举动。我们不但自己会想找别人报仇，也会担心自己冒犯的对象找我们报仇，因为我们知道恶有恶报的道理。我们对这种机制非常熟悉，甚至可能提议别人对自己报仇，把接受惩罚视为恢复和平的唯一方法。

容我举个歌剧的例子。我不观察灵长类动物的时候，就喜欢看歌剧或听歌剧。歌剧以戏剧手法描绘人类关系，经常会呈现出哲学家不屑一提、社会学家也认为重要性不及理性的人类行为。不过，人生其实充斥着情感，至少人生中我们最重视的那一部分是如此。除了爱情、慰藉、内疚、憎恨、嫉妒等，歌剧当中也从来不缺报仇的情节，以及报仇之后的那种满足感。

报仇雪恨是莫扎特的《唐·乔凡尼》（*Don Giovanni*）这出歌剧的中心主题，剧中作恶多端的主角引诱欺骗众多女子之后，遭到暴民追捕，最后终于难逃一死。其中一幕，农妇泽林娜在与马赛托举行婚礼的当天，差点爱上唐·乔凡尼。泽林娜后来回到愤怒的丈夫身边，极度需要对方的原谅。在“喔，俊美的马赛托，打我，打我吧”这首咏叹调里，这名满怀内疚的女子乞求丈夫惩罚她。她发誓自己会像绵羊一样温驯端坐，任由马赛托撕扯她的头发，挖出她的眼珠，用手殴打她的身体。她知道要重修旧好，就必须让她丈夫讨回公道；也就是说，她丈夫受到的伤害，有一部分必须转移到她自己身上。她发誓她会亲吻那只殴打她的手。这样的歌词也许政治不正确，但歌剧吸引人的地方，就在于其中呈现的强烈情感。不过，马赛托毕竟深爱泽林娜，不可能按她说的照做，于是最后也就欢喜收场。

韦斯特马克认为，复仇是人类道德规范的中心要素，他还认为，我们不是唯一懂得复仇的动物。他那个时代，还没有什么人研究动物行为，所以他只能仰赖听来的逸事，例如他在摩洛哥听到一头骆驼复仇的故事。这头骆驼因为转错方向，遭到一名 14 岁男孩的狠心鞭打，这头骆驼消极承受了这样的惩罚。然而，过了几天之后，这头骆驼背上没有背负物品，又和这名男孩独自走在路上，“于是骆驼张开大口，咬住这个男孩的头，把他全身扬起，又猛力甩向地面。结果男孩的头盖骨上方完全脱落，脑浆洒了一地”。

动物心怀怨恨的故事，在许多动物园里都可以听到，主角通常都是大象（因为大象传说中的记忆力超好）与猿类。观察猿类的学生，或是新来的猿类管理员，都会被告诫不得骚扰或羞辱猿类，因为这么做绝对讨不了好。猿类会记恨在心，不论等上多久都不忘报仇。有时候，报仇也不需要等上太久。有一天，一名妇女向阿纳姆动物园的服务台提出申诉，说她儿子被黑猩猩拿石头砸伤。不过，那个孩子却异常低调。后来有些目击者说，是那个小孩先拿那块石头丢的黑猩猩。

我们的资料显示，黑猩猩彼此之间也会互相报仇。如果它们在其他成员争斗的时候加入其中一方，另一方通常都是平常与自己作对的对象。不过，若要针对这个主题做实验，就必须引发卑劣的行为，所以，我们只会测试正面的互惠行为，就像我们在僧帽猴身上所做的实验。僧帽猴与猿类颇为不同，它们是褐色的小猴子，和猫差不多大小，长长的尾巴非常善于抓取物品。僧帽猴原产于中美洲与南美洲，也就是说，它们和我们的非洲猿类祖先至少在三千万年前就已经分家。僧帽猴大概是我见过的最聪明的猴子，这种猴子有时候又称为新大陆黑猩猩，其脑部与身体的比例和猿类相当。僧帽猴懂得使用工具，公猴之间具有复杂的政治关系，社群之间也会互相征伐；更重要的是，它们也会分享食物。因此，要研究互惠行为与经济决策行为，它们正是理想的对象。

我们的僧帽猴分为两个社群，各自在自己的社群里生育、玩耍、争吵、梳理毛发。它们生活在户外的圈养区里，但因为经过训练，所以懂得一个个进入测试室里待一小段时间。我们的测试和食物有关，正合它们的胃口，因此，它们甚至会为了进入测试室争先恐后。我们通常会在测试室里架设好实验器材，开启摄影机，然后在隔壁的办公室通过荧幕观察接受实验的猴子。在一项典型的实验里，我们让两只猴子共处一室，先给猴子甲一碗小黄瓜片，然后再给猴子乙一碗苹果片，借此观察两只猴子互相分享的行为。由于两只猴子中间隔着铁丝网，因此它们无法偷拿对方的食物，只能等到对方主动把食物拿到铁丝网旁边，才能伸手拿取。大多数的灵长类动物都会待在自己的小角落，自己享用所有的食物。不过，僧帽猴却并非如此。它们会把许多食物放在铁丝网旁边供对方取用，甚至会把食物推到铁丝网的另一边给对方。

我们发现，如果猴子甲慷慨分享自己的小黄瓜，猴子乙也会比较愿意分享自己的苹果。实验结果非常激励人心，于是我们又把实验设计成劳动市场的形式。在劳动市场里，我帮你从事工作，你则会付我报酬。我们模仿劳动市场的方式，把食物放在一个滑动的托盘上，但却是一只猴子拉不动的重量。两只猴子各自坐在测试室的一边，准备拉动连接在托盘上的拉杆。结果，僧帽猴确实非常善于合作，能够以协调一致的动作把托盘拉过来。我们的诀窍是让托盘只能拉到其中一只猴子面前，所以，只有这个赢家能够获得所有的利益。另一只猴子则是劳动者，只能帮助赢家获取食物。唯有赢家把食物拿到铁丝网旁，劳动者才能分享到劳动的成果。

如果是经过合作才取得食物，赢家通常会比较乐于分享。它们似乎懂得自己什么时候需要别人的帮助，也懂得奖赏帮助它们的对象。

公平正义

如果劳动不能获得报酬，人类社会还能存在吗？这项原则竟然会出现在猴子的实验里，也许令人惊讶。不过，要是知道野生僧帽猴怎么猎捕巨松鼠，就不会对这种实验结果感到吃惊了。巨松鼠动作灵敏，而且体重可达雄性僧帽猴的四分之一，在森林的三度空间中非常难以捕捉，就像黑猩猩猎捕猴子一样。僧帽猴无法独自抓到巨松鼠，需要其他成员帮忙。我们的实验呈现了这种合作行为的核心要素，也就是利益不能只由抓到巨松鼠的猴子独享，而必须让所有参与猎捕行动的成员共享。赢家要是不懂得分享，以后就很难再得到别人的帮助，就像我们测试室里那些拉动托盘的猴子一样。

不过，战利品该怎么分配呢？赢家虽然必须补偿劳动者的付出，但不表示自己不能分得一份。那么，赢家究竟能保有多少而不引起劳动者的反感？人类对于资源分配非常敏感，例如，餐桌上每个人餐点分量的多寡就是一个例子。经典情景喜剧《蜜月期》（*The Honeymooners*）就开过这种问题的玩笑。在剧中，胖子拉尔夫·卡拉门登与瘦子艾德·诺顿两对夫妻共住一间公寓，吃饭也在一起：

拉尔夫：她每次在桌上放一大一小两颗马铃薯，你都是问都不问就把大的拿走。

艾德：你不会这样吗？

拉尔夫：我一定会拿小的那颗。

艾德：（面露怀疑）真的吗？

拉尔夫：当然是真的！

艾德：那你还抱怨什么？你不就拿到小的了吗？

重点就在于公平。公平性其实是道德问题——关乎帮助与伤害——但我们却通常没有察觉到这一点。在美国，企业首席执行官的收入常常高达一般员工的千倍。这些首席执行官分得的企业利润不成比例，很可能因此对别人造成伤害，但他们却声称这是他们应有的权利，或者“这就是市场的运作方式”。他们总是标举社会达尔文主义，为不平等的现象提供合理的借口，声称有些人得到的比别人多，是合乎自然的状况。不过，在资源分配方面，真正的达尔文主义者其实有比较细腻的主张。我们毕竟是合作的动物，即便是强者也需要别人帮忙——或者，也许强者更需要别人帮忙。这个议题浮出水面，原因是纽约证券交易所前董事长理查德·格拉索（Richard Grasso）公布了自己的薪酬方案，金额将近两亿美元。这笔夸张至极的薪水引发了众怒，结果，就在格拉索被迫辞职的同一天，我的研究团队也刚好发表了有关猴类社会公平现象的研究论文。许多评论家都忍不住把格拉索拿来和我们的僧帽猴比较一番，建议他多向猴子学习。

莎拉·布罗斯南（Sarah Brosnan）和我利用一个简单的游戏，测试了公平的现象。如果给了僧帽猴一颗鹅卵石，然后又举起另一个更吸引它的东西，例如一片小黄瓜，它很快就会了解，自己必须交回鹅卵石才能取得食物。僧帽猴学习这个游戏毫无困难，因为它们天性就懂得礼尚往来。它们懂得用鹅卵石换取食物之后，莎拉和我就开始制造不平等的情况。

我们让两只猴子一起坐在测试室里，先和一只猴子连续交换25次，然后再换另外一只。如果两只猴子都同样得到小黄瓜，就属于平等的现象。在这种情况下，猴子都会乐于交换，高兴地吃着换来的食物。但我们如果给其中一只猴子葡萄，另一只却还是只给小黄瓜，就会发生意想不到的状况。这种现象称为不平等。我们这些猴子对各种食物的偏好程度，完全符合超市里的标价，因此葡萄是最佳的奖赏。一旦发现自己的伙伴获得“加薪”，原本欣然执行任务换取小黄瓜的猴子就突然开始罢工；不但表现得心不甘情不愿，而且焦躁不安，一再把鹅卵石丢出测试室，偶尔甚至会把小黄瓜丢出去。这种它们以前从来不曾拒绝的食物，突然间却变得不再具有吸引力，甚至令人反感！

这种强烈的反应，显然相当于人类所谓的“不平等厌恶”现象。当然，我们的猴子呈现的是一种自我中心的厌恶行为。它们不是争取所有人的平等，只是对自己遭到不平等待遇感到生气而已。如果它们在乎普遍的平等，获得不平等利益的猴子应该就会偶尔分几粒葡萄给另一只猴子，要不然就是完全拒绝葡萄，但它们从不这么做。有时候，幸运的一方甚至还会把隔壁伙伴丢掉的小黄瓜，拿来搭配葡萄一起吃。获得葡萄的一方心情非常愉快，至于它们可怜的伙伴，则会坐在角落里生闷气。

莎拉和我后来以“猴子拒绝不平等待遇”为题发表这项研究，结果引起了不少共鸣。也许是因为许多人都认为，自己在充满葡萄的世界里啃着小黄瓜。所有人都知道遭到亏待是什么感觉，所以，有两个子女的父母，绝对不敢只买礼物给其中一个孩子。有一个经济学派认为情感——不知道为什么，经济学家把情感称为“激情”——在人类决策行为中扮演了相当重要的角色。其中最强烈的情感即关乎资源分配。这种情感会驱使我们做出一开始看似不理性的行为，例如因为薪水不如同事而辞职，但在长期之下，这种行为却可能促成社会平等与合作关系。

这种现象可由所谓的最后通牒游戏获得测试。在这个游戏里，一个人会拿到一百元，但必须分一部分给另一个同伴。这笔钱可以平分，也可以用其他各种比例拆账，例如一人拿九成，另一人拿一成。只要同伴接受第一个人提出的分配比例，两个人就可以拿到这笔钱；但如果同伴拒绝第一个人的分配方式，两个人就都拿不到钱。于是，分配这笔钱的人必须很小心，因为同伴通常不愿意接受太低的分配比例。这种行为违反了传统经济理论所假设的理性经济人。理性经济人应该愿意接受各种分配比例，因为分得的钱再少，也比什么都没有要好。人的思考方式却不是这样：我们就是不想被别人占便宜。格拉索显然低估了这种感受。

我们的猴子也表现出同样的反应，甚至不惜把好好的食物丢掉！如果没有其他东西，猴子都很乐于吃小黄瓜；但别人一开始吃葡萄，低糖蔬菜就随即贬值了。

社群价值

自我中心的公平感受其实就是嫉妒，也就是看到别人过得比自己好而感到的痛苦。这种感受与广泛的公平感受相差极远，因为广泛的公平感受也会促使我们关怀那些过得比自己差的人。猴类缺乏这种感受，那么猿类呢？灵长类动物学家苏·萨维奇朗博（Sue Savage-Rumbaugh）在巴诺布猿身上从事语言研究。我问她有没有发现同理心的案例，她描述的现象在我看来正是这种广泛的公平感受。

苏负责照顾一只名叫潘巴妮莎的母猿，其他巴诺布猿则由工作人员照料。潘巴妮莎享有和其他社群成员不同的食物，例如葡萄干和额外的牛奶。苏把这些好东西拿给潘巴妮莎的时候，其他巴诺布猿都能够看到，于是也群起叫唤，它们显然也想要同样的东西。潘巴妮莎注意到这种状况，虽然它自己是获益的一方，却还是显露出焦虑的神情。它要果汁，但是果汁送到它面前之后，它却不喝，而是指向社群的其他成员，朝着同伴的方向挥手，并且发出声音。它们也出声回应，然后坐在潘巴妮莎的笼子旁等着喝果汁。苏明确觉得，潘巴妮莎希望社群其他成员也享有同样的待遇。

这样不足以推断其他动物也有公平的观感，但我最感兴趣的是与厌恶的关联。只要能预期别人的厌恶感，即可发展出广泛的公平感受。动物有相当充分的理由避免引起别人的厌恶感受，不与别人分享的个体会被排除在食物分享链之外。在最糟糕的情况下，遭到嫉妒的对象可能会遭到一顿痛打。这是潘巴妮莎不愿在同伴面前享有差别待遇的原因吗？如果是，我们可能就碰触到了公平原则的源头：冲突趋避。这不禁让人联想到阿姆斯特丹三个小男孩的故事。他们捡到五张一百元的荷兰币钞票，却把两张丢进运河——两百元荷兰币对儿童来说是天文数字。不过，因为他们无法平分五百元，所以宁可舍弃两百元，维持关系的和谐。

这种微不足道的起源，后来却衍生成崇高的原则。一开始是因为自己得到的比较少而感到愤怒，接着是担心自己得到比较多会引起别人怎样的反应，最后则是一致反对不平等的现象。于是，公平的概念也就从此诞生。我喜欢这种一步步发展的现象，因为演化过程一定就是如此。同理，我们也可以看到，报仇行为通过这样一步步的发展而形成正义。灵长类动物的以牙还牙心态具有“教育”效果，因为如此一来，不良行为就必须付出代价。人类的法院体系虽然极力排除原始情感，但情感在正义体系里扮演的角色却不可否认。在《野蛮的正义》（*Wild Justice*）这部著作里，苏珊·雅各比（Susan Jacoby）说明了正义怎么建立在报仇行为转型而来的基础上。谋杀案受害者的家属或战争的生还者在事后寻求正义，虽然会以较抽象的方式描述自己追求的目标，但他们背后的驱动力其实就是获取补偿的需求。雅各比认为，衡量文明发展程度的一个标准，就是人民遭受损害和复仇需求获得满足之间，究竟相隔多远的距离。她指出："不受控制的复仇行为是一种破坏能力，控制下的复仇行为则是正义当中不可避免的元素，这两者之间一向都存在着紧张关系。"

个人情感是关键要素，再加上我们有能力理解自己的行为会对别人造成什么样的影响，于是也就产生了道德原则。这是由下而上的发展：从情感形成公平观。一般观点恰好相反，认为公平是智者（例如开国元勋、革命分子、哲学家）花一辈子思索是非对错和人类在宇宙中的地位之后，才提出来的概念。由上而下的看法几乎总是不免错误，因为这种看法都是为了寻求解释，从结果回推原因。这种看法探问，人类为什么是唯一具有公平、正义、政治和道德规范等特质的动物，但真正的问题其实是，这些特质的构成元素究竟是什么。需要什么样的基本元素才能建构出公平、正义、政治和道德规范等特质？这些较为繁复的现象如何衍生自简单的要素？只要思考这个问题，就会明白人类和其他许多动物都共同具备其中的许多构成元素。我们没有一项行为是真正独特的。

人类道德规范的核心问题，就是怎么从人际关系当中，发展出一套关注大多数人福祉的体系。我敢确定，绝对不是因为我们心中把社会利益摆在第一位。每个生物个体首要关注的利益都不是群体，而是自己和自己最亲近的亲属。不过，随着社会联结愈来愈紧密，共同利益就会浮上表面，于是整体社群成为我们关注的对象。从猿类平抚其他成员的关系，即可见到这种现象的起源。它们调和冲突双方，阻止争吵行为，目的就是为了促成周遭的和平。在合作环境里，所有人都利害相关。

观看这种社群意识运作的方式非常有趣，例如吉默追逐年轻公猿的行为，就因为其他社群成员同声吠叫而不得不停止，它就像是踢到了铁板。那个黑猩猩社群里，还有另外一起事件一样清晰留存在我的脑海中。这起事件的主角是一只名叫牡丹的年长母猿。那个社群里的雌性领袖逝世之后，我们有将近一年的时间都不知道谁继任了这个位置。一般而言，这个职位总是由年长母猿出任，因此我们猜测的对象，都集中在社群里30～35岁之间的三只母猿身上。母猿不同于公猿，很少会公开竞争领导地位。

有一天，我在办公室里看到几只年轻母猿发生了小纷争，接着又有成年公猿涉入，结果演变成非常严重的冲突。冲突当中的黑猩猩高声尖叫，而且公猿的动作又非常快，于是我不禁确信最后一定不免见血。不过，骚乱却在突然之间静止了下来，公猿都喘着气坐在地上，几只母猿则徘徊在它们身边。社群里的气氛非常紧张，问题也显然还没有解决，它们只是中场休息。就在这时，我才看出谁是雌性领袖。牡丹原本在轮胎上休息，现在站起身来，所有成员的目光也随即集中在它身上。有些年轻成员走到它面前，有些成年黑猩猩发出轻声咕哝的警告声响，牡丹则缓慢走到冲突现场的中心，身后跟着原本在一边旁观的其他成员。那幅景象就像是女王出巡，走入一般百姓中。牡丹接下来的行为，则是为两只公猿的其中一只梳理毛发，其他成员都随即照着它的样子互相梳起毛来，第二只公猿也加入其中。社群就此恢复平静。在牡丹以如此温柔的举动为冲突画下句号之后，其他成员似乎也不敢再起纷争。

我们私底下把牡丹叫做“梳毛机器”，因为它花费许多时间梳理所有成员的毛发，以温柔镇静且坚定的态度化解一切问题，也许这就是我一直没有注意到它是雌性领袖的原因。后来，我又看过其他事件，足以证明它绝对核心的地位，就像阿纳姆动物园的嬷嬷一样，只是牡丹不用铁腕统治而已。在这种时刻，我们才会理解黑猩猩群体是如假包换的社群，而不是一堆乌合之众。

最能有效促成社群意识的力量，显然就是对外人的敌意。这股力量能迫使平常对立的个体团结起来。这种现象在动物园也许观察不到，却绝对是野生黑猩猩的一个重要因素。人类社会里最明显的现象，就是结合起来对付敌人。所以常有人说，唯有外星军队才可能维持世界和平。我们终于可以把奥威尔在《一九八四》这部小说里提出的“战争即和平”这个口号落实在现实世界里。在人类演化过程中，外集团的敌意强化了内集团的团结，以致道德规范因此诞生。我们不只像猿类一样致力于改善周围其他人的关系，还明确教导所有人重视社群的价值，并且把社群福祉置于个人利益之前。

因此，其中最深刻的反讽，就是道德规范这种最崇高的人类成就，竟然是演化自战争这种最低劣的人类行为。前者所需的社群意识产生于后者。我们的关注对象，一旦从个人利益的冲突转向共同利益，就会提高社会压力，确保所有人都对公共利益有所贡献。我们发展出一套赞同和惩罚的激励结构，包括内疚感和羞耻心这种内在惩罚，鼓励社会成员从事对社群有益的行为。道德规范于是成为强化社会结构的主要工具。

由于公共利益从不超越社群的范围，因此可知，为什么道德规范很少提及社群以外的对象：我们认为可以用平常在自己社群里不可想象的行为对待敌人。把道德规范的适用范围扩张到这些界线以外，是我们这个时代的一大挑战。我们发展普世人权——这样的人权必然也适用于我们的敌人，这正是《日内瓦公约》的目标——争论对待动物的伦理规范，其实是把诞生自群体内需求的体系套用到群体之外，甚至是人类这个物种之外。道德范围扩张之后就不免变得脆弱。我们成功的希望必须奠基于道德情感上，因为情感不遵循规范。原则上，同理心能够凌驾一切关于对待别人的规范。举例而言，辛德勒在第二次世界大战期间保全了不少犹太人，当时他的社会对于如何处置犹太人其实已有明确命令，但他的情感最终还是左右了他的理智。

关怀的情感可能会导致颠覆性的行为，就像一名狱卒在战时奉命只能为俘虏提供水和面包，却偶尔偷送水煮蛋进去给他们吃。虽然只是一个小小的举动，却已足够让俘虏感觉到，自己的敌人并非全是恶魔。除此之外，还有各种消极的行为，例如有些士兵能够随意残杀俘虏，却宁可不这么做。在战争期间，自制就是一种同情心的表现。

情感不理会规则。这就是为什么我们提到道德模范的时候，总是说他们的心，不谈他们的头脑（尽管神经学家认为，把心视为情感的根源早已是过时的概念）。面对道德难题，我们仰赖的是情感的感受，不是理性的思考。斯波克先生彻底理智的思维有其深深不足之处。这点在“善良的撒马利亚人”这则寓言里最是一针见血，明确表达出我们对弱者的态度。一个人身受重伤，躺在耶路撒冷通往耶利哥的路边，一名教士和一名利未人陆续经过，都没有伸出援手。他们虽然都是教会人员，熟知一切伦理规范，却不愿为了陌生路人耽误旅程，沿着道路的另一边快速走过。后来，一名撒马利亚人经过，看到了这个受伤的人，便停下脚步帮他包扎伤口，还用驴子把他驮到安全的处所。撒马利亚人虽是异端，却发挥了同情心。《圣经》里的这则寓言就是要告诫我们，切勿死读书上的伦理规范，应该追随内心的指引，把所有人都当成自己的邻居看待。

道德规范既然深植于情感当中，我们自然就同意达尔文和韦斯特马克的演化观点，不会认为答案存在于文化与宗教当中。现代宗教的历史只不过几千年而已，实在很难想象，人类的心理状态在宗教出现之前会有多大的不同。这不是说宗教与文化毫无作用，只是说道德规范的构成元素，显然早在人类出现之前就已经存在了。我们可以在人类的灵长类近亲身上看到这些元素，同理心在巴诺布猿身上最明显，互惠则可见于黑猩猩当中。道德规范告诉我们什么时候该运用这些倾向，但这些倾向早在远古以前就已经存在了。

第六章

两极化的猿类

人类最明显的特征是恨还是爱？确保生存的关键是竞争还是合作？我们比较像是黑猩猩还是巴诺布猿？

以人类两极化的性格，问这些问题根本是浪费时间，就像是在问面积应由长度测量还是宽度测量一样。更糟糕的做法，则是只考虑一端而忽略另外一端。尽管如此，这却正是西方世界的做法。过去几百年来，西方世界总认为竞争才是我们真实的一面，而我们的社会性则是后天培养出来的结果。不过，如果人类真像我们假设的那么自私，当初又怎么会组成社会呢？传统观点认为，社会是人类祖先订立的契约，如同霍布斯所说，他们决定生活在一起“只是约定的结果，而且这种约定乃是人类制定的产物”。这种观点认为人类本是独行侠，只是迫不得已才集结起来：我们懂得聚合资源，却并非真正受到自己同类的吸引。

古老的罗马谚语“Homo homini lupus”（人对人都如同狼一般），精确捕捉了这种反社会的观点，而且这种观点至今仍然存在于法律、经济学和政治学中。问题不只在于这个谚语扭曲了人类的形象，更重要的是，它也侮辱了动物王国里最爱好群居也最忠心的一种合作动物——由于其忠心程度之高，我们的祖先因此明智地驯化了它们。野狼的生存方式是借助团队合作，猎食体形比它们巨大的动物，例如驯鹿或麋鹿。打完猎回到社群之后，它们会反刍猎物的肉，供哺乳的母亲与幼子食用，有时也会分给无法出外打猎的老弱病残成员。它们就像同呼口号的足球球迷，在打猎前后都会一起嗥叫以增进团结。狼与狼之间自然也会互相竞争，但它们没有本钱任由竞争破坏社群的团结，忠心与信任一定要摆在第一位。它们必须抑制有害合作基础的行为，以免危及生存所系的社会和谐。如果一只狼只顾着自己的利益，不久之后就只能自己独自抓老鼠吃了。

猿类也懂得这样团结互助。在科特迪瓦的塔伊国家公园，有一项研究发现，黑猩猩会照顾遭到豹袭击受伤的同伴，帮它们把血舔干净，清除沙土，赶走伤口周围的苍蝇。它们会保护这些同伴，迁移的时候，也会刻意放慢脚步让它们跟上。这样的举动非常合理，因为黑猩猩过着群体生活有其原因，正如狼与人身为群体动物也不是偶然的现象。我们的祖先如果不热衷于参与社会，今天的生活就不可能是这个模样。

因此，我的看法刚好与传统观点相反。传统观点中的自然界，是一幅“腥牙血爪”的图像，个体总是把自己摆在第一位，行有余力才思及社会；然而，如果个体不先对群体贡献心力，就不可能享有群体生活的好处。所有社会动物都会在二者之间取得平衡，有些社会比较野蛮，有些社会则比较和谐。不过，即便像狒狒和猕猴这种严酷的社会，还是会限制内在的竞争。一般人经常认为，在自然界里，弱者必然遭到消灭——即所谓的“丛林法则”。但实际上，社会动物对彼此其实具有相当的宽容和支持。如果不这样，生活在一起有什么意义呢?

我曾经研究过一群猕猴，它们对社群里一只心智障碍的幼猴丝毫没有排挤之意。这只雌性幼猴名叫杜鹃，由于它体内有一对染色体由三个组成，因此有如人类的唐氏症。猕猴通常都会惩罚违反社会规范的成员，但杜鹃却是连犯下威吓雄性领袖如此严重的错误，也不会遭到惩罚。这群猕猴似乎都了解，不论做什么也改变不了杜鹃的愚憨笨拙。日本阿尔卑斯山脉有一群野生猕猴，社群里也有一只天生残障的母猴，名叫百舌鸟。它不太能够走路，也无法爬树，因为它没有手也没有脚。它是日本纪录片上经常出现的明星，因为获得社群成员的高度接纳，不但活了很长时间，还生下了五个子女。

由此可见，适者生存并非绝对不变的铁律。当然，适者生存的现象确实存在，但我们没有必要因此认为，人类近亲动物的生活充满了惊惧不安。灵长类动物会因彼此的陪伴，获得极大的抚慰。和自己的同伴和谐相处是一项至关紧要的能力，因为个体一旦脱离社群，面对掠食者与充满敌意的邻居，生存几率就非常之低。在孤独的情况下，灵长类动物通常活不了太久。这就是为什么它们每天会花上差不多十分之一的时间，帮其他成员梳理毛发，借此维系社会关系。野外研究显示，社交关系最佳的母猴，后代存活下来的数量也最多。

大猩猩与自闭症患者

情感纽带是人类非常基本的需求。有一名美国女子患有亚斯伯格症候群的自闭症，她和人一起生活的时候，一直无法接受自己的状况，但是后来，在开始照顾动物园里的大猩猩之后，却从此获得了内心的平静。也许该说，是她受到了大猩猩的照顾。这个女子名叫唐·普林斯—休斯（Dawn Prince-Hughes），她说一般人总是会直视着她，向她提出直接问句，希望她立即回答，令她感到紧张不安。然而，大猩猩却会给她空间，避免和她目光接触，而且会传达给她一种安抚人心的平静感受。更重要的是，它们非常有耐心。大猩猩是“委婉”的动物，从不面对面接触。此外，它们和其他猿类一样，瞳孔的虹膜周围没有白色巩膜，所以盯视起来不像人眼那么令人不安。人类眼睛的颜色搭配可以强化沟通效果，但也因此导致我们无法像猿类那样，以全黑的眼睛从事微妙的沟通。而且，猿类很少会像我们这样直接盯视，只会以眼角扫描。它们的周边视野非常宽阔，通常靠着眼角观察即可，这种现象必须经过长时间的相处才能习惯。我经常以为它们没有在注意，结果才发现自己根本猜错了：它们绝对不会错过身边发生的一切事情。

普林斯—休斯说，大猩猩以“不看而看、不必说话即可理解”的方式，对她展现同理心，它们的做法其实是运用动作与肢体模仿——这正是动物情感联系的古老语言。这个社群当中有一只体形硕大的银背大猩猩，名叫刚果，个性最敏感，也最懂得安慰人，会直接回应别人传达出的痛苦信号。这点其实不令人意外，因为雄性大猩猩虽然背负着金刚的凶猛形象，实际上却是天生的保护者。以前的殖民地猎人讲述大猩猩攻击人类的骇人故事，都是为了塑造自己的英勇形象；不过，大猩猩冲撞敌人的时候，其实都会不惜牺牲性命以保护家人。

想来难以置信，自闭症患者的缺陷就在人际技巧上，但普林斯—休斯却反倒发现了猿类情感联系的重要性，以及我们在灵长类动物身上感受到的深切亲属关系。帮助普林斯—休斯摆脱孤独状态的是大猩猩，不是黑猩猩或巴诺布猿，这点就大猩猩的性情来看其实颇为合理。大猩猩的外向程度远低于黑猩猩和巴诺布猿。瑞士一座动物园曾经发生过一起事件：一天晚上，这座动物园里的黑猩猩不知怎么取下了室内圈养区的天窗，从屋顶逃了出去，其中有些更在城里乱窜，在屋顶上跳来跳去。后来花了好几天才把这些黑猩猩全部抓回，所幸没有任何一只遭到警方枪杀，或者被电线电死。

当地一个动物权团体因为这起事件动了念头，决定“解放”动物园里的大猩猩。他们没有深思这么做是否真对动物有益，就趁着夜间爬上收容猿类的建筑物，取下大猩猩区的天窗。然而，虽然这些大猩猩有好几个小时的时间能够逃跑，但却没有这么做。第二天早上，管理员发现它们都坐在平常的位置，迷惘地盯着屋顶上的洞口。它们完全没有想要爬出去看看的好奇心，于是园方也就只好单纯地把天窗放回去而已。由这个例子，即可见得黑猩猩与大猩猩的性情差异。

人类近亲动物的自然状态充满了情感纽带互相支持，即便是自闭症患者也感受得到。或者，也许只有自闭症患者才感受得到，因为我们把注意力全都放在语言上，以致不再能察觉非口语的讯息，例如身体姿态、手势、表情和语调。我们的沟通一旦脱离了身体信号，情感内容也就会随之消失，成为纯粹技术性信息。一旦如此，口语沟通大概就和手上拿着写有“我爱你”或“我很生气”这样的卡片没有两样。我们都知道，如果一个人的脸部因为神经失调而无法做出表情，没办法以微笑或皱眉呼应别人的情感，就会陷入深沉的孤独中。一旦没有了把人凝聚在一起的身体语言，我们就根本活不下去。

对于人类起源的猜测，如果忽略了这种深刻的联系，而把人类呈现为独行侠，只是因为不得已才心不甘情不愿地聚在一起，这样的猜测必然是对灵长类动物演化过程无知的产物。我们所属的这种动物类别，在动物学家眼中属于“专性群居”动物；也就是说，我们除了团结合作以外，没有其他选择。这就是所有人内心都害怕遭到放逐的原因：对我们而言，遭到社会排斥是最悲惨的命运。在《圣经》记载的时代是如此，到了今天仍然没变。演化作用为我们注入了对于归属感和获得别人接纳的需求，我们的社会化特质深植于我们的核心当中。

驯化的矛盾

我曾经有一辆车龄高达二十年的道奇标枪轿车，因为它，我才知道一辆车最关键的部分其实不是引擎。开它的时候，必须用尽全身力气踩下刹车，才能停得下来。在一个平静的早晨，趁着路上没什么车，我就把这个老伙伴慢慢开到邻近的一家修车厂。虽然平安抵达目的地，一路上却一直担惊受怕。事后好几个月，我还会梦到自己开着一辆只会减慢速度却停不下来的车子。

自然界节制与平衡的机制，就和车辆的刹车一样至关重要。一切事物必须受到规制，必须维持在控制之内。举例而言，哺乳类与鸟类都在演化过程中大幅跃进成为温血动物，但每次只要温度过高就会产生问题。在炎热的天气里，或是运动过后，这两种动物都必须降低身体温度，方式包括排汗、扇动耳朵，或者伸出舌头用力喘气。自然界为体温设计了刹车机制。同理，每一种鸟的蛋也都有最佳的体积，一窝幼鸟有最佳的数量，觅食有最佳的距离，猎物也有最佳的大小，如此等等不一而足。如果有鸟偏离了常态，一次生下太多蛋，或者到距离鸟巢太远的地方寻觅昆虫的踪迹，就会在演化竞赛中败下阵来。

这点同样适用于互相冲突的社会倾向，例如竞争与合作、自私与友善、斗争与和谐。一切都必须取得平衡，维持在最佳的状态。自私不可避免，而且也是必要的现象，但只能到某种程度为止。这就是我把人类本性比拟为双面神的原因：我们是相反力量作用之下的产物，一方面必须考虑自己的利益，另一方面也必须和别人和谐共处。我如果特别强调后者，原因是传统观点总是过于强调前者。这两者的关系非常紧密，而且都有助于生存。以争吵之后的和解倾向为例，这种促进和平的能力，也必须在冲突的前提下才有可能演化出来。在两极化的世界里，每一种能力都隐含了相反的能力。

我们已经谈过特定的矛盾现象，例如民主与阶级之间的关系，核心家庭与杀婴行为的关系，还有公平与竞争之间的关系。在每一个例子里，都必须经过几个阶段的演变，才会从一端发展到另外一端。不过，不论往哪个方向看，社会体制绝对是相反力量互相作用而来的产物。演化是一种辩证过程。

人性也是天生就具有多重面向的，黑猩猩与巴诺布猿的本性同样如此。虽然黑猩猩的天性比较残暴，巴诺布猿比较温和，但黑猩猩还是会化解冲突，巴诺布猿也一样会互相竞争。事实上，黑猩猩正因为明显具有凶暴的天性，其和解行为才更引人注意。这两种猿类都同时具备这两种倾向，但各自达到了不同形态的平衡。

人类刻意的残暴行为更甚于黑猩猩，但同理心又比巴诺布猿强烈，因此我们是最两极化的猿类。我们的社会从来不是完全和平，也不是完全竞争；不是完全受到自私的驱动，也不是完全遵循道德的原则。纯粹的状态不是自然之道，人类社会的特质就是人类本性的特质。人性里同时具备仁慈与残酷、崇高与鄙俗——有时候，在同一个人身上就可看到种种不同的特质。我们充满了矛盾，但大致上都已经被驯化了。所谓驯化的矛盾听起来也许晦涩难懂，甚至带有神秘色彩，可是这种现象在我们周围其实随处可见。太阳系就是一个绝佳的例子。太阳系产生自两股相反的力量，一股向内，一股向外。太阳的重力与行星的离心力恰好形成完美的平衡，至今已经维持了几十亿年之久。

在人性与生俱来的双重性之上，有着智能扮演的角色。虽然我们习于高估自己的理性，但人类行为其实是冲动与智能结合之下的产物。我们难以遏抑自己的冲动，总是不断追求权力、性、安全，以及食物，但是采取行动之前懂得先衡量利弊。人类行为深受经验的影响，这种现象似乎显而易见，根本不值一提，但生物学家以前的观点却并非如此。在20世纪60年代，人类身上察觉得到的倾向，几乎都被贴上了“本能”的标签，而且康拉德·洛伦茨（Konrad Lorenz）在《本能主义》（*Instinktlehre*）这本著作里，甚至还提出本能的“国会”这项概念[①]。不过，“本能”这个字眼的问题在于，贬低了学习和经验所扮演的角色。有一种类似的趋势也存在于若干当代学派中，他们偏好的字眼则是“模块”，把人脑比拟为瑞士军刀，在演化过程中陆续添加各种模块，包括辨识脸部和使用工具的能力，乃至关爱儿童和重视友谊的特质。问题是，没有人知道大脑模块究竟是什么东西，而且，大脑模块存在的证据也和本能的证据一样虚无缥缈。

我们有天生的倾向，这点无可否认，但我不认为我们只是盲目的演员，任凭自然的遗传剧本摆布。我认为我们是即兴演员，能够随时根据其他即兴演员的演出，弹性调整自己的角色，遗传基因只是为我们提供暗示和建议而已。这点也同样适用于我们近亲的灵长类动物身上，且让我用叶伦的例子加以说明。在阿纳姆动

① 洛伦茨所谓本能的国会，意指各种本能就像国会里的议员。议员致力于通过自己的议案，以主导政府的运作，各种本能也争着要取得身体的主导权。——译者注

物园里，叶伦正与刚崛起的尼奇逐步建立结盟关系，但是在其中一次争吵中，尼奇却咬了叶伦的手。叶伦手上的伤口不深，但它行走的时候却跛得很严重。过了几天后，我们才发现，似乎只有尼奇在场的时候，它才会装出跛行的模样。我觉得非常难以置信，于是展开系统性的观察，每次看到叶伦装出跛行的模样，就同时记录尼奇的所在位置。结果显示，尼奇的视野正是叶伦跛行与否的关键。举例而言，如果叶伦从尼奇的面前走到身后，那么它在尼奇看得到的范围内，都会拖着手蹒跚前进；但一到了尼奇身后，就立即恢复正常。

叶伦似乎刻意装出跛足的模样，以求伙伴能够温和对待它，甚至因此心生怜悯。伤害自己的伙伴绝不是聪明的举动，叶伦似乎以夸大自己的痛苦提醒尼奇这一点。在人前装模作样的行为，对我们而言自然是再熟悉不过了。夫妻如果婚姻不幸福，在别人面前也会装出甜蜜的模样；老板如果讲了乏味的笑话，属下还是会装得兴味盎然。充样子装门面是人类与猿类共有的特色。

我们近来查看了上百个年轻黑猩猩打滚角力的记录，以了解它们在什么时候最容易露出笑脸。猿类在玩耍的时候会张开嘴巴，脸上的表情看起来就像人类欢笑的模样。我们对于年龄差距较大的玩伴特别感兴趣，因为大猿和小猿特别容易玩过头，以致戏耍变成打架。这种现象一旦发生，小猿的母亲就会介入，有时候还会打大猿的头。于是，年龄较长的黑猩猩显然会尽力避免这种情况。我们发现，幼猿和婴儿一起玩的时候，如果婴儿的母亲在一旁观看，幼猿就会不断露出欢笑的表情，似乎是在说："看我们玩得多快乐！"如果婴儿的母亲不在旁边，幼猿露出笑脸的频率就低得多。因此，年轻黑猩猩的行为会随着母亲看不看得到而有所不同。在母亲的监视下，它们会露出欢乐的模样，以免遭到干预。

就是因为猿类在玩伴或政治对手之间有这种假装行为，我才会一直无法接受把动物视为盲目演员的理论。猿类不是完全依照遗传指令的规定踱行或欢笑，而是会敏锐察觉身边的社会环境。它们和人类一样，会思考各种不同的选项，并且依照情况做出适当的决定。在实验室里，猿类受到的都是抽象问题的测试，例如跟着实验人员的指引找出奖赏，或是判别物品多寡的差异（这种能力称为“数量感”）；只要没有通过测验，我们通常就此推断自己比它们聪明。不过，猿类一旦回到自己的社会，和自己认识一辈子的对象互动，呈现出来的智力就不比人类差。

要测试这种现象，有一种粗暴的做法就是把人丢进黑猩猩的社群里。实际上当然不可能这么做，因为黑猩猩的力气远比人大得多；不过，假设我们找到一个力量足以和成年黑猩猩匹敌的人，就能看到他在猿类社群里的表现如何。他面对的挑战就是必须赢得其他黑猩猩的友谊，但又不能太低声下气，因为在猿类社会里，如果没有一定程度的自信与果断，就一定会被践踏在社会的最底层。猿类社会和人类社会一样，其中的成员若要获得成功，一方面不能横行霸道，另一方面也不能过于懦弱。试图隐藏恐惧或敌意是毫无意义的做法，因为人类的身体语言绝对逃不过黑猩猩的法眼。我的猜测是，黑猩猩社群绝对不比职场同事或学校同学更容易应付。

以上事例只是为了指出，猿类的社会生活其实充满了明智的抉择。因此，人类与黑猩猩及巴诺布猿的共通之处，绝对不限于所谓的本能或者模块。这三种动物都面对类似的社会难题，也必须在追求地位、伴侣和资源的同时，克服类似的矛盾冲突，而且都一样必须绞尽脑汁寻求解决方法。当然，人类看得比猿类更远，考虑的选项也比较多，但这毕竟不算根本上的差异。我们虽然造出了能够下棋的电脑，却还是和猿类一样下着社会生活的棋局。

青春永驻

许多人认为，人类仍不断朝着更高度的演化迈进，猿类则是停在原地不动。不过，我们的灵长类近亲真的停止演化了吗？人类又真的在演化之梯上不断向上攀爬吗？讽刺的是，实情很可能正好相反。人类说不定已经停止了演化，但猿类却仍然受到演化压力的驱使。

演化作用的达成，就是通过若干变数繁衍超越其他变数。几个世纪前，这种现象仍然适用于人类。在卫生环境不佳的地方，例如发展快速的都市地区，人口死亡率常高于出生率。如此一来，有些家庭的人口就比较兴旺，有些人则是连家庭都没有。相对之下，今天儿童存活到 25 岁的几率达将近 98%。因此，几乎所有人的基因都有机会流传后代。

良好的营养和现代医学已经消除了驱动人类演化的汰择压力。举例而言，过去在分娩过程中，妇女和婴儿经常必须冒极大的风险。造成这种现象的部分原因是产道过于狭窄（相对于我们超大的头骨而言），所以人类的产道也就一直有必须扩张的演化压力。不过，剖腹生产却改变了这种情形。美国有 26% 的产妇采取剖腹生产，巴西有些私人诊所的剖腹生产率高达 90%。于是，产道狭窄在几个世代以前原本等于是夺命符，现在却有愈来愈多产道狭窄的妇女能够存活下来，把这种特征继续传承给后代。长此以往，将导致剖腹生产的人数愈来愈多，自然生产反倒成为例外状况。

持续不断的演化其实是一支死亡之舞，由存活下来的个体，围绕在未及繁殖即告殒命的对象周围款款而动。这种情形在工业化的世界里仍然可能发生，例如一场后果惨重的全球大流感。免疫力较强的人将可存活下来，把自己的基因传承下去，就像 14 世纪的黑死病，短短五年间，据统计，仅在欧洲夺走的人命多达2500万。有些科学家认为，黑死病的元凶应是一种类似埃博拉病毒的病原体，传染性极强，而且能够人传人。现在，耐受这类病毒的免疫能力在欧洲的普及度高于世界其他地区，也许必须归功于这场自然汰择的重大事件。

同理，在非洲撒哈拉沙漠以南地区，目前将近有10%的人口感染了人类免疫缺乏病毒（HIV），因此可以预期，在不久的未来，这里的居民将会逐渐发展出耐受HIV病毒的免疫力。现在已知有一小群人不会感染这种病毒，另外一小群人则是感染之后也不会发展成艾滋病。生物学家把这种人的状况称为“适应性突变”，这样的人会逐渐繁衍，子孙终将遍布非洲大陆；不过，这样的演化过程必然需要付出惨重的生命代价。非洲的黑猩猩一定早就经历了这种过程：它们身上带有和HIV病毒极为相近的猿猴免疫缺乏病毒，却没有任何不良后果。

人类的免疫能力大概还是会不断适应调整，但是，除此之外，实在看不出人类还会有哪些遗传变化。我们也许已经达到了生物发展的巅峰，除了刻意育种之外（希望我们不会这么做），再也不可能有所超越。尽管有《猪头满天下》（*The Darwin Awards*）这种搞笑著作，指称有些人会以难以理解的愚蠢行为，让自己的基因不再流传后代（例如一个窃贼在商店里偷了东西之后，一面逃跑一面把两只钳螯粗大的活龙虾塞进裤子里，结果就这样导致意外自宫的后果），但少数意外并不会改善人类的遗传构造。只要智力与生子数无关，人类的脑子就会维持现有的大小。

但文化呢？以前文化变迁速度缓慢，人类生物结构也就跟得上改变。有些文化与遗传特征会共同传承给后代，这种现象称为“双重遗传”。举例而言，我们的祖先开始饲养骆驼之后，就具备了乳糖耐受性。所有年幼的哺乳类动物都有能力消化乳汁，但消化乳汁所需的酶在断奶之后通常就会失去活性。在人类身上，这种情形发生于四岁之后，缺乏乳糖耐受性的人，一旦喝了新鲜牛奶就会上吐下泻。这是人类原本的状况，世界上大多数成年人也都是如此，只有北欧的养牛人家以及非洲依赖乳制品过活的牧人，才能从牛乳里吸收维生素D与钙质——这种遗传变化可以回溯到一万年前，也就是羊和牛刚被驯养的时候。

不过，当今的文化发展速度太快，生物演化的脚步根本不可能跟上。用手机传递短信不太可能导致人类的拇指变长，因为我们其实是为自己已经拥有的拇指，设计了这种短信输入方式。我们已经成为改变环境以适应自己需求的专家。因此，我认为人类不会再继续演化——至少身体形貌与行为不会再有所改变。我们已经消除了差异生殖的机制，而这正是生物发展唯一能够改变我们的手段。

猿类虽然还是承担着真正的压力，但我们也不确定猿类是不是会继续演化。它们的问题是压力太大，已经徘徊在绝种边缘，以致没有什么演化的机会。过去多年来，我一向抱持一个观念，认为世界上既然还有这么多的雨林，猿类一定不可能彻底灭绝。不过，近来我也开始转向悲观。由于猿类的栖息地遭到大规模破坏，加上森林大火、盗猎、野生动物肉品业（非洲人会吃猿肉），还有最近在猿类中肆虐的埃博拉病毒，现在野生黑猩猩的数量可能只剩20万，大猩猩10万，巴诺布猿2万，红毛猩猩也是2万。如果读者觉得这样的数量听起来还不少，请比较一下它们的敌人——目前世界上已有60亿人口。这是一场不对称的战争，根据预测，到了2040年，几乎所有适合猿类生存的栖息地都将告消失。

如果我们连猿类都保护不了，人类的重要性也会随之降低。毕竟，猿类是和我们关系最亲近的动物，基因和我们几乎相同，而且和我们只有程度上、没有本质上的差异。如果任由猿类灭亡，我们也大可任由世界上的一切生物灭绝，从而把人类自夸为地球上唯一有智慧的生物这种说法，变成自我实现的预言。我一辈子的研究对象虽然都是圈养猿类，但我也看过相当多的野生猿类，足以感受到它们在野外的生活——它们的尊严、它们的归属感、它们的角色——绝对是不可取代的。野生猿类一旦消失，我们也就等于失去了自己的一大部分。

若要理解以往的演化过程，野生猿类绝对是无价之宝。举例而言，我们仍然不知道巴诺布猿与黑猩猩为什么会差异这么大。它们的祖先在两百万年前分家的时候，究竟发生了什么事？原本的猿类究竟比较像黑猩猩还是巴诺布猿？我们知道巴诺布猿目前栖息处的资源比黑猩猩丰硕，可让成群的公猿母猿共同觅食。如此一来，巴诺布猿的社会纽带自然比黑猩猩紧密，因为黑猩猩必须分成小型队伍分别觅食。巴诺布猿社群里没有血缘关系的母猿能发展出“姊妹情谊”，前提要件就是必须有来源稳定又丰富的食物。它们的栖息地有大量果树，可让众多巴诺布猿共同进食，而且它们也吃森林地面上大量生长的植物。由于这种植物也是大猩猩的主要食物，因此有人推测，既然巴诺布猿的栖息地都没有大猩猩，可见巴诺布猿的生态区位是黑猩猩进入不了的，因为黑猩猩在栖息地里都会与大猩猩竞争。

巴诺布猿还有另外一项与人类有关的特征，即它们是“青春永驻”的猿类，这种说法被称为“幼态持续”。1926 年，一名荷兰解剖学家提出一项惊人主张，声称人类看起来就像达到性成熟的灵长类胎儿。自此以后，人类就被贴上了幼态持续的标签。古尔德认为保有幼年形态是人类演化的表征，他当初不知道有巴诺布猿这种动物。巴诺布猿成年之后，头骨还是像年轻黑猩猩那样又小又圆，而且尾部还留有一簇白毛，但这簇白毛在黑猩猩五岁之后就会脱落。成年巴诺布猿的叫声和幼黑猩猩一样尖细，而且一辈子都保有活泼淘气的性情。科学家认为，雌性巴诺布猿方向朝前的阴门也是一种幼态持续特征，这种现象也存在于人类身上。

人类的幼态持续现象可见于我们赤裸无毛的皮肤，尤其是我们庞大的头盖骨与平坦的脸部。成年人看起来就像是很年轻的猿类。万物之灵是不是在发展上遭到了遏制？人类在演化上的成功，无疑是因为成年之后仍然保有幼年哺乳类动物的创意和好奇心。有人把人类命名为“Homo ludens”：戏耍的猿类。我们一生不停玩游戏，唱歌跳舞，通过阅读非文学著作或进修大学课程来增长知识。

我们非常需要保持心灵年轻。人类既然不可能寄望持续的生物演化，也就必须把未来的发展奠基于既有的灵长类遗传特质上。我们传承而来的灵长类特质只有松散的规制，而且又吸取了演化作用的青春药剂，因而也就丰富多变，充满弹性。

意识形态

蚂蚁具有近乎完美的协调能力，而且愿意为了全体利益牺牲自己，所以蚁群经常被人比拟为社会主义社会。这两者都是劳工的天堂。不过，和蚁丘的井然有序比起来，即便是最有纪律的人类劳动力，也像是处于毫无效率的无政府状态。人类下班后会回家喝酒聊天，慵懒放松——但只要是稍有自尊的蚂蚁，就绝对不会这么做。人是不愿为了公益牺牲自我的。我们关切群体利益，但还不至于愿意为其放弃个人福祉。

纳粹德国创造了意识形态的惨祸。纳粹政权一样把“群体”（das Volk）置于个人之上，但并不采取社会工程的手段，而是采用寻求代罪对象与遗传操控的方法。他们把人区分为“高等”与“劣等”两种，必须防止第一种人遭到第二种人玷污。纳粹用骇人的医学术语指出，要有健全的民众，就必须切除致癌元素。他们把这种概念发挥到极端，以致生物学在西方社会蒙受了污名。

不过，可别以为自然选择论的意识形态只局限于那个特定的时间与空间。20 世纪初期，号称要借助“繁殖适者族群”改善人类品质的优生学，就曾经在美、英两国大受欢迎。优生学的基本观念可追溯至柏拉图的《理想国》，甚至认为将罪犯去势是可以接受的。社会达尔文主义认为，在自由放任的经济中，强者将会胜过弱者，从而改善人口品质，这种观念至今仍然对政治走向有所影响。在这种观点中，穷人不该受到帮助，以免干扰自然秩序。

政治意识形态与生物学是格格不入的一对伴侣，大多数生物学家都宁可与政治意识形态分房而睡。我们之所以无法彻底隔离二者，原因是“自然”一词的魅力极大。这个字眼非常具有抚慰人心的效果，每一种意识形态都迫不及待要加以拥抱。由此可见，研究探讨行为与社会的生物学家，都有被卷入政治旋涡的风险。举例而言，在我们发表猴类公平行为的研究之后，就曾经发生这种现象。报纸描述猴子一旦看到自己的同伴得到葡萄，就不愿再继续吃小黄瓜，接着就引用我们的发现倡言社会平等。报纸上的专栏指出：“猴子也厌恶不公平的待遇，何况我们？”这样的评论引来许多古怪的反应，其中有一封电子邮件，作者认为，我们想要颠覆资本主义，因为资本主义显然不在乎公平问题。不过，这位批评者没有注意到的是，实验猴子的反应其实合乎自由市场的运作。比较自己和别人获得的物品，然后抗议价钱不对，这不正是最符合资本主义的现象吗？

1879 年，美国经济学家弗朗西斯 · 沃尔克（Francis Walker）

试图解释，他这一行的同僚为什么“在一般人心目中的形象这么糟”。他把原因归咎于，他们无力了解人类行为和经济理论为何不相符。我们不一定都会做出经济学家认为我们该做的行为，主要是因为我们其实不像经济学家想象的那么自私，也没那么理性。经济学家被灌输的是一种刻板的人性观，结果他们因为深信这种观点，以致自己的行为逐渐趋近于这种观点描绘的模样。心理测验显示，主修经济学的学生，自我中心的程度高于一般大学生。他们在课堂里一再接触资本主义的自利模型，以致原本的利他倾向遭到坑杀。他们不再信任别人，别人也不信任他们，于是也就导致经济学者的形象不佳。

相较之下，社会性哺乳类动物懂得信赖、忠诚和团结，它们和塔伊国家公园的黑猩猩一样，不会抛下不幸的弱势者不管。此外，它们也有对付投机者的方法，例如对方如果不和自己合作，自己也会拒绝和它合作。它们借助互惠的做法，建立一种大多数经济学家认为不可能存在的支持体系。在我们近亲动物的群体生活里，可以明确看出资本主义的竞争心态与高度发展的社群精神。因此，最适合我们的政治体系，也就必须平衡这两者。

倒不是说世界上真有纯粹的资本主义政府，即便是美国，也有各种节制市场的平衡机制以及工会与补贴。不过，和世界其他国家比较起来，美国堪称是一个实验国度，试行不受拘束的竞争现象，这项实验已经让美国成为文明史上最富有的国家。不过，目前美国却出现了一种令人难解的情形，也就是健康水准愈来愈落后于富裕的程度。

过去，美国人民的健康与身高曾经在全世界居首；不过，现在美国人民的寿命与身高，却在工业化国家中敬陪末座，青少年怀孕和婴儿死亡率反倒跃居第一。在大多数国家里，人民的身高每十年增加将近 2.5 厘米，美国人民的身高却从 20 世纪 70 年代以来就不曾增加。于是，现在北欧人的平均身高比美国人多出 7.6 厘米。美国的外来移民不是造成这种现象的原因，因为外来移民在美国人口中只占极小比例，不足以对统计数据造成影响。在平均寿命方面，美国一样落后于其他国家。在这项至关重要的健康指标上，美国人甚至还挤不进前 25 名。

这种现象该如何解释呢？第一个令人联想到的罪魁祸首就是医疗私有化，导致数以百万计的人民缺乏保险；不过，真正的问题可能存在于更深层的方面。英国经济学家理查德・威尔金森（Richard Wilkinson）搜集全球资料，比较社会经济状态与健康之间的关系，结果把问题怪罪在不平等现象上。美国社会的下层阶级人数庞大，全国人民的所得差距，和许多第三世界国家不遑多让。美国所得金字塔顶端的 1% 人口，其收入比底层 40% 人口的所得加起来还多。和欧洲、日本比较起来，这样的差距实在大得惊人。威尔金森指出，严重的所得不均会侵蚀社会结构，并且引发怨恨、削弱信赖，以致富人与穷人都因此承担更大的压力。在这种体系里，没有人会觉得自在。于是，这个世界上最富有的国家，却有着最糟糕的健康记录。

一种政治体系不论评价如何，只要不能增进人民的生活品质，就一定有问题。不受节制的资本主义倡导牺牲大多数人以成就少数人的物质利益，所以可能不是长久之计。这样的资本主义否决了人生不可或缺的基本团结现象，也就违反了演化过程中长久以来的平等主义，而且这种平等主义又和我们的合作本性脱不了关系。灵长类动物的实验显示，如果团体成员不能共享利益，合作关系就会崩解。人类行为很可能也遵循同样的原则。

因此，不论是自由派还是保守派，标举团结合作的人士还是主张追求自利的人士，大概都可从自然现象中各取所需。撒切尔夫人把社会摒斥为幻象，显然不是着眼于我们高度社会性的一面。19世纪的俄国王子克鲁泡特金（Petr Kropotkin）认为，生存的挣扎必然会形成愈来愈多的合作，但这样的观点其实忽略了自由竞争，还有这种现象的刺激效果。真正的挑战就在于，该怎么在二者之间取得适当的平衡。

如果我们的社会尽可能模仿人类祖先的小规模社群，也许能够达到最佳的运作状态。我们长久演化而来的结果，显然不适合住在数百万人的大城市。在这种都市里，走到哪里都不免碰到陌生人，在暗巷里遭到他们威胁，在公共汽车上坐在他们身边，在堵车的时候对他们怒目相向。我们祖先的生活就像巴诺布猿的紧密社群一样，身边都是自己认识而且每天来往的人。当今的人类社会竟然能够保有如此的秩序、生产力和相当程度的安全性，实在是了不起的成就。不过，城市规划者还是有能力更趋近古代的社群生活，而且也必须做到这一点，让所有人都能知道每个儿童的名字与住址。

“社会资本”是指，稳定的环境与繁复的社会网络形成了公共安全与每个人的安全感。在芝加哥、纽约、伦敦、巴黎这类城市中，历史比较悠久的社区确实具有这种社会资本，原因是这些社区当初的设计就是要让居民在其中生活、工作、购物、上学。如此一来，居民就会认识对方，发展出共同的价值观。在这种地区，由于街道安全和所有居民都切身相关，因此年轻女子就算夜间走路回家，也不会感到危险，原因是邻里中潜在的守望机制会构成保护。现代的都市规划潮流，倾向于把各种功能分别集中于不同区域，破坏了这种传统，导致居民生活在一个地方，购物在另一个地方，工作又在另一个地方。这种规划严重阻碍了社群意识的建立，更遑论所有人在这些区域之间移动必须耗费多少时间和油料，又必须承受多大的压力。

威尔逊说过，生物构造“用链子”拴住我们，所以，我们能够游移的范围有限。我们可以按照自己的喜好规划人生，但是能不能繁荣兴旺，则取决于这样的人生是否合乎人类先天的性情。

我曾经目睹一个鲜明的例子。我在20世纪90年代造访以色列一座集体农场，与其中一对年轻夫妇喝茶聊天。他们两人都生长于邻近的集体农场，当时儿童必须与父母分开，和其他儿童一起在合作组织中长大。这对夫妇指出，这种做法已经被放弃，现在儿童每天放学后，即可回家和父母住在一起。他们说，这样的改变让人松了一口气，因为小孩待在自己身边“感觉上就是比较好”。

多么显而易见！集体农场感受到了生物构造这条链子的限制。我不敢任意断言人类能或不能做什么，但是母子之间的联系显然不可侵犯，因为这是哺乳类动物生物构造当中的核心要素。我们决定要建构什么样的社会，要怎么达成国际人权，就必须面对同样的限制。人类的心理结构是数百万年来小型社群生活形塑而成的结果，因此，建构周围的世界也必须顺应这种心理结构。如果能把其他大陆上的居民视为我们的一部分，把他们纳入互惠与同理心的圈子中，那我们就是把国际人权建构在人性的基础上，而不需违背自己的本性。

2004年，以色列司法部部长拉比德（Yosef Lapid）因为以同理心看待敌人，引起政治骚动。以色列军方计划拆毁邻近埃及边境数以千计的巴勒斯坦人住宅，拉比德则对此提出质疑。他看到夜间新闻上的影像，不禁有感而发：“我在电视上看到一个老妇人的家被夷为废墟，她趴在地上，翻着地砖找她的药物。我不禁想到：‘如果她是我祖母，我会怎么说？’”拉比德的祖母是犹太大屠杀的受害者。当然，在强硬派眼中，这种多愁善感的表现颇为碍眼，于是他们就刻意和这种情感保持距离。从这起事件可以看到，一丝简单的情感即可扩大群体的涵盖范围。突然间，拉比德意识到巴勒斯坦人也是他关怀的对象。同理心是消弭仇外心态最有效的武器。

不过，同理心非常脆弱。在我们的近亲动物身上，通常都是自己社群里的事件才会触发同理心，例如看到幼猿身陷痛苦当中；不过，一旦面对外来者或是其他物种，例如自己猎食的对象，又可轻易关闭同理心的感受。黑猩猩抓着猴子的头活生生撞碎在树干上，以便取食猴脑，这种行为绝对无助于彰显猿类的同理心。巴诺布猿虽然没这么残暴，但它们的同理心一样必须先通过几道过滤关卡，才会表现出来。同理心通常都会遭到这些关卡的阻挡，因为猿类没有随时对所有生物感到同情的本钱。人类也是一样，我们演化而来的构造，使我们难以对外来者一视同仁。我们先天就会憎恶敌人，漠视陌生人的需求，并且怀疑所有看起来不像自己的人。在自己的社群里，我们虽然乐于合作，但是一面对陌生人，就几乎变成另一种完全不同的动物。

丘吉尔早在赢得英勇的战士政治家美誉之前，就曾经描述过这样的态度。他写道："人类的故事全由战争构成，除了稍纵即逝的短暂间歇之外，世界上从来不曾有过和平；早在有历史之前，斗殴残杀就已是无休无止的普世现象。"我们先前已经看过，这样的说法其实过度夸大。没有人会否认人类具有好战的一面，但是丘吉尔对间歇时期的认知显然不正确。当代的狩猎采集群体大多数时间都会和平共存，我们的祖先也许更是如此，因为那时候的地球表面空间非常宽广，所以不需要有太多的竞争。他们的群体之间一定都享有长期的和谐，只是偶尔出现短暂的冲突。

现在，环境虽然已经改变，以致和平不再像远古时代那么容易维持，但是要回归和平互惠的心态，促成群体之间和谐共处，也许不像强调人类好战面的那些人所认为的那么异想天开。毕竟，在人类历史上，群体之间和谐相处的时间并不比互相争战的时间短。我们有类似黑猩猩的一面，这一面会排除群体之间的友善关系；但我们也有类似巴诺布猿的一面，这一面则允许我们跨越群体边界互相交配和梳理毛发。

什么样的猿性？

在一场访谈里，女星海伦娜·伯翰·卡特谈到自己在《决战猩球》一片中出演母猿的准备过程，她说自己只是单纯挖掘出自己内心的猿性。她和其他演员都一起到所谓的猿猴学院，学习猿类的姿势与动作。不过，个头娇小的海伦娜虽然扮演的是黑猩猩，可是我认为她挖掘出的猿性却是爱好情欲的巴诺布猿。

这两种猿类的对比，让我联想到心理学家定义的HE和HA这两种人格。HE代表“强化阶级”，意指这种人格信奉法律和秩序，认为社会必须以严格的措施让所有人各遵其位。另一方面，HA则代表“削弱阶级”，意指这种人格追求平等。这种区分的重点不在于哪一种倾向较好，因为人类社会今天的样貌是这两种倾向共同作用产生的结果。我们的社会是这两种倾向的平衡，有些体制比较偏向HE，例如犯罪司法体系；有些则比较偏向HA，例如民权运动以及关怀贫困的组织。

每个人的个性不同，各自偏向其中的一端，甚至物种也可以用这种方式划分，例如黑猩猩较偏向HE，巴诺布猿较偏向HA。我们实际上会不会比较像是这两种猿类的混合体？对于混种猿类的行为，我们所知不多，但这种情形具有生物学上的可能性，而且确实存在。像样的动物园绝不可能刻意让两种濒临绝种的猿类杂交，但曾有报告指出，在法国一个规模不大的巡回马戏团里，有一群声音奇特的猿类。这些猿类看起来像是黑猩猩，但它们的声音在专家听起来，又像巴诺布猿一样又尖又细。原来是这个马戏团在许久以前无意间买到一只雄性巴诺布猿，取名为刚果。训练师不久就注意到这只公猿的性需求有如无底洞，于是他奖励刚果的方式，就是在它每次表现出色之后，让它和马戏团里的母猿云雨一回；不过，这些母猿全都是黑猩猩。于是，如此产下的后代——也许可以称为“巴诺布黑猩猩”——也就能够轻易直立，而且温柔体贴的程度也引人侧目。

我们和这种混种猿类也许有许多共通点。我们非常幸运，内在的猿性不只有一种，而是两种。于是，我们建构出来的人类形象，也就比生物学在过去25年来所描绘的要复杂得多。过去认为人类是纯粹自私卑鄙的动物，道德观只是虚幻的表象，这种观点该修正了。基本上，如果我们就是猿类（如我所言），或者至少是猿类的后代（这是一般生物学家的看法），那我们天生就具有各式各样的倾向，从最卑劣的到最崇高的不一而足。我们的道德观绝不只是一种幻象，而是自然汰择的产物。这种汰择作用形塑了我们具有竞争性与攻击性的一面，却也造就了我们的道德情操。

这种生物竟然能够产生于物竞天择这种残酷的淘汰过程，这就是达尔文的观点会如此有力的原因。只要懂得避免贝多芬谬误，不把过程和结果混为一谈，就会发现人类是地球上有史以来内在冲突最严重的一种动物。人类能够大规模摧残自然环境和自己的同类，但人类同理心和爱心的深厚广博却又前所未见。这种动物既然取得了支配其他一切动物的地位，就更需要诚实地看待自己，才能知道自己面对的最大敌人是什么，同时又有哪些盟友能够帮助他开创更美好的世界。

致 谢

本书承蒙包括人类和非人类在内的很多灵长类的关照，很抱歉我不能在此逐一表示感谢。本书的中心思想来源于我与道格·艾布拉姆斯（Doug Abrams）之间的切磋。当时，我原本计划将毕生精力投入到人类行为学研究中，但道格则认为巴诺布猿研究领域所受的关注度太低，值得尝试。由此，两个火花碰撞出了这本比较人类、黑猩猩和巴诺布猿行为的专著。相比我之前的作品，本书更加着重讨论了灵长类在自然界中的位置。

请允许我直抒胸臆，感谢Riverhead出版社的编辑杰克·莫里西（Jake Morrissey）给我良好的意见反馈，感谢道格·艾布拉姆斯、温迪·卡尔顿（Wendy Carlton）和我的妻子凯瑟琳·马林（Catherine Marin）。感谢我的经纪人米歇尔·泰斯莱（Michelle Tessler）令本书如此完美地呈现在大家面前。

我早年在荷兰，研究工作刚起步的时候，很荣幸地得到了我的导师扬·范霍夫（Jan van Hooff）和他的哥哥，阿纳姆动物园园长安东·范霍夫（Anton van Hooff）的很多支持。同时也感谢罗伯特·戈伊（Robert Goy）把我带到大西洋的这一边。在美国，我和大家一起共事，包括研究上的合作者、技师还有学生，请原谅我不一一列举姓名，他们都对我的研究和使我打开新思路提供了巨大的帮助。最后，我要感谢亚历山大·阿里巴斯（Alexandre Arribas）、玛丽埃塔·丁多（Marietta Dindo）、迈克尔·哈蒙德（Michael Hammond）、弥尔顿·哈里斯（Milton Harris）、西田利贞（Toshisada Nishida）和艾米·帕里斯（Amy Parish）的协助，还有我的妻子凯瑟琳对我的爱和支持。

参考书目

第一章 人猿一家

Ardrey, R. (1961) *African Genesis: A Personal Investigation into the Animal Origins and Nature of Man.* New York: Simon & Schuster.

Baron-Cohen, S. (2003) *The Essential Difference: The Truth About the Male and Female Brain.* New York: Basic Books.

Cartmill, M. (1993) *A View to a Death in the Morning: Hunting and Nature Through History.* Cambridge, MA: Harvard University Press.

Cohen, S., Doyle, W. J., Skoner, D. P., Rabin, B. S., and Gwaltney, J. M. (1997) "Social Ties and Susceptibility to the Common Cold." *Journal of the American Medical Association* 277: 1940–1944.

Coolidge, H. J. (1933) "*Pan Paniscus:* Pygmy Chimpanzee from South of the Congo River." *American Journal of Physical Anthropology* 18: 1–57.

——. (1984) "Historical Remarks Bearing on the Discovery of *Pan Paniscus.*" In *The Pygmy Chimpanzee,* Susman, R. L. (Ed.), pp. ix–xiii. New York: Plenum.

Darwin, C. (1967 [1859]) *On the Origin of Species by Means of Natural Selection or the Preservation of Favoured Races in the Struggle for Life.* London: John Murray.

——. (1981 [1871]) *The Descent of Man, and Selection in Relation to Sex.* Princeton, NJ: Princeton University Press.

Dawkins, R. (1976) *The Selfish Gene.* Oxford: Oxford University Press.

de Waal, F. B. M. (1980) "Aap Geeft Aapje de Fles." *De Levende Natuur* 82(2): 45–53.

——. (1996) *Good Natured: The Origins of Right and Wrong in Humans and Other Animals.* Cambridge, MA: Harvard University Press.

——. (1997) *Bonobo: The Forgotten Ape*, with photographs by Frans Lanting. Berkeley, CA: University of California Press.

Ghiselin, M. (1974) *The Economy of Nature and the Evolution of Sex*. Berkeley, CA: University of California Press.

Goodall, J. (1979) "Life and Death at Gombe." *National Geographic* 155(5): 592–621.

——. (1986) *The Chimpanzees of Gombe: Patterns of Behavior*. Cambridge, MA: Harvard University Press.

——. (1999) *Reason for Hope*. New York: Warner.

Greene, J., and Haidt, J. (2002) "How (and Where) Does Moral Judgement Work?" *Trends in Cognitive Sciences* 16: 517–523.

Hoffman, M. L. (1978) "Sex Differences in Empathy and Related Behaviors." *Psychological Bulletin* 84: 712–722.

Kano, T. (1992) *The Last Ape: Pygmy Chimpanzee Behavior and Ecology*. Stanford, CA: Stanford University Press.

Köhler, W. (1959 [1925]) *Mentality of Apes*. 2nd edition. New York: Vintage.

Menzel, C. R. (1999) "Unprompted Recall and Reporting of Hidden Objects by a Chimpanzee (*Pan Troglodytes*) After Extended Delays." *Journal of Comparative Psychology* 113: 426–434.

Montagu, A., Editor. (1968) *Man and Aggression*. London: Oxford University Press.

Morris, D. (1967) *The Naked Ape*. New York: McGraw-Hill.

Nakamichi, M. (1998) "Stick Throwing by Gorillas at the San Diego Wild Animal Park." *Folia primatologica* 69: 291–295.

Nesse, R. M. (2001) "Natural Selection and the Capacity for Subjective Commitment." In *Evolution and the Capacity for Commitment*, Nesse, R. M. (Ed.), pp. 1–44. New York: Russell Sage.

Nishida, T. (1968) "The Social Group of Wild Chimpanzees in the Mahali Mountains." *Primates* 9: 167–224.

Parr, L. A., and de Waal, F. B. M. (1999) "Visual Kin Recognition in Chimpanzees." *Nature* 399: 647–648.

Patterson, T. (1979) "The Behavior of a Group of Captive Pygmy Chimpanzees (*Pan Paniscus*)." *Primates* 20: 341–354.

Ridley, M. (1996) *The Origins of Virtue*. London: Viking.

——. (2002) *The Cooperative Gene*. New York: Free Press.

Schwab, K. (February 24, 2003) "Capitalism Must Develop More of a Conscience." *Newsweek*.

Smith, A. (1937 [1759]) *A Theory of Moral Sentiments*. New York: Modern Library.

Sober, E., and Wilson, D. S. (1998) *Unto Others: The Evolution and Psychology of Unselfish Behavior*. Cambridge, MA: Harvard University Press.

Taylor, S. (2002) *The Tending Instinct*. New York: Times Books.

Tratz, E. P., and Heck, H. (1954) "Der Afrikanische Anthropoide 'Bonobo,' eine Neue Menschenaffengattung." *Säugetierkundliche Mitteilungen* 2: 97–101.

Wildman, D. E., Uddin, M., Liu, G., Grossman, L. I., and Goodman, M. (2003) "Implications of Natural Selection in Shaping 99.4% Nonsynonymous DNA Identity Between Humans and Chimpanzees: Enlarging Genus Homo." *Proceedings of the National Academy of Sciences* 100: 7181–7188.

Williams, G. C. (1988) Reply to comments on "Huxley's Evolution and Ethics in Sociobiological Perspective." *Zygon* 23: 437–438.

Wilson, E. O. (1978) *On Human Nature*. Cambridge, MA: Harvard University Press.

Wrangham, R. W., and Peterson, D. (1996) *Demonic Males: Apes and the Evolution of Human Aggression*. Boston: Houghton Mifflin.

Wright, R. (1994) *The Moral Animal: The New Science of Evolutionary Psychology*. New York: Pantheon.

Yerkes, R. M. (1925) *Almost Human*. New York: Century.

Zihlman, A. L. (1984) "Body Build and Tissue Composition in *Pan Pansicus* and *Pan Troglodytes*, with Comparisons to Other Hominoids." In *The Pygmy Chimpanzee*, Susman, R. L. (Ed.), pp. 179–200. New York: Plenum.

Zihlman, A. L., Cronin, J. E., Cramer, D. L., and Sarich, V. M. (1978) "Pygmy Chimpanzee as a Possible Prototype for the Common Ancestor of Humans, Chimpanzees, and Gorillas." *Nature* 275: 744–746.

第二章　权力：我们血液中的马基雅维利

Adang, O. (1999) *De Machtigste Chimpansee van Nederland: Leven en Dood in een Mensapengemeenschap*. Amsterdam: Nieuwezijds.

Boehm, C. (1993) "Egalitarian Behavior and Reverse Dominance Hierarchy." *Current Anthropology* 34: 227–254.

——. (1994) "Pacifying Interventions at Arnhem Zoo and Gombe." In *Chimpanzee Cultures*, Wrangham, R. W., McGrew, W. C., de Waal, F. B. M., and Heltne, P. (Eds.), pp. 211–226. Cambridge, MA: Harvard University Press.

——. (1999) *Hierarchy in the Forest: The Evolution of Egalitarian Behavior*. Cambridge, MA: Harvard University Press.

de Waal, F. B. M. (1984) "Sex-Differences in the Formation of Coalitions Among Chimpanzees." *Ethology and Sociobiology* 5: 239–255.

——. (1994) "The Chimpanzee's Adaptive Potential: A Comparison of Social Life Under Captive and Wild Conditions." In *Chimpanzee Cultures*, Wrangham, R. W., McGrew, W. C., de Waal, F. B. M., and Heltne, P. (Eds.), pp. 243–260. Cambridge, MA: Harvard University Press.

——. (1997) *Bonobo: The Forgotten Ape*, with photographs by Frans Lanting. Berkeley, CA: University of California Press.

——. (1998 [1982]) *Chimpanzee Politics: Power and Sex Among Apes.* Revised edition. Baltimore, MD: Johns Hopkins University Press.

de Waal, F. B. M. and L. M. Luttrell. (1988) "Mechanisms of Social Reciprocity in Three Primate Species: Symmetrical Relationship Characteristics or Cognition?" *Ethology and Sociobiology* 9: 101–118.

——. (1989) "Toward a Comparative Socioecology of the Genus *Macaca*: Different Dominance Styles in Rhesus and Stumptail Monkeys." *American Journal of Primatology* 19: 83–109.

Doran, D. M., Jungers, W. L., Sugiyama, Y., Fleagle, J. G., and Heesy, C. P. (2002) "Multivariate and Phylogenetic Approaches to Understanding Chimpanzee and Bonobo Behavioral Diversity." In *Behavioural Diversity in Chimpanzees and Bonobos,* Boesch, C., Hohmann, G., and Marchant, L. F. (Eds.), pp. 14–34. Cambridge: Cambridge University Press.

Dowd, M. (April 10, 2002) "The Baby Bust." *The New York Times.*

Furuichi, T. (1989) "Social Interactions and the Life History of Female *Pan Paniscus* in Wamba, Zaire." *International Journal of Primatology* 10: 173–197.

——. (1992) "Dominance Status of Wild Bonobos at Wamba, Zaire." XIVth Congress of the International Primatological Society, Strasbourg, France.

——. (1997) "Agonistic Interactions and Matrifocal Dominance Rank of Wild Bonobos at Wamba." *International Journal of Primatology* 18: 855–875.

Gamson, W. (1961) "A Theory of Coalition Formation." *American Sociological Review* 26: 373–382.

Goodall, J. (1992) "Unusual Violence in the Overthrow of an Alpha Male Chimpanzee at Gombe." In *Topics in Primatology,* Volume 1, *Human Origins,* Nishida, T., McGrew, W. C., Marler, P., Pickford, M., and de Waal, F. B. M. (Eds.), pp. 131–142. University of Tokyo Press, Tokyo.

Grady, M. F., and McGuire, M. T. (1999) "The Nature of Constitutions." *Journal of Bioeconomics* 1: 227–240.

Gregory, S. W., and Webster, S. (1996) "A Nonverbal Signal in Voices of Interview Partners Effectively Predicts Communication Accommodation and Social Status Perceptions." *Journal of Personality and Social Psycholology* 70: 1231–1240.

Gregory, S. W., and Gallagher, T. J. (2002) "Spectral Analysis of Candidates' Nonverbal Vocal Communication: Predicting U. S. Presidential Election Outcomes." *Social Psychology Quarterly* 65: 298–308.

Hobbes, T. (1991 [1651]) *Leviathan.* Cambridge: Cambridge University Press.

Hohmann, G., and Fruth, B. (1996) "Food Sharing and Status in Unprovisioned Bonobos." In *Food and the Status Quest,* Wiessner, P., and Schiefenhövel, W. (Eds.), pp. 47–67. Providence, RI: Berghahn.

Kano, T. (1996) "Male Rank Order and Copulation Rate in a Unit-Group of Bonobos at Wamba, Zaïre." In *Great Ape Societies,* McGrew, W. C., Marchant, L. F., and Nishida, T. (Eds.), pp. 135–145. Cambridge: Cambridge University Press.

Kano, T. (1998) Comments on C. B. Stanford. *Current Anthropology* 39: 410–411.

Kawanaka, K. (1984) "Association, Ranging, and the Social Unit in Chimpanzees of the Mahale Mountains, Tanzania." *International Journal of Primatology* 5: 411–434.

Konner, M. (2002) "Some Obstacles to Altruism." In *Altruistic Love: Science, Philosophy, and Religion in Dialogue,* Post, S. G., et al. (Eds.), pp 192–211. Oxford: Oxford University Press.

Lee, P. C. (1997) "The Meanings of Weaning: Growth, Lactation and Life History." *Evolutionary Anthropology* 5: 87–96.

Lee, R. B. (1979) *The !Kung San: Men, Women, and Work in a Foraging Society.* Cambridge: Cambridge University Press.

Mulder, M. (1979) *Omgaan met Macht.* Amsterdam: Elsevier.

Nishida, T. (1983) "Alpha Status and Agonistic Alliances in Wild Chimpanzees." *Primates* 24: 318–336.

Nishida, T., and Hosaka, K. (1996) "Coalition Strategies Among Adult Male Chimpanzees of the Mahale Mountains, Tanzania." In *Great Ape Societies,* McGrew, W. C., Marchant, L. F., and Nishida, T. (Eds.), pp. 114–134. Cambridge: Cambridge University Press.

Parish, A. R. (1993) "Sex and Food Control in the 'Uncommon Chimpanzee': How Bonobo Females Overcome a Phylogenetic Legacy of Male Dominance." *Ethology and Sociobiology* 15: 157–179.

Parish, A. R., and de Waal, F. B. M. (2000) "The Other 'Closest Living Relative': How Bonobos Challenge Traditional Assumptions About Females, Dominance, Intra- and Inter-Sexual Interactions, and Hominid Evolution." In *Evolutionary Perspectives on Human Reproductive Behavior,* LeCroy, D., and Moller, P. (Eds.), pp. 97–103. *Annals of the New York Academy of Sciences* 907.

Riss, D., and Goodall, J. (1977) "The Recent Rise to the Alpha-Rank in a Population of Free-Ranging Chimpanzees." *Folia primatologica* 27: 134–151.

Roy, R., and Benenson, J. F. (2002) "Sex and Contextual Effects on Children's Use of Interference Competition." *Developmental Psychology* 38: 306–312.

Sacks, O. (1985) *The Man who Mistook His Wife for a Hat.* London: Picador.

Sapolsky, R. M. (1994) *Why Zebras Don't Get Ulcers.* New York: Freeman.

Schama, S. (1987) *The Embarrassment of Riches: An Interpretation of Dutch Culture in the Golden Age.* New York: Knopf.

Schjelderup-Ebbe, T. (1922) "Beiträge zur Sozialpsychologie des Haushuhns." *Zeitschrift für Psychologie* 88: 225–252.

Sherif, M. (1966) *In Common Predicament: Social Psychology of Intergroup Conflict and Cooperation.* Boston: Houghton Mifflin.

Stanford, C. B. (1998) "The Social Behavior of Chimpanzees and Bonobos." *Current Anthropology* 39: 399–407.

Strier, K. B. (1992) "Causes and Consequences of Nonaggression in the Woolly Spider Monkey, or Muriqui." In *Aggression and Peacefulness in Humans and Other Primates,* Silverberg, J., and Gray, J. P. (Eds.), pp. 100–116. New York: Oxford University Press.

Thierry, B. (1986) "A Comparative Study of Aggression and Response to Aggression in Three Species of Macaque." In *Primate Ontogeny, Cognition and Social Behavior,* Else, J. G., and Lee, P. C. (Eds.), pp. 307–313. Cambridge: Cambridge University Press.

van Elsacker, L., Vervaecke, H., and Verheyen, R. F. (1995) "A Review of Terminology on Aggregation Patterns in Bonobos." *International Journal of Primatology* 16: 37–52.

Vervaecke, H., de Vries, H., and van Elsacker, L. (2000) "Dominance and Its Behavioral Measures in a Captive Group of Bonobos." *International Journal of Primatology* 21: 47–68.

Wiessner, P. (1996) "Leveling the Hunter: Constraints on the Status Quest in Foraging Societies." In *Food and the Status Quest,* Wiessner, P., and Schiefenhövel, W. (Eds.), pp. 171–191. Providence, RI: Berghahn.

Woodward, R., and Bernstein, C. (1976) *The Final Days.* New York: Simon & Schuster.

Zinnes, D. A. (1967) "An Analytical Study of the Balance of Power Theories." *Journal of Peace Research* 4: 270–288.

第三章　性：性欲旺盛的灵长类动物

Alcock, J. (2001) *The Triumph of Sociobiology.* Oxford: Oxford University Press.

Alexander, M. G., and Fisher, T. D. (2003) "Truth and Consequences: Using the Bogus Pipeline to Examine Sex Differences in Self-Reported Sexuality." *Journal of Sex Research* 40: 27–35.

Angier, N. (1999) *Woman: An Intimate Geography.* New York: Houghton Mifflin.

Antilla, S. (2003) *Tales from the Boom-Boom Room: Women vs. Wall Street.* Princeton, NJ: Bloomberg Press.

Arribas, A. (2003) *Petite Histoire du Baiser.* Paris: Nicolas Philippe.

Bagemihl, B. (1999) *Biological Exuberance: Animal Homosexuality and Natural Diversity.* New York: St. Martin's Press.

Beckerman, S., and Valentine, P. (2002) *Cultures of Multiple Fathers: The Theory and Practice of Partible Paternity in Lowland South America.* Gainesville, FL: University Press of Florida.

Bereczkei, T., Gyuris, T., and Weisfeld, G. E. (2004) "Sexual Imprinting in Human Mate Choice." *Proceedings of the Royal Society of London* 271: 1129–1134.

Betzig, L. (1986) *Despotism and Differential Reproduction: A Darwinian View of History.* New York: Aldine de Gruyter.

Boesch, C., and Boesch, H. (1984) "Sex Differences in the Use of Natural Hammers by Wild Chimpanzees: A Preliminary Report." *Journal of Human Evolution* 13: 415–585.

Bray, O. E., Kennelly, J. J., and Guarino, J. L. (1975) "Fertility of Eggs Produced on Territories of Vasectomized Red-Winged Blackbirds." *Wilson Bulletin* 87: 187–195.

Brown Travis, C., Editor. (2003) *Evolution, Gender, and Rape.* Cambridge, MA: MIT Press.

Buss, D. M. (1989) "Sex Differences in Human Mate Preferences." *Behavioral and Brain Sciences* 12: 1–49.

Cardoso, F. L., and Werner, D. (2004) "Homosexuality." In *Encyclopedia of Sex and Gender: Men and Women in the World's Cultures,* Ember, C. R., and Ember, M. (Eds.), pp. 204–215. New York: Kluwer.

Dahl, J. F. (1986) "Cyclic Perineal Swelling During the Intermenstrual Intervals of Captive Female Pygmy Chimpanzees." *Journal of Human Evolution* 15: 369–385.

Dahl, J. F., Nadler, R. D., and Collins, D. C. (1991) "Monitoring the Ovarian Cycles of *Pan Troglodytes* and *Pan Paniscus*: A Comparative Approach." *American Journal of Primatology* 24: 195–209.

Daly, M., and Wilson, M. (1982) "Whom Are Newborn Babies Said to Resemble?" *Ethology and Sociobiology* 3: 69–78.

——. (1988) *Homicide.* Hawthorne, NY: Aldine de Gruyter.

de Waal, F. B. M. (1987) "Tension Regulation and Nonreproductive Functions of Sex Among Captive Bonobos." *National Geographic Research* 3: 318–335.

——. (1995) "Sex as an Alternative to Aggression in the Bonobo." In *Sexual Nature, Sexual Culture,* Abramson, P., and Pinkerton, S. (Eds.), pp. 37–56. Chicago: University of Chicago Press.

——. (1998) Commentary on C. B. Stanford. *Current Anthropology* 39: 407–408.

——. (April 2, 2000) "Survival of the Rapist," review of *A Natural History of Rape* by R. Thornhill and C. T. Palmer. *New York Times Book Review,* pp. 24–25.

——. (2001) *The Ape and the Sushi Master.* New York: Basic Books.

Deer, B. (March 9, 1997) "Death of the Killer Ape." *The Sunday Times Magazine* (London).

Diamond, M. (1990) "Selected Cross-Generational Sexual Behavior in Traditional Hawai'i: A Sexological Ethnography." In *Pedophilia: Biosocial Dimensions,* Feierman, J. R. (Ed.), pp. 378–393. New York: Springer.

Ehrlich, P. (2000) *Human Natures: Genes, Cultures, and the Human Prospect.* Washington, D.C.: Island Press.

Fisher, H. (1983) *The Sex Contract: The Evolution of Human Behavior.* New York: Quill.

Fossey, D. (1984) "Infanticide in Mountain Gorillas with Comparative Notes on Chimpanzees." In *Infanticide,* Hausfater, G., and Hrdy, S. B. (Eds.), pp. 217–235. New York: Aldine de Gruyter.

Foucault, M. (1978) *The History of Sexuality: An Introduction,* Volume 1. New York: Vintage.

Freese, J., and Meland, S. (2002) "Seven Tenths Incorrect: Heterogenity and Change in the Waist-to-Hip Ratios in *Playboy* Centerfold Models and Miss America Pageant Winners." *Journal of Sex Research* 39: 133–138.

Freud, S. (1950 [1913]) *Totem and Taboo: Some Points of Agreement Between the Mental Lives of Savages and Neurotics.* New York: Norton.

Friedman, D. M. (2001) *A Mind of its Own: A Cultural History of the Penis.* New York: Free Press.

Furuichi, T., and Hashimoto, C. (2002) "Why Female Bonobos Have a Lower Copulation Rate During Estrus Than Chimpanzees." In *Behavioural Diversity in Chimpanzees and Bonobos,* Boesch, C., Hohmann, G., and Marchant, L. F. (Eds.), pp. 156–167. Cambridge: Cambridge University Press.

Furuichi T., Idani, G., Ihobe, H., Kuroda, S., Kitamura, K., Mori, A., Enomoto, T., Okayasu, N., Hashimoto, C., and Kano, T. (1998) "Population Dynamics of Wild Bonobos at Wamba." *International Journal of Primatology* 19: 1029–1043.

Goldfoot, D. A., Westerborg-van Loon, H., Groeneveld, W., and Slob, A. K. (1980) "Behavioral and Physiological Evidence of Sexual Climax in the Female Stumptailed Macaque." *Science* 208: 1477–1479.

Gould, S. J. (1987) "Freudian Slip." *Natural History* April: 15–21.

Harcourt, A. H. (1995) "Sexual Selection and Sperm Competition in Primates: What Are Male Genitalia Good For?" *Evolutionary Anthropology* 4: 121–129.

Hashimoto, C., and Furuichi, T. (1994) "Social Role and Development of Noncopulatory Sexual Behavior of Wild Bonobos." In *Chimpanzee Cultures,* Wrangham, R. W., et al. (Eds.), pp. 155–168. Cambridge, MA: Harvard University Press.

Hawkes, K., O'Connell, J. F., Blurton-Jones, N. G., Alvarez, H., and Charnov, E. L. (1998) "Grandmothering, Menopause, and the Evolution of Human Life Histories." *Proceedings of the National Academy of Sciences* 95: 1336–1339.

Hobbes, T. (1991 [1651]) *Leviathan.* Cambridge: Cambridge University Press.

Hohmann, G., and Fruth, B. (2002) "Dynamics in Social Organization of Bonobos (*Pan Paniscus*)." In *Behavioural Diversity in Chimpanzees and Bonobos,* Boesch, C., Hohmann, G., and Marchant, L. F. (Eds.), pp. 138–150. Cambridge: Cambridge University Press.

Hrdy, S. B. (1979) "Infanticide Among Animals: A Review, Classification, and Examination of the Implications for the Reproductive Strategies of Females." *Ethology and Sociobiology* 1: 13–40.

——. (1999) *Mother Nature: A History of Mothers, Infants, and Natural Selection.* New York: Pantheon.

Hrdy, S. B., and Whitten, P. L. (1987) "Patterning of Sexual Activity." In *Primate Societies,* Smuts, B., et al. (Eds.), pp. 370–384. Chicago: University of Chicago Press.

Hua, C. (2001) *A Society Without Fathers or Husbands: The Na of China.* New York: Zone Books.

Jolly, A. (1999) *Lucy's Legacy: Sex and Intelligence in Human Evolution.* Cambridge, MA: Harvard University Press.

Kano, T. (1992) *The Last Ape: Pygmy Chimpanzee Behavior and Ecology.* Stanford, CA: Stanford University Press.

Kevles, B. (1986) *Females of the Species: Sex and Survival in the Animal Kingdom.* Cambridge, MA: Harvard University Press.

Kinsey, A. C., Pomeroy, W. B., and Martin, C. E. (1948) *Sexual Behavior and the Human Male.* Philadelphia: Saunders Company.

Kuroda, S. (1982) *The Unknown Ape: The Pygmy Chimpanzee.* (In Japanese) Tokyo: Chikuma-Shobo.

Laumann, E., Gagnon, J. H., Michael, R. T., and Michaels, S. (1994) *The Social Organization of Sexuality: Sexual Practices in the United States.* Chicago: University of Chicago Press.

Linden, E. (2002) *The Octopus and the Orangutan.* New York: Dutton.

Lovejoy, C. O. (1981) "The Origin of Man." *Science* 211: 341–350.

Malinowski, B. (1929) *The Sexual Life of Savages.* London: Lowe & Brydone.

Marlowe, F. (2001) "Male Contribution to Diet and Female Reproductive Success Among Foragers." *Current Anthropology* 42: 755–760.

McGrew, W. C. (1979) "Evolutionary Implications of Sex-Differences in Chimpanzee Predation and Tool-Use." In *The Great Apes,* Hamburg, D. A., and McCown, E. R. (Eds.), pp. 440–463. Menlo Park, CA: Benjamin Cummings.

Michael, R. T., Gagnon, J. H., Laumann, B. O., and Kolata, G. (1994) *Sex in America: A Definitive Survey.* New York: Little, Brown.

Møller, A. P. (1988) "Ejaculate Quality, Testes Size and Sperm Competition in Primates." *Journal of Human Evolution* 17: 479–488.

Morris, D. (1967) *The Naked Ape.* New York: McGraw-Hill.

Nishida, T., and Kawanaka, K. (1985) "Within-Group Cannibalism by Adult Male Chimpanzees." *Primates* 26: 274–284.

Palombit, R. A. (1999) "Infanticide and the Evolution of Pair Bonds in Nonhuman Primates." *Evolutionary Anthropology* 7: 117–129.

Panksepp, J. (1998) *Affective Neuroscience: The Foundations of Human and Animal Emotions.* New York: Oxford University Press.

Potts, M., and Short, R. (1999) *Ever Since Adam and Eve: The Evolution of Human Sexuality.* Cambridge: Cambridge University Press.

Pusey, A. E., and Packer, C. (1994) "Infanticide in Lions: Consequences and Counter-Strategies." In *Infanticide and Parental Care,* Parmigiani, S., and vom Saal, F. (Eds.), pp. 277–299. Chur: Harwood Academic Publishers.

Reno, P. L., Meindl, R. S., McCollum, M. A., and Lovejoy, C. O. (2003) "Sexual Dimporphism in *Australopithecus Afarensis* Was Similar to That of Modern Humans." *Proceedings of the National Academy of Sciences* 100: 9404–9409.

Savage-Rumbaugh, S., and Wilkerson, B. (1978) "Socio-Sexual Behavior in *Pan Paniscus* and *Pan Troglodytes*: A Comparative Study." *Journal of Human Evolution* 7: 327–344.

Short, R. V. (1979) "Sexual Selection and its Component Parts, Somatic and Genital Selection as Illustrated by Man and the Great Apes." *Advances in the Study of Behaviour* 9: 131–158.

Simmons, L. W., Firman, R., Rhodes, G., and Peters. M. (2004) "Human Sperm Competition: Testis Size, Sperm Production and Rates of Extrapair Copulations." *Animal Behaviour* 68: 297–302.

Singh, D. (1993) "Adaptive Significance of Female Physical Attractiveness: Role of Waist-to-Hip Ratio." *Journal of Personality and Social Psychology* 65: 293–307.

Small, M. F. (1995) *What's Love Got to Do with It?* New York: Anchor Books.

——. (2003) "How Many Fathers are Best for a Child?" *Discover* April: 54–61.

Smuts, B. B. (1995) "The Evolutionary Origins of Patriarchy." *Human Nature* 6: 1–32.

Sommer, V. (1994) "Infanticide Among the Langurs of Jodhpur: Testing the Sexual Selection Hypothesis with a Long-Term Record." In *Infanticide and Parental Care,* Parmigiani, S., and vom Saal, F. S. (Eds.), pp. 155–187. Chur: Harwood Academic Publishers.

Stanford, C. B. (1999) *The Hunting Apes: Meat-eating and the Origins of Human Behavior.* Princeton, NJ: Princeton University Press.

Sugiyama, Y. (1967) "Social Organization of Hanuman Langurs." In *Social Communication Among Primates,* Altmann, S. A. (Ed.), pp. 221–253. Chicago: The University of Chicago Press.

Suzuki, A. (1971) "Carnivority and Cannibalism Observed Among Forest-Living Chimpanzees." *Journal of the Anthropological Society of Nippon* 79: 30–48.

Symons, D. (1979) *The Evolution of Human Sexuality.* New York: Oxford University Press.

Szalay, F. S., and Costello, R. K. (1991) "Evolution of Permanent Estrus Displays in Hominids." *Journal of Human Evolution* 20: 439–464.

Thompson-Handler, N. (1990) *The Pygmy Chimpanzee: Sociosexual Behavior, Reproductive Biology and Life History Patterns.* Unpublished dissertation, New Haven, CT: Yale University.

Thornhill, R., and Palmer, C. T. (2000) *The Natural History of Rape: Biological Bases of Sexual Coercion.* Cambridge, MA: MIT Press.

Tratz, E. P., and Heck, H. (1954) "Der Afrikanische Anthropoide 'Bonobo,' eine Neue Menschenaffengattung." *Säugetierkundliche Mitteilungen* 2: 97–101.

van Hooff, J. A. R. A. M. (2002) *De Mens, een Primaat Net Zo "Eigenaardig" als de Andere Primaten.* The Hague: Nederlandse Organisatie voor Wetenschappelijk Onderzoek (NWO).

van Schaik, C. P., and Dunbar, R. I. M. (1990) "The Evolution of Monogamy in Large Primates: A New Hypothesis and Some Crucial Tests." *Behaviour* 115: 30–62.

Vasey, P. L. (1995) "Homosexual Behavior in Primates: A Review of Evidence and Theory." *International Journal of Primatology* 16: 173–204.

Walker, A. (1998) *By the Light of My Father's Smile.* New York: Ballantine.

Wolf, A. P., and Durham, W. H. (2005) *Inbreeding, Incest, and the Incest Taboo.* Stanford, CA: Stanford University Press.

Wrangham, R. W. (1993) "The Evolution of Sexuality in Chimpanzees and Bonobos." *Human Nature* 4: 47–79.

Wright, C. (November 14–21, 2002) "Going Ape." www.bostonphoenix.com.

Yerkes, R. M. (1941) "Conjugal Contrasts Among Chimpanzees." *Journal of Abnormal and Social Psychology* 36: 175–199.

Zerjal, T., et al. (2003) "The Genetic Legacy of the Mongols." *American Journal of Human Genetics* 72: 717–721.

Zimmer, C. (2001) *Evolution: The Triumph of an Idea.* New York: Harper Collins.

Zuk, M. (2002) *Sexual Selections: What We Can and Can't Learn About Sex from Animals.* Berkeley, CA: University of California Press.

第四章　暴力：从战争到和平

Atwood, M. E. (1989) *Cat's Eye.* New York: Doubleday.

Aureli, F. (1997) "Post-Conflict Anxiety in Nonhuman Primates: The Mediating Role of Emotion in Conflict Resolution." *Aggressive Behavior* 23: 315–328.

Aureli, F., and de Waal, F. B. M. (1997) "Inhibition of Social Behavior in Chimpanzees Under High-Density Conditions." *American Journal of Primatology* 41: 213–228.

——. (2000) *Natural Conflict Resolution.* Berkeley, CA: University of California Press.

Aureli, F., Preston, S. D., and de Waal, F. B. M. (1999) "Heart Rate Responses to Social Interactions in Free-Moving Rhesus Macaques (*Macaca Mulatta*): A Pilot Study." *Journal of Comparative Psychology* 113: 59–65.

Bauman, J. (1926) "Observations of the Strength of the Chimpanzee and its Implications." *Journal of Mammalogy* 7: 1–9.

Brewer, S. (1978) *The Forest Dwellers.* London: Collins.

Butovskaya, M., Verbeek, P., Ljungberg, T., and Lunardini, A. (2001) "A Multi-Cultural View of Peacemaking Among Young Children." In *Natural Conflict Resolution,* Aureli, F., and de Waal, F. B. M. (Eds.), pp. 243–258. Berkeley, CA: University of California Press.

Calhoun, J. B. (1962) "Population Density and Social Pathology." *Scientific American* 206: 139–148.

Cords, M., and Thurnheer, S. (1993) "Reconciliation with Valuable Partners by Long-Tailed Macaques." *Ethology* 93: 315–325.

de Waal, F. B. M. (1986) "Integration of Dominance and Social Bonding in Primates." *Quarterly Review of Biology* 61: 459–479.

——. (1986) "Prügelknaben bei Primaten und eine Tödliche Kampf in der Arnheimer Schimpansenkolonie." In *Ablehnung, Meidung, Ausschluß: Multidisziplinäre Untersuchungen über die Kehrseite der Vergemeinschaftung,* Gruter, M., and Rehbinder, M. (Eds.), pp.129–145. Berlin: Duncker & Humblot.

——. (1989) *Peacemaking Among Primates.* Cambridge, MA: Harvard University Press.

——. (1989) "The Myth of a Simple Relation Between Space and Aggression in Captive Primates." *Zoo Biology Supplement* 1: 141–148.

——. (1997) *Bonobo: The Forgotten Ape,* with photographs by Frans Lanting. Berkeley, CA: University of California Press.

——. (2000) "Primates—A Natural Heritage of Conflict Resolution." *Science* 289: 586–590.

——. (2001) *The Ape and the Sushi Master.* New York: Basic Books.

de Waal, F. B. M., and Johanowicz, D. L. (1993) "Modification of Reconciliation Behavior Through Social Experience: An Experiment with Two Macaque Species." *Child Development* 64: 897–908.

de Waal, F. B. M., and van Roosmalen, A. (1979) "Reconciliation and Consolation Among Chimpanzees." *Behavioral Ecology and Sociobiology* 5: 55–66.

Ember, C. R. (1978) "Myths About Hunter-Gathereres." *Ethnology* 27: 239–448.

Ferguson, B. R. (2002) "The History of War: Fact vs. Fiction." In *Must we Fight?* Ury, W. L. (Ed.), pp. 26–37. San Francisco, CA: Jossey-Bass.

——. (2003) "The Birth of War." *Natural History* July/August: 28–34.

Frye, D. P. (2001) "Conflict Management in Cross-Cultural Perspective." In *Natural Conflict Resolution,* Aureli, F., and de Waal, F. B. M. (Eds.), pp. 334–351. Berkeley, CA: University of California Press.

Gat, A. (1999) "The Pattern of Fighting in Simple, Small-Scale, Prestate Societies." *Journal of Anthropological Research* 55: 563–583.

Gavin, M. (2004) "Primate vs. Primate." *BBC Wildlife* January: 50–52.

Goodall, J. (1986) *The Chimpanzees of Gombe: Patterns of Behavior.* Cambridge, MA: Harvard University Press.

——. (1999) *Reason for Hope.* New York: Warner.

Haney, C., Banks, W. C., and Zimbardo, P. G. (1973) "Interpersonal Dynamics in a Simulated Prison." *International Journal of Criminology and Penology* 1: 69–97.

Hölldobler, B., and Wilson, E. O. (1994) *Journey to the Ants.* Cambridge, MA: Belknap Press.

Idani, G. (1990) "Relations Between Unit-Groups of Bonobos at Wamba: Encounters and Temporary Fusions." *African Study Monographs* 11: 153–186.

Johnson, R. (1972) *Aggression in Man and Animals.* Philadelphia, PA: Saunders Company.

Judge, P. G., and de Waal, F. B. M. (1993) "Conflict Avoidance Among Rhesus Monkeys: Coping with Short-Term Crowding." *Animal Behaviour* 46: 221–232.

Kamenya, S. (2002) "Human Baby Killed by Gombe Chimpanzee." *Pan Africa News* 9(2): 26.

Kano, T. (1992) *The Last Ape: Pygmy Chimpanzee Behavior and Ecology.* Stanford, CA: Stanford University Press.

Kayumbo, H. Y. (2002) "A Chimpanzee Attacks and Kills a Security Guard in Kigoma." *Pan Africa News* 9(2): 11–12.

Köhler, W. (1959 [1925]) *Mentality of Apes.* 2nd Edition, New York: Vintage.

Kutsukake, N., and Castles, D. L. (2004) "Reconciliation and Post-Conflict Third-Party Affiliation Among Wild Chimpanzees in the Mahale Mountains, Tanzania." *Primates* 45:157–165.

Lagerspetz, K. M., Björkqvist, K., and Peltonen, T. (1988) "Is Indirect Aggression Typical of Females?" *Aggressive Behavior* 14: 403–414.

Lever, J. (1976) "Sex Differences in the Games Children Play." *Social Problems* 23: 478–487.

Lorenz, K. Z. (1966 [1963]) *On Aggression.* London: Methuen.

Lux, K. (1990) *Adam Smith's Mistake.* Boston: Shambhala.

Maestripieri, D., Schino, G., Aureli, F., and Troisi, A. (1992) "A Modest Proposal: Displacement Activities as Indicators of Emotions in Primates." *Animal Behaviour* 44: 967–979.

Murphy, D. E., and Halbfinger, D. M. (June 16, 2002) "9/11 Aftermath Bridged Racial Divide, New Yorkers Say, Gingerly." *New York Times,* p. 21.

Nishida, T., Hiraiwa-Hasegawa, M., Hasegawa, T., and Takahata, Y. (1985) "Group Extinction and Female Transfer in Wild Chimpanzees in the Mahale Mountains National Park, Tanzania." *Zeitschrift für Tierpsychologie* 67: 274–285.

Palagi, E., Paoli, T., and Tarli, S. B. (2004) "Reconciliation and Consolation in Captive Bonobos (*Pan Paniscus*)." *American Journal of Primatology* 62: 15–30.

Power, M. (1991) *The Egalitarians: Human and Chimpanzee.* Cambridge: Cambridge University Press.

Preuschoft, S., Wang, X., Aureli, F., and de Waal, F. B. M. (2002) "Reconciliation in Captive Chimpanzees: A Reevaluation with Controlled Methods." *International Journal of Primatology* 23: 29–50.

Rabbie, J. M., and Horwitz, M. (1969) "The Arousal of Ingroup-Outgroup Bias by a Chance of Win or Loss." *Journal of Personality and Social Psychology* 69: 223–228.

Robarchek, C. A. (1979) "Conflict, Emotion, and Abreaction: Resolution of Conflict Among the Semai Senoi." *Ethos* 7: 104–123.

Rubin, L. B. (1985) *Just Friends.* New York: Harper and Row.

Sapolsky, R. M. (1993) "Endocrinology *Alfresco*: Psychoendocrine Studies of Wild Baboons." *Recent Progress in Hormone Research* 48: 437–462.

Sapolsky, R. M., and Share, L. J. (2004) "A Pacific Culture Among Wild Baboons: Its Emergence and Transmission." *Public Library of Science Biology* 2: 534–541.

Schneirla, T. C. (1944) "A Unique Case of Circular Milling in Ants, Considered in Relation to Trail Following and the General Problem of Orientation." *American Museum Novitates* 1253: 1–26.

Stanford, C. B. (1999) *The Hunting Apes: Meat-Eating and the Origins of Human Behavior.* Princeton, NJ: Princeton University Press.

Tannen, D. (1990) *You Just Don't Understand: Women and Men in Conversation.* New York: Ballantine.

Taylor, S. (2002) *The Tending Instinct.* New York: Times Books.

Verbeek, P., and de Waal, F. B. M. (2001) "Peacemaking Among Preschool Children." *Journal of Peace Psychology* 7: 5–28.

Verbeek, P., Hartup, W. W., and Collins, W. A. (2000) "Conflict Management in Children and Adolescents." In *Natural Conflict Resolution,* Aureli, F., and de Waal, F. B. M. (Eds.), pp. 34–53. Berkeley, CA: University of California Press.

Weaver, A., and de Waal, F. B. M. (2003) "The Mother-Offspring Relationship as a Template in Social Development: Reconciliation in Captive Brown Capuchins (*Cebus Apella*)." *Journal of Comparative Psychology* 117: 101–110.

Wilson, M. L., and Wrangham, R. W. (2003) "Intergroup Relations in Chimpanzees." *Annual Review of Anthropology* 32: 363–392.

Wittig, R. M., and Boesch, C. (2003) "'Decision-making' in Conflicts of Wild Chimpanzees (*Pan Troglodytes*): An Extension of the Relational Model." *Behavioral Ecology and Sociobiology* 54: 491–504.

Wrangham, R. W. (1999) "Evolution of Coalitionary Killing." *Yearbook of Physical Anthropology* 42: 1–30.

Wrangham, R. W., and Peterson, D. (1996) *Demonic Males: Apes and the Evolution of Human Aggression.* Boston: Houghton Mifflin.

第五章　仁慈：怀有道德情操的动物

Anderson, J. R., Myowa-Yamakoshi, M., and Matsuzawa, T. (2004) "Contagious Yawning in Chimpanzees." *Proceedings of the Royal Society of London, B (Suppl.)* 271: 468–470.

Bischof-Köhler, D. (1988) "Über den Zusammenhang von Empathie und der Fähigkeit sich im Spiegel zu erkennen." *Schweizerische Zeitschrift für Psychologie* 47: 147–159.

Boesch, C. (2003) "Complex Cooperation Among Taï Chimpanzees." In *Animal Social Complexity,* de Waal, F. B. M., and Tyack, P. L. (Eds.), pp. 93–110. Cambridge, MA: Harvard University Press.

Bonnie, K. E., and de Waal, F. B. M. (2004) "Primate Social Reciprocity and the Origin of Gratitude." In *The Psychology of Gratitude,* Emmons, R. A., and McCullough, M. E. (Eds.), pp. 213–229. Oxford: Oxford University Press.

Brosnan, S. F., and de Waal, F. B. M. (2003) "Monkeys Reject Unequal Pay." *Nature* 425: 297–299.

Caldwell, M. C., and Caldwell, D. K. (1966) "Epimeletic (Care-Giving) Behavior in Cetacea." In *Whales, Dolphins, and Porpoises,* Norris, K. S. (Ed.), pp. 755–789. Berkeley, CA: University of California Press.

Church, R. M. (1959) "Emotional Reactions of Rats to the Pain of Others." *Journal of Comparative and Physiological Psychology* 52: 132–134.

de Waal, F. B. M. (1989) "Food Sharing and Reciprocal Obligations Among Chimpanzees." *Journal of Human Evolution* 18: 433–459.

——. (1996) *Good Natured: The Origins of Right and Wrong in Humans and Other Animals.* Cambridge, MA: Harvard University Press.

——. (1997) "The Chimpanzee's Service Economy: Food for Grooming." *Evolution and Human Behavior* 18: 375–386.

——. (2000) "Attitudinal Reciprocity in Food Sharing Among Brown Capuchins." *Animal Behaviour* 60: 253–261.

de Waal, F. B. M., and Aureli, F. (1996) "Consolation, Reconciliation, and a Possible Cognitive Difference Between Macaque and Chimpanzee." In *Reaching into Thought: The Minds of the Great Apes,* Russon, A. E., Bard, K. A., and Parker, S. T. (Eds.), pp. 80–110. Cambridge: Cambridge University Press.

de Waal, F. B. M., and Berger, M. L. (2000) "Payment for Labour in Monkeys." *Nature* 404: 563.

de Waal, F. B. M., and Luttrell, L. M. (1988) "Mechanisms of Social Reciprocity in Three Primate Species: Symmetrical Relationship Characteristics or Cognition?" *Ethology and Sociobiology* 9: 101–118.

Dewsbury, D. A. (2003) "Conflicting Approaches: Operant Psychology Arrives at a Primate Laboratory." *The Behavior Analyst* 26: 253–265.

di Pellegrino, G., Fadiga, L., Fogassi, L., Gallese, V., and Rizzolatti, G. (1992) "Understanding Motor Events: A Neurophysiological Study." *Experimental Brain Research* 91: 176–180.

Dimberg, U., Thunberg, M., and Elmehed, K. (2000) "Unconscious Facial Reactions to Emotional Facial Expressions." *Psychological Science* 11: 86–89.

Fehr, E., and Schmidt, K. M. (1999) "A Theory of Fairness, Competition, and Cooperation." *Quarterly Journal of Economics* 114: 817–868.

Frank, R. H. (1988) *Passions Within Reason: The Strategic Role of the Emotions.* New York: Norton.

Gallup, G. G. (1982) "Self-Awareness and the Emergence of Mind in Primates." *American Journal of Primatology* 2: 237–248.

Gould, S. J. (1980) "So Cleverly Kind an Animal." In *Ever Since Darwin,* pp. 260–267. Harmondsworth, UK: Penguin.

Grammer, K. (1990) "Strangers Meet: Laughter and Nonverbal Signs of Interest in Opposite-Sex Encounters." *Journal of Nonverbal Behavior* 14: 209–236.

Greene, J., and Haidt, J. (2002) "How (and Where) Does Moral Judgment Work?" *Trends in Cognitive Sciences* 16: 517–523.

Haidt, J. (2001) "The Emotional Dog and its Rational Tail: A Social Intuitionist Approach to Moral Judgment." *Psychological Review* 108: 814–834.

Hare, B., Call, J., and Tomasello, M. (2001) "Do Chimpanzees Know What Conspecifics Know?" *Animal Behaviour* 61: 139–151.

Hatfield, E., Cacioppo, J. T., and Rapson, R. L. (1993) "Emotional Contagion." *Current Directions in Psychological Science* 2: 96–99.

Hume, D. (1985 [1739]) *A Treatise of Human Nature*. Harmondsworth, UK: Penguin.

Jacoby, S. (1983) *Wild Justice: The Evolution of Revenge*. New York: Harper and Row.

Kuroshima, H., Fujita, K., Adachi, I., Iwata, K., and Fuyuki, A. (2003) "A Capuchin Monkey (*Cebus Apella*) Recognizes When People Do and Do Not Know the Location of Food." *Animal Cognition* 6: 283–291.

Ladygina-Kohts, N. N. (1935 [2001]) *Infant Chimpanzee and Human Child: A Classic 1935 Comparative Study of Ape Emotions and Intelligence*. de Waal, F. B. M. (Ed.), New York: Oxford University Press.

Lethmate, J., and Dücker, G. (1973) "Untersuchungen zum Selbsterkennen im Spiegel bei Orang-Utans und einigen anderen Affenarten." *Zeitschrift für Tierpsychologie* 33: 248–269.

Leuba, J. H. (1928) "Morality Among the Animals." *Harper's Monthly* 937: 97–103.

Macintyre, A. (1999) *Dependent Rational Animals: Why Human Beings Need the Virtues*. Chicago: Open Court.

Masserman, J., Wechkin, M. S., and Terris, W. (1964) "Altruistic Behavior in Rhesus Monkeys." *American Journal of Psychiatry* 121: 584–585.

Mencius (372–289 B.C.) *The Works of Mencius*. English translation by Gu Lu. Shanghai: Shangwu.

Mendres, K. A., and de Waal, F. B. M. (2000) "Capuchins Do Cooperate: The Advantage of an Intuitive Task." *Animal Behaviour* 60: 523–529.

Nakayama, K. (2004) "Observing Conspecifics Scratching Induces a Contagion of Scratching in Japanese Monkeys (*Macaca Fuscata*)." *Journal of Comparative Psychology* 118: 20–24.

Oakley, K. (1957) *Man the Tool-Maker*. Chicago: University of Chicago Press.

O'Connell, S. M. (1995) "Empathy in Chimpanzees: Evidence for Theory of Mind?" *Primates* 36: 397–410.

Payne, K. (1998) *Silent Thunder: In the Presence of Elephants*. New York: Penguin.

Povinelli, D. J., and Eddy, T. J. (1996) "What Young Chimpanzees Know About Seeing." *Monographs of the Society for Research in Child Development* 61: 1–151.

Premack, D., and Woodruff, G. (1978) "Does the Chimpanzee Have a Theory of Mind?" *Behavioral and Brain Sciences* 4: 515–526.

Preston, S. D., and de Waal, F. B. M. (2002) "Empathy: Its Ultimate and Proximate Bases." *Behavioral and Brain Sciences* 25: 1–72.

Reiss, D., and Marino, L. (2001) "Mirror Self-Recognition in the Bottlenose Dolphin: A

Case of Cognitive Convergence." *Proceedings of the National Academy of Sciences* 98: 5937–5942.

Rose, L. (1997) "Vertebrate Predation and Food-Sharing in Cebus and Pan." *International Journal of Primatology* 18: 727–765.

Schuster, G. (September 5, 1996) "Kolosse mit sanfter Seele." *Stern* 37: 27.

Simms, M. (1997) *Darwin's Orchestra.* New York: Henry Holt and Company.

Smuts, B. B. (1985) *Sex and Friendship in Baboons.* New York: Aldine de Gruyter.

Stanford, C. B. (2001) "The Ape's Gift: Meat-Eating, Meat-Sharing, and Human Evolution." In *Tree of Origin,* de Waal, F. B. M. (Ed.), pp. 95–117. Cambridge, MA: Harvard University Press.

Surowiecki, J. (October 2003) "The Coup de Grasso." *The New Yorker.*

Tomasello, M. (1999) *The Cultural Origins of Human Cognition.* Cambridge, MA: Harvard University Press.

Trivers, R. L. (1971) "The Evolution of Reciprocal Altruism." *Quarterly Review of Biology* 46: 35–57.

Turiel, E. (1983) *The Development of Social Knowledge: Morality and Convention.* Cambridge: Cambridge University Press.

Twain, M. (1976 [1894]) *The Tragedy of Pudd'nhead Wilson.* Cutchogue, NY: Buccaneer Books.

van Baaren, R. (2003) *Mimicry in Social Perspective.* Ridderkerk, Netherlands: Ridderprint.

Watts, D. P., Colmenares, F., and Arnold, K. (2000) "Redirection, Consolation, and Male Policing: How Targets of Aggression Interact with Bystanders." In *Natural Conflict Resolution,* Aureli, F., and de Waal, F. B. M. (Eds.), pp. 281–301. Berkeley, CA: University of California Press.

Weir, A. A. S., Chappell, J., and Kacelnik, A. (2002) "Shaping of Hooks in New Caledonian Crows." *Science* 297: 981.

Westermarck, E. (1912 [1908]) *The Origin and Development of the Moral Ideas,* Volume 1, 2nd edition. London: Macmillan.

Zahn-Waxler, C., Hollenbeck, B., and Radke-Yarrow, M. (1984) "The Origins of Empathy and Altruism." In *Advances in Animal Welfare Science,* Fox, M. W., and Mickley, L. D. (Eds.), pp. 21–39. Washington, DC: Humane Society of the United States.

Zahn-Waxler, C., Radke-Yarrow, M., Wagner, E., and Chapman, M. (1992) "Development of Concern for Others." *Developmental Psychology* 28: 126–136.

第六章　两极化的猿类

Bilger, B. (April 2004) "The Height Gap: Why Europeans Are Getting Taller and Taller—and Americans Aren't." *The New Yorker.*

Blount, B. G. (1990) "Issues in Bonobo (*Pan Paniscus*) Sexual Behavior." *American Anthropologist* 92: 702–714.

Boesch, C. (1992) "New Elements of a Theory of Mind in Wild Chimpanzees." *Behavioral and Brain Sciences* 15: 149–150.

Bonnie, K. E., and de Waal, F. B. M. (In press) "Affiliation Promotes the Transmission of a Social Custom: Handclasp Grooming Among Captive Chimpanzees." *Primates.*

Churchill, W. S. (1991 [1932]) *Thoughts and Adventures.* New York: Norton.

Cohen, A. (September 21, 2003) "What the Monkeys Can Teach Humans About Making America Fairer." *The New York Times.*

Cole, J. (1998) *About Face.* Cambridge, MA: Bradford.

de Waal, F. B. M. (1989) *Peacemaking Among Primates.* Cambridge, MA: Harvard University Press.

——. (2002) "Evolutionary Psychology: The Wheat and the Chaff." *Current Directions in Psychological Science* 11 (6): 187–191.

de Waal, F. B. M., and Seres, M. (1997) "Propagation of Handclasp Grooming Among Captive Chimpanzees." *American Journal of Primatology* 43: 339–346.

de Waal, F. B. M., Uno, H., Luttrell, L. M., Meisner, L. F., and Jeannotte, L. A. (1996) "Behavioral Retardation in a Macaque with Autosomal Trisomy and Aging Mother." *American Journal on Mental Retardation* 100: 378–390.

Durham, W. H. (1991) *Coevolution: Genes, Culture, and Human Diversity.* Stanford, CA: Stanford University Press.

Flack, J. C., Jeannotte, L. A., and de Waal, F. B. M. (2004) "Play Signaling and the Perception of Social Rules by Juvenile Chimpanzees." *Journal of Comparative Psychology* 118: 149–159.

Frank, R. H., Gilovich, T., and Regan, D. T. (1993) "Does Studying Economics Inhibit Cooperation?" *Journal of Economic Perspectives* 7: 159–171.

Fukuyama, F. (1999) *The Great Disruption: Human Nature and the Reconstitution of Social Order.* New York: Free Press.

Galvani, A. P., and Slatkin, M. (2003) "Evaluating Plague and Smallpox as Historical Selective Pressures for the CCR5-ΔD32 HIV-Resistance Allele." *Proceedings of the National Academy of Sciences* 100 (25): 15276–15279.

Gould, S. J. (1977) *Ontogeny and Phylogeny.* Cambridge, MA: Belknap Press.

Huizinga, J. (1972 [1950]) *Homo Ludens: A Study of the Play-Element in Culture.* Boston: Beacon Press.

Kevles, D. J. (1995) *In the Name of Eugenics.* Cambridge, MA: Harvard University Press.

Lopez, B. H. (1978) *Of Wolves and Men.* New York: Scribner.

Lorenz, K. Z. (1954) *Man Meets Dog.* London: Methuen.

Malenky, R. K., and Wrangham, R. W. (1994) "A Quantitative Comparison of Terrestrial Herbaceous Food Consumption by *Pan Paniscus* in the Lomako Forest, Zaire, and *Pan Troglodytes* in the Kibale Forest, Uganda." *American Journal of Primatology* 32: 1–12.

Mech, L. D. (1988) *The Arctic Wolf: Living with the Pack.* Stillwater, MN: Voyageur Press.

Nakamura, M. (2002) "Grooming Hand-Clasp in the Mahale M Group Chimpanzees: Implications for Culture in Social Behaviours." In *Behavioural Diversity in Chimpanzees and Bonobos,* Boesch, C., Hohmann, G., and Marchant, L. F. (Eds.), pp. 71–83. Cambridge: Cambridge University Press.

Prince-Hughes, D. (2004) *Songs of the Gorilla Nation: My Journey Through Autism.* New York: Harmony.

Schleidt, W. M., and Shalter, M. D. (2003) "Co-Evolution of Humans and Canids." *Evolution and Cognition* 9: 57–72.

Scott, S., and Duncan, C. (2004) *Return of the Black Death: The World's Greatest Serial Killer.* New York: Wiley.

Shea, B. T. (1983) "Peadomorphosis and Neotony in the Pygmy Chimpanzee." *Science* 222: 521–522.

Sidanius, J., and Pratto, F. (1999) *Social Dominance: An Intergroup Theory of Social Hierarchy and Oppression.* New York: Cambridge University Press.

Silk, J. B., Alberts, S. C., and Altmann, J. (2003) "Social Bonds of Female Baboons Enhance Infant Survival." *Science* 302: 1231–1234.

Singer, P. (1999) *A Darwinian Left: Politics, Evolution, and Cooperation.* New Haven, CT: Yale University Press.

Song, S. (April 19, 2004) "Too Posh to Push." *Time*: 59–60.

Tooby, J., and Cosmides, L. (1992) "The Psychological Foundations of Culture." In *The Adapted Mind: Evolutionary Psychology and the Generation of Culture,* Barkow, J., Cosmides, L., and Tooby, J. (Eds.), pp. 19–136. New York: Oxford University Press.

Vervaecke, H. (2002) *De Bonobo's: Schalkse Apen met Menselijke Trekjes.* Leuven, Belgium: Davidson.

White, F. J., and Wrangham, R. W. (1988) "Feeding Competition and Patch Size in the Chimpanzee Species *Pan Paniscus* and *P. Troglodytes.*" *Behaviour* 105: 148–164.

Wilkinson, R. (2001) *Mind the Gap.* New Haven, CT: Yale University Press.

Wrangham, R. W. (1986) "Ecology and Social Relationships in Two Species of Chimpanzee." In *Ecology and Social Evolution: Birds and Mammals,* Rubenstein, D. I., and Wrangham, R. W. (Eds.), pp. 353–378. Princeton, NJ: Princeton University Press.

新知
文库

01 《证据：历史上最具争议的法医学案例》[美] 科林·埃文斯 著 毕小青 译

02 《香料传奇：一部由诱惑衍生的历史》[澳] 杰克·特纳 著 周子平 译

03 《查理曼大帝的桌布：一部开胃的宴会史》[英] 尼科拉·弗莱彻 著 李响 译

04 《改变西方世界的 26 个字母》[英] 约翰·曼 著 江正文 译

05 《破解古埃及：一场激烈的智力竞争》[英] 莱斯利·亚京斯 著 黄中宪 译

06 《狗智慧：它们在想什么》[加] 斯坦利·科伦 著 江天帆、马云霏 译

07 《狗故事：人类历史上狗的爪印》[加] 斯坦利·科伦 著 江天帆 译

08 《血液的故事》[美] 比尔·海斯 著 郎可华 译

09 《君主制的历史》[美] 布伦达·拉尔夫·刘易斯 著 荣予、方力维 译

10 《人类基因的历史地图》[美] 史蒂夫·奥尔森 著 霍达文 译

11 《隐疾：名人与人格障碍》[德] 博尔温·班德洛 著 麦湛雄 译

12 《逼近的瘟疫》[美] 劳里·加勒特 著 杨岐鸣、杨宁 译

13 《颜色的故事》[英] 维多利亚·芬利 著 姚芸竹 译

14 《我不是杀人犯》[法] 弗雷德里克·肖索依 著 孟晖 译

15 《说谎：揭穿商业、政治与婚姻中的骗局》[美] 保罗·埃克曼 著 邓伯宸 译 徐国强 校

16 《蛛丝马迹：犯罪现场专家讲述的故事》[美] 康妮·弗莱彻 著 毕小青 译

17 《战争的果实：军事冲突如何加速科技创新》[美] 迈克尔·怀特 著 卢欣渝 译

18 《口述：最早发现北美洲的中国移民》[加] 保罗·夏亚松 著 暴永宁 译

19 《私密的神话：梦之解析》[英] 安东尼·史蒂文斯 著 薛绚 译

20 《生物武器：从国家赞助的研制计划到当代生物恐怖活动》[美] 珍妮·吉耶曼 著 周子平 译

21 《疯狂实验史》[瑞士] 雷托·U. 施奈德 著 许阳 译

22 《智商测试：一段闪光的历史，一个失色的点子》[美] 斯蒂芬·默多克 著 卢欣渝 译

23 《第三帝国的艺术博物馆：希特勒与“林茨特别任务”》[德] 哈恩斯—克里斯蒂安·罗尔 著 孙书柱、刘英兰 译

24 《茶：嗜好、开拓与帝国》[英] 罗伊·莫克塞姆 著 毕小青 译

25 《路西法效应：好人是如何变成恶魔的》[美] 菲利普·津巴多 著 孙佩妏、陈雅馨 译

26 《阿司匹林传奇》[英] 迪尔米德·杰弗里斯 著 暴永宁 译

27 《美味欺诈：食品造假与打假的历史》[英] 比·威尔逊 著 周继岚 译

28 《英国人的言行潜规则》[英] 凯特·福克斯 著 姚芸竹 译

29 《战争的文化》[美] 马丁·范克勒韦尔德 著 李阳 译

30 《大背叛：科学中的欺诈》[美] 霍勒斯·弗里兰·贾德森 著 张铁梅、徐国强 译

31 《多重宇宙：一个世界太少了？》[德] 托比阿斯·胡阿特、马克斯·劳讷 著 车云 译

32 《现代医学的偶然发现》[美] 默顿·迈耶斯 著 周子平 译

33 《咖啡机中的间谍：个人隐私的终结》[英] 奥哈拉、沙德博尔特 著 毕小青 译

34 《洞穴奇案》[美] 彼得·萨伯 著 陈福勇、张世泰 译

35 《权力的餐桌：从古希腊宴会到爱丽舍宫》[法]让—马克·阿尔贝 著 刘可有、刘惠杰 译

36 《致命元素：毒药的历史》[英]约翰·埃姆斯利 著 毕小青 译

37 《神祇、陵墓与学者：考古学传奇》[德]C. W. 策拉姆 著 张芸、孟薇 译

38 《谋杀手段：用刑侦科学破解致命罪案》[德]马克·贝内克 著 李响 译

39 《为什么不杀光？种族大屠杀的反思》[法] 丹尼尔·希罗、克拉克·麦考利 著 薛绚 译

40 《伊索尔德的魔汤：春药的文化史》[德] 克劳迪娅·米勒—埃贝林、克里斯蒂安·拉奇 著 王泰智、沈惠珠 译

41 《错引耶稣：〈圣经〉传抄、更改的内幕》[美] 巴特·埃尔曼 著 黄恩邻 译

42 《百变小红帽：一则童话中的性、道德及演变》[美] 凯瑟琳·奥兰丝汀 著 杨淑智 译

43 《穆斯林发现欧洲：天下大国的视野转换》[美] 伯纳德·刘易斯 著 李中文 译

44 《烟火撩人：香烟的历史》[法] 迪迪埃·努里松 著 陈睿、李欣 译

45 《菜单中的秘密：爱丽舍宫的飨宴》[日] 西川惠 著 尤可欣 译

46 《气候创造历史》[瑞士] 许靖华 著 甘锡安 译

47 《特权：哈佛与统治阶层的教育》[美] 罗斯·格雷戈里·多塞特 著 珍栎 译

48 《死亡晚餐派对：真实医学探案故事集》[美] 乔纳森·埃德罗 著 江孟蓉 译

49 《重返人类演化现场》[美] 奇普·沃尔特 著 蔡承志 译

50 《破窗效应：失序世界的关键影响力》[美] 乔治·凯林、凯瑟琳·科尔斯 著 陈智文 译

51 《违童之愿：冷战时期美国儿童医学实验秘史》[美] 艾伦·M. 霍恩布鲁姆、朱迪斯·L. 纽曼、格雷戈里·J. 多贝尔 著 丁立松 译

52 《活着有多久：关于死亡的科学和哲学》[加] 理查德·贝利沃、丹尼斯·金格拉斯 著 白紫阳 译

53 《疯狂实验史Ⅱ》[瑞士] 雷托·U. 施奈德 著 郭鑫、姚敏多 译

54 《猿形毕露：从猩猩看人类的权力、暴力、爱与性》[美] 弗朗斯·德瓦尔 著 陈信宏 译